第1章　铝及铝合金材料的分类及性能

1.1　纯铝的基本性能

1.1.1　纯铝的基本特征

铝是地壳中分布最广泛的金属元素，约占地壳重量的8.2%。铝自1825年被发现以来，迄今已有近200年的历史。近年来，铝及其合金已成为航空航天、交通运输、电子通信、石油化工、生物医药等领域应用极为广泛的轻量化材料。和其他有色金属、钢铁、塑料和木材等相比，铝具有一系列优良的特性，具体如表1-1所示。

表1-1　纯铝的基本特征

特征	说　明
密度低	高纯铝的密度为2.698g/cm^3，约为纯铜密度的30%，铁密度的35%
导电、导热性能好	铝的导电、导热性能仅次于银和铜，居第三位，约为纯铜导电率的62%。为节约铜的用量，目前在电器工业中大量用铝代替铜作为导线；在电机制造业中，用铝制作转子的导条，甚至定子的绕组，也可做电器、电子设备的散热片
可强化性好	纯铝的强度较低，但通过冷加工可使其提高1倍以上，而且可通过添加Mg、Zn、Cu、Mn、Si、Sc、Li、Cr、Zr等元素合金化，然后经过适当热处理进一步强化，其比强度可与优质的合金钢相媲美
抗蚀性能良好	由于铝极易与空气中的氧反应生成一层薄而致密且与铝结合牢固的Al_2O_3氧化膜，该氧化膜可进一步阻止氧向铝金属内部扩散，从而达到保护作用。该氧化膜在大多数酸性和有机物的环境下可以稳定存在，在碱和盐的水溶液中易被破坏，若采用缓蚀剂，其可耐弱碱液腐蚀
加工性好	铝可用任何一种方法铸造。铝的塑性好，可制备成各种形式，例如：轧或薄板和箔，拉成管材和细丝；挤压成各种复杂断面的型材；另外还可以在大多数机床上以最大速度进行车、铣、镗、刨等机械加工
反射性强	铝的表面抛光后对白光的反射率可达到80%以上，纯度越高，反射率也越高。同时，铝对红外线、紫外线、电磁波、热辐射等都有良好的反射性能
吸声性较好	该性能对于室内装修有利，因此可将铝制作成阻尼减震合金

续表

特征	说　明
无低温脆性	铝在 273.15K 以下，随着温度的降低，强度和塑性不仅不会降低，反而会提高
无磁性	冲击时不产生火花。这对于某些特殊用途十分可贵，如用作仪表材料、电器设备的屏蔽材料，以及易燃易爆物生产用器材等
装饰性良好	铝表面呈银白色光泽，经机加工后可达到很高的光洁度及光亮度。如果经过阳极氧化和着色处理，不仅可以提高抗腐蚀性能，还可以获得五颜六色、光彩夺目的制品。另外，铝表面还可以电镀和覆盖陶瓷，是生产涂漆材料的极好基体

1.1.2 纯铝的物理性能

铝是元素周期表中第三周期主族元素，具有面心立方点阵，无同素异构转变。纯铝按照纯度可分为高纯铝、工业高纯铝和工业纯铝三个等级。工业纯铝的密度为 2.71g/cm^3，约为铁密度的 33%，故铝及其合金具有密度小的特点，一般在 2.5~2.88g/cm^3，但比强度高，可与合金钢相比。铝的导电性及导热性能优异，其导电性能仅次于银和铜，居第三位。铝的熔点与其纯度有关，随着铝的纯度的提高而上升，当铝的纯度为 99.996%时，铝的熔点为 660.24℃。表 1-2 为纯铝的牌号及其杂质元素含量。

表 1-2　纯铝的牌号及其杂质元素含量

纯铝		牌号	ω_{Al}(≥)/	$\omega_{杂质元素}$(≤)/%					
分类	序号	(旧牌号)	%	Fe	Si	Fe+Si	Cu	其他	杂质总和
高纯铝①	1	Al99.9999 (L05)	99.9999	0.0002	0.0002	—	0.0001	—	0.001
	2	Al99.9995 (L04)	99.9995	0.001	0.001	—	0.0005	—	0.005
工业高纯铝②	1	1A99 (L03)	99.99	0.003	0.003	—	0.005	—	0.010
	2	1A97 (L02)	99.97	0.015	0.015	—	0.005	—	0.03
	3	1A93 (L01)	99.93	0.040	0.040	—	0.010	—	0.07
	4	1090 (L0)	99.90	0.07	0.07	0.095	0.02	—	0.10
	5	1085 (L00)	99.85	0.12	0.10	0.142	0.03	—	0.15

铝合金高温性能及组织调控与应用

代　盼◎著

中国石化出版社
·北京·

内 容 提 要

本书对铝合金的分类、性能、热处理进行了总结，在此基础上介绍了一种新型的7XXX系Al-Zn-Mg-Cu合金——7085铝合金，通过对该铝合金锻件在高温下纳米级析出相的析出过程及其与位错之间的交互作用，以及材料的变形与断裂的微观机理等进行系统深入的研究，揭示了其强韧化机理，为铝合金的组织调控和性能优化提供了理论基础和技术支持。

本书可供从事材料研究工作的技术人员阅读，也可供高等院校及相关专业的师生参考。

图书在版编目（CIP）数据

铝合金高温性能及组织调控与应用／代盼著.
—北京：中国石化出版社，2023.9
ISBN 978-7-5114-7320-2

Ⅰ.①铝… Ⅱ.①代… Ⅲ.①铝合金-高温-性能分析-汉文、白语 Ⅳ.①TG146.21

中国国家版本馆CIP数据核字（2023）第202298号

中国石化出版社出版发行
地址：北京市东城区安定门外大街58号
邮编：100011 电话：(010)57512500
发行部电话：(010)57512575
http://www.sinopec-press.com
E-mail：press@sinopec.com
北京科信印刷有限公司印刷
全国各地新华书店经销
*
710毫米×1000毫米 16开本 12.75印张 251千字
2023年10月第1版 2023年10月第1次印刷
定价：76.00元

前言

节能减排、实现“双碳”目标、改善环境质量是我国实现社会可持续发展和迈向生态文明的必由之路，轻量化已成为实现此目标的有效发展模式之一，铝合金作为轻量化首选的金属材料，尤其针对航空领域来说，其可作为航空器机体结构中最重要的结构材料之一，是我国国防科技工业发展、现代化经济体系建设、深入实施制造强国战略的重要物质基础。

7085 铝合金是一种新型的 7XXX 系 Al-Zn-Mg-Cu 合金，具有高强度、高韧性、高损伤容限及良好的淬透性等优异的综合性能，广泛应用于航空航天等领域。通过 T7452 双级时效热处理，其断裂韧性及耐蚀性可得到有效提高。近年来，7085-T7452 铝合金锻件在航空领域主要用作先进大飞机的结构材料。

在实际应用中，7085 铝合金不可避免地会长时间暴露于较高温度(83~177℃)的工作环境中，这种复杂的服役环境会对锻件的组织产生影响，进一步破坏其性能的稳定性，最终使得航空器的可靠性降低；同时，这些部件不可避免地要承受循环载荷的作用力，在交变应力的反复作用下，合金的疲劳行为会发生较大的变化，从而影响航空结构件的寿命强度。

本书结合国内外研究现状，介绍了铝及铝合金材料的分类及性能、铝合金的热处理工艺、超高强铝合金材料的组织特征及强韧化机制、高强铝合金增材制造工艺及铝合金材料的应用及发展趋势。通过对航空用的超高强 7085 铝合金在复杂服役环境中的微观组织和性能进行试验设计和表征，系统深入地研究了7085-T7452铝合金锻件在高温下纳米级析出相的析出过程及其与位错之间的交互作用，以及材料的变形与断裂的微观机理等，对于理解和优化飞机结构件的服役性能具有重要的理论意义和工程应用价值。

本书获西安石油大学优秀学术著作出版基金资助，并获得陕西省自然科学基础研究计划（项目编号：2022JQ-371）、西安市科技计划项目（项目编号：22GXFW0099）、陕西省教育厅专项科研计划项目（项目编号：22JK0512）、秦创原引用高层次创新创业人才项目（项目编号：QCYRCXM-2022-138）、陕西省厅市联动重点项目（项目编号：2022GD-TSLD-49）等的联合资助。

本书在编写过程中得到了西北工业大学金属材料实验室以及陕西省材料分析研究中心各位老师的指导和大力支持，书中部分实验数据由西北工业大学金属材料实验室提供，在此一并表示衷心感谢。

由于作者水平有限，难免会有错误和不周之处，如蒙指正，不胜感激。

目 录

续表

纯铝		牌号（旧牌号）	ω_{Al}(≥)/%	$\omega_{杂质元素}$(≤)/%					
分类	序号			Fe	Si	Fe+Si	Cu	其他	杂质总和
工业纯铝②	1	1070A（L1）	99.7	0.25	0.20	0.26	0.03	—	0.3
	2	1060（L2）	99.6	0.35	0.25	0.36	0.05	—	0.4
	3	1050A（L3）	99.5	0.40	0.25	0.45	0.05	—	0.5
	4	1035（L4）	99.35	0.60	0.35	0.60	0.10	0.1	0.65
	5	1200（L5）	99.0	—	—	1.00	0.05	Zn0.1，Ti0.05，其他0.05	1.0
	6	8A16（L6）	98.8	0.55	0.55	1.0	0.1	—	1.2
	7	1080（L7）	98.0	0.15	0.15	1.8	0.03	—	2.0

注：①为 YS/T 275—2018《高纯铝锭》；
②为 GB/T 3190—2020《变形铝及铝合金化学成分》。

纯铝的晶体结构、热学性能、电学性能及膨胀系数等基本性能如表 1-3 所示。

表 1-3 纯铝的物理性能

性能	高纯铝 $\omega_{Al}=99.996\%$	工业纯铝 $\omega_{Al}=99.5\%$
原子序数	13	13
晶体类型	面心立方	面心立方
相对原子质量	26.9815	26.9815
晶格常数(20℃)/$\times10^{-10}$m	4.0494	4.04
熔点/℃	660.24	~650
沸点/℃	2060	—
密度/(g/cm^3) 20℃ 70℃	 2.698 —	 2.710 2.373
溶解热/($\times10^5$J/kg)	3.961	3.894

续表

性　能	高纯铝 $\omega_{Al}=99.996\%$	工业纯铝 $\omega_{Al}=99.5\%$
燃烧热/($\times10^7$J/kg)	3.094	3.108
凝固体积收缩率/%	—	6.6
比热容(100℃)/[J/(kg·K)]	934.92	964.74
热导率(25℃)/[W/(m·K)]	235.2	222.6(O状态)①
热膨胀系数/($\times10^{-6}$K^{-1})	23	—
导热系数/[W/(cm·K)]	2.37	—
线膨胀系数/[μm/(m·K)] 20~100℃ 100~300℃	 24.58 25.45	 23.5 25.6
弹性模量/$\times10^4$MPa	—	7
切变模量/$\times10^4$MPa	—	2.625
声音传播速率/(m/s)	—	~4900
内摩擦/kHz	—	~1000
电导率/S	64.94 —	59(O状态)① 57(H状态)②
电阻率(20℃)/[μΩ/(m·K)]	0.0267(O状态) —	0.02922(O状态)① 0.0302(H状态)②
电阻温度系数/[μΩ/(m·K)]	0.1	0.1
磁导率/($\times10^{-5}$H/m)	1.0	1.0
体积磁化率/$\times10^{-7}$	6.27	6.26
反射率/% $\lambda=2.5\times10^{-7}$ $\lambda=5\times10^{-7}$ $\lambda=20\times10^{-7}$	 — — —	 87 90 97
折射率(白光)	—	0.78~1.48
吸收率(白光)	—	2.85~3.92
辐射能(25℃，大气中)/(W/m^2)	—	0.035~0.06

注：①退火状态；
②加工硬化状态。

1.1.3　纯铝的力学性能

纯铝的力学性能与其纯度有关，不同纯度铝退火状态的典型力学性能见表1-4。

表 1-4 纯铝退火状态的典型力学性能

ω_{Al}/%	抗拉强度/MPa	屈服强度/MPa	伸长率/%	剪切应力/MPa	疲劳极限/MPa	弹性模量/GPa
99.5	85	30	30	55	—	69
99.6	70	30	43	50	20	—
99.7	65	26	—	—	—	—
99.8	60	20	45	—	—	—
99.99	45	10	50	—	—	62

另外，纯铝的力学性能还与其加工状态有关，不同加工状态下工业纯铝的力学性能如表 1-5 所示。由于铝的塑性很好，富有延展性，便于各种冷、热压力加工。纯铝的热加工温度为 400~500℃，冷加工时的中间退火温度为 350~500℃。

表 1-5 纯铝不同加工状态下的力学性能

力学性能	不同加工状态		
	铸态	压力加工	
		退火态	未退火态
抗拉强度/MPa	90~120	80~110	150~250
屈服极限/MPa	—	50~80	120~240
弹性极限/MPa	—	30~40	—
伸长率/%	11~25	32~40	4~8
断面收缩率/%	—	70~90	50~60
布氏硬度/HBS 10/500	24~32	15~25	40~55
冲击韧性/(J/cm^2)	340	—	—
剪切强度/MPa	42	60	100
弯曲疲劳强度/MPa	—	50	40

1.1.4 纯铝的耐蚀性能

铝是常用金属材料中电位最低的一种金属。从热力学角度看，其极不稳定，易产生严重的腐蚀。但铝在大气和中性溶液中具有优良的抗蚀性，因为铝和氧的亲和力很大，易在其表面生成一层薄而致密且与基体金属结合牢固的氧化物保护膜使铝表面钝化，阻止氧向金属内部进一步扩散，从而起到保护作用。该膜由 Al_2O_3 或者 $Al_2O_3 \cdot nH_2O$ 组成。根据生成条件的不同，其厚度变化范围也较大。在干燥大气中，在铝表面可生成厚度约为 10^{-9}m 的非晶态氧化物钝化膜，其与铝基体紧密结合，有效阻止保护膜受腐蚀，因而有“屏障层”之称。在潮湿大气中，随着湿度的增加，生成的钝化膜厚度也不断增大，当空气的相对湿度大于 80% 时，膜的厚度可达到 2×10^{-7}m。铝的这一特性给铝及其合金的生产工艺带来便利，即在熔炼与铸造、锻造与热处理的过程中，无须采用特殊的防氧化措施。

钝化膜的形成使铝的电极电位发生显著正移。在中性溶液中铝的腐蚀电位为-0.5~0.7V，比平衡电位约高 1V。但在碱和盐的水溶液中，铝的氧化膜很快被破坏，抗蚀性不好。此外，铝的氧化膜在热的稀硝酸及稀硫酸中也极易发生溶解。

铝的耐蚀性主要取决于在给定环境中，铝表面所形成的保护膜的稳定性：如室温下将铝浸没在纯水中一段时间后，其在大气中所形成的氧化膜受水的作用而加厚，最终厚度可达到 3μm；当水温达到 90℃时，其表面会生成 $\alpha-Al_2O_3\cdot H_2O$，但同时非晶态的氧化层反而变薄($3\times10^{-4}\sim4\times10^{-4}$μm)，这是由于水中溶解的各种离子会对铝表面的保护膜产生不同程度的影响，其分类如表 1-6 所示。

表 1-6　水中各离子对铝表面保护膜的作用

离子类型	作　用
Cl^-、NO_3^-、CO_3^{2-}、HCO_3^-、OH^-、$B_4O_7^-$	能使铝表面所形成的保护膜厚度减小，导致腐蚀量增大，从而生成厚的水化氧化膜
SO_4^{2-}、$Cr_2O_7^{2-}$、CrO_4^{2-}、PO_4^{3-}、F^-、SiO_3^{2-}	随着离子含量的增加，能使铝表面的腐蚀量减少，当超过某一数值后，铝表面完全免蚀
Cu^{2+}、Fe^{3+}、H^+	随着离子含量的增加，铝表面的腐蚀量也减少，当超过某一数值后，腐蚀量又重新增加

1.1.5　纯铝中元素及作用

工业纯铝中的主要杂质为 Si、Fe、Cu、Mn、Ti、V 等，其对工业纯铝的影响如表 1-7 所示。

表 1-7　纯铝中元素对其产生的影响

杂质元素	最大固溶度/%	对纯铝组织的影响	对纯铝性能的影响
Si	1.65	Si 元素与纯铝中的杂质元素 Fe 形成 Al-Fe-Si 化合物，当 Si 元素较多时，多余的 Si 元素会以游离态的形式存在，成为纯铝中的过剩相	使纯铝的电导率降低约 17%，同时使得纯铝的伸长率降低。但可以提升纯铝的抗拉强度
Fe	0.052	Fe 为纯铝中无法避免的杂质元素，其在纯铝中一般以 $Al_{12}Fe_9Si_2$ 和 $Al_9Fe_2Si_2$ 的化合物形式存在或者以粗大晶体的形式存在	使纯铝的电导率降低约 33%，同时也会导致纯铝的伸长率降低

续表

杂质元素	最大固溶度/%	对纯铝组织的影响	对纯铝性能的影响
Cu	5.65	形成 Al_7Cu_2Fe 颗粒相	使纯铝的电导率降低约 7%，提高其抗拉强度
Mn	1.85	固溶于铝基体中	使纯铝的电导率降低约 36%
Ti	1.0	固溶于铝基体中	使纯铝的电导率降低约 35%
V	0.6	固溶于铝基体中	使纯铝的电导率降低约 38%

1.1.6　纯铝的牌号

纯铝中的铝含量可达到或高于 99.00%，其牌号用 1XXX 系列表示。其中牌号的最后两位数字表示最低铝百分含量。如果最低铝百分含量精确到 0.01%时，牌号的最后两位数字就是最低铝百分含量中小数点后面的两位。牌号第二位的字母表示原始纯铝的改型情况。如果第二位的字母为 A，则表示为原始纯铝；如果是 B~Y 的其他字母(按国际规定依字母表的次序选用)，则表示为原始纯铝的改型，与原始纯铝相比，其元素含量略有改变。

1.2　铝合金材料的成分及性能

1.2.1　铝合金中各合金元素的作用

大多数金属均能与铝组成合金，根据铝中常用的合金元素添加效果，可以将铝中的合金元素分为两类：①主要合金元素 Cu、Mn、Si、Mg、Zn、Li 等；②微量合金元素 Ni、Cr、Zr、Ti 及稀土元素等，这些元素的添加对合金的组织及性能有着重要的影响。

1. 主要合金元素的作用

根据合金元素在铝中的不同添加量及顺序，将 Al 中的主要合金元素逐一进行描述。

（1）Cu

Cu 是铝合金中重要的合金化元素，在 Al 中起着固溶强化的作用，其与 Al 相互作用生成的 Al_2Cu 析出相具有良好的时效强化效果。Al-Cu 合金各种状态的力学性能与铜的含量密切相关，一般来说，随着 Cu 含量升高，合金的力学性能会随之升高，当 ω_{Cu} 含量在 4%~6%时，对铝合金的强化效果最为明显，如果含量持续增加，则合金的力学性能降低，但切削性能提高。对大部分硬铝合金来说，Cu 含量均在 4%~6%范围内。

（2）Mn

Mn是铝合金中的重要合金化元素，一方面可将其单独加入Al中形成二元Al-Mn合金，由于Mn在纯铝中的固溶度很低，没有明显的固溶及时效强化效果，因此，Al-Mn系列合金属于典型的变形系合金。在Al-Mn合金中，固溶体α与晶界处形成的共晶组织α+AlMn具有极相近的电势，经过高温退火后该合金中形成单相固溶体，所以Al-Mn合金具有很高的抗蚀性能，也兼具优良的塑性。由于Al-Mn合金具有低密度、良好的耐蚀性和导热性，以及其他优良的物理性能和加工性能，因此其被广泛地应用于包装、汽车、装修装饰、感光等行业，以及一些需要大变形加工但性能要求略高于纯铝的各种场合。

Al-Mn系合金中合金元素Mn含量为0.3%~2.4%，随着Mn含量的变化，Al-Mn合金力学性能的变化如图1-1所示。在该合金中，主要的共晶组织为粗大的Al_6FeMn及$Al_{12}(FeMn)_3Si$，其数量和尺寸受合金中杂质元素Fe和Si的影响较大，若这两种元素含量过高，会使合金中形成典型的针状Fe相，从而对合金产生不利的影响。通常来讲，Al-Mn系列合金中Mn和Fe的质量分数总和应不超过1.85%。当向该系中加入含量(质量分数)为0.4%~0.7% Fe时，合金中退火态的晶粒会得到显著的细化，从而提高合金的性能。但当合金中杂质元素Fe含量较多，导致Fe和Mn的质量分数之和大于1.85%时，合金中会形成很多粗大片状Al_6FeMn化合物，这种化合物硬而脆且难以溶解，在承受载荷时，会优先开裂，成为裂纹源头，导致合金中裂纹快速扩展，使得合金发生失效，降低其使用性能和寿命。此外，也应严格控制Si含量，如果其含量过高，会使得合金的热裂倾向增大，从而降低该合金的铸造性能。

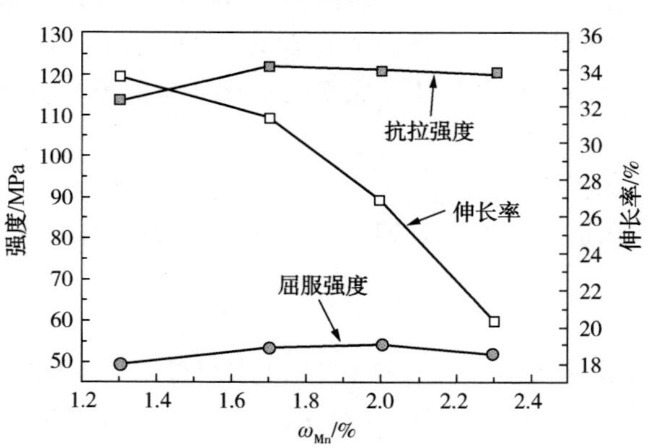

图1-1　不同Mn含量的Al-Mn合金的力学性能

在Al-Mn合金中，Al_6Mn是与Al-Mn固溶相平衡的相，它不仅可以细化再结晶晶粒，提高合金的强度，还能溶解合金中的杂质元素Fe，形成$Al_6(FeMn)$，从而降低 Fe 的有害影响。同时，Al_6Mn 的电极电位与 Al 的电极电位相等(~0.85V)，所以对 Al 的抗蚀性影响较小，故 Al-Mn 合金具有与工业纯铝相当的优良的抗蚀性能。

另外，作为铝合金中的重要合金化元素，Mn 还可以和其他合金元素一同加入 Al 中以提高铝合金的性能，因而大多数铝合金含有 Mn(高纯铝及高纯铝合金除外)。但是，当合金中 Mn 含量过多时，会形成粗大且硬脆的 Al_6Mn 化合物，从而损害合金的性能；另外，Mn 还会显著地提高 Al 的电阻，所以当用作电导材料时应合理控制 Mn 含量。

（3）Si

Si 是铝合金中另一个重要的合金化元素，以 Si 为主要合金元素的铝合金即为 Al-Si 合金，该系列合金由于 Si 含量较高，因此合金的熔点低、热膨胀系数小、溶体流动性好、容易补缩并且不会使最终产品产生脆性，因此其主要用于制造铝合金焊接的添加材料，例如：钎焊板、焊条和焊丝等。该系列合金中的 Si 含量(质量分数)为 4.5%~13.5%。当 Al-Si 合金中 Si 含量(质量分数)为 5%时，经阳极氧化上色后其主要呈现黑灰色，因此适宜用作建筑材料以及制造装饰件等。

合金元素 Si 在 Al-Si 合金中主要以 α+Si 共晶体和 β(Al_5FeSi)化合物的形式存在，随着 Si 含量的增加，合金中 α+Si 共晶体的数量也有所增加，因此合金熔体的流动性提高，同时，合金的强度和耐磨性也随之提高。

（4）Mg

合金元素 Mg 对 Al 具有明显的强化作用，研究表明，每增加质量分数 1%的 Mg，Al-Mg 合金的抗拉强度升高约 34MPa。一方面，Mg 可以单独加入 Al 中形成 Al-Mg 二元合金，Mg 含量(质量分数)在 7%以下的合金在室温时较稳定，一般的加工铝合金的 Mg 含量(质量分数)在 6%以下。另一方面，Mg 也可与其他合金元素一起加入铝中，制备性能优良的铝合金。

在 Al-Mg 合金中，与 α-Al 固溶体相平衡的相为 Al_8Mg_5，其热处理强化作用不显著，因此二元 Al-Mg 合金为热处理不强化的合金。而 Al_8Mg_5 相的形态和分布对合金抗蚀性能有明显的影响，如果沿晶界呈链接状分布，将造成晶界腐蚀和应力腐蚀开裂；如果呈弥散状态分布于晶内和晶界，则合金抗腐蚀性提高。

（5）Mg+Si

合金元素 Mg 和 Si 同时加入 Al 中，形成 Al-Mg-Si 系合金，该类合金是一类重要的可热处理强化的铝合金。其强化相为 Mg_2Si，其 Mg 与 Si 的质量比为 1.73∶1，Al-Mg-Si 系合金基本上按这一比例设计 Mg 和 Si 的含量。强化相 Mg_2Si 在铝中的最大溶解度质量分数为 1.85%，且随着温度的降低，其溶解度降低，时效时形成的 GP 区和细小沉淀相对合金起到强化作用。

（6）Zn

将合金元素 Zn 单独加入 Al 中，在塑性变形的条件下对合金强度的提高很有限，而且会存在应力腐蚀开裂的倾向，因而限制了该类合金的应用。但是 Zn 可以有效提高铝的电极电位，Al-1%Zn 合金(1%为质量分数)可用作包覆铝或牺牲阳极铝。

（7）Zn+Mg

在 Al 中加入主要合金元素 Zn 和 Mg 可形成 Al-Zn-Mg 合金，在该系合金中可形成 $MgZn_2$强化相，对合金产生显著的强化作用，因此该合金具有高的比强度，较宽的淬火范围，良好的韧性、抗氧化性能及优异的焊接性能等特点，因而广泛应用于汽车、高速列车组件及铁路结构件等。在 Al-Zn-Mg 合金中，合金的强度随着强化相 $MgZn_2$ 的增多而提高，当 $MgZn_2$ 析出相的含量从 0.5%增加至 12%时，可使该合金的抗拉强度及屈服强度不断增加，若 Mg 含量超过形成 $MgZn_2$析出相所需的量时，还会起到额外补充强化的作用。

然而，随着 $MgZn_2$析出相含量的不断增加，Al-Zn-Mg 合金的应力腐蚀抗力会不断减小，从而增加合金的剥落腐蚀倾向。为了进一步提高合金抗应力腐蚀开裂能力，可通过对合金成分及热处理工艺两者的调控而得到改善。

在成分方面，Zn 和 Mg 两种主要合金元素对 Al-Zn-Mg 合金的组织、强度及抗腐蚀性能具有重要的影响，合金的抗拉强度随着 Zn、Mg 含量的增加而提高，但同时合金的应力腐蚀开裂敏感性也增大，为了使合金具有优良的抗应力腐蚀开裂能力及较高的强度，对 Zn、Mg 合金元素总量应寻求折中方案，同时还应注意合金元素 Zn 和 Mg 的比例。研究表明：Zn/Mg 的质量比在 2.7~2.9 范围内或者 Zn 和 Mg 的总质量不大于 7.5%时，该合金具有较低的应力腐蚀开裂敏感性。同时，当合金中 Zn/Mg 的质量比不同时，合金中主要析出相及其析出序列也不同。当 Zn/Mg 的质量比大于 2.2 时，Al-Zn-Mg 合金中析出相的析出序列为：过饱和固溶体(Supersaturated Solid Solution，SSS)→GP 区→亚稳态 η′相→η 平衡相；当 Zn/Mg 的质量比小于 2.2 时，合金中析出相的时效析出序列有以下两种：①SSS→GP 区→亚稳态 η′相→η 平衡相；②SSS→GP 区→T′($Al_2Mg_3Zn_3$)相→T($Al_2Mg_3Zn_3$)相。另外，也有研究表明，高的 Zn/Mg 质量比的析出序列为：SSS→GP(Ⅰ)区→GP(Ⅱ)区→亚稳态 η′相→η 平衡相或者 SSS→富空位团簇(Vancancy Rich Clusters，VRC)→GP(Ⅱ)区→亚稳态 η′相→η 平衡相。

在 Al-Zn-Mg 合金中，其强化相主要为 GP 区及析出相 η′，也就是说当基体析出相主要为 GP 区时，会造成位错在晶界上堆积，从而增强合金的应力腐蚀开裂敏感性；当基体析出相主要为亚稳态 η′相时，由于 η′析出相的尺寸较大，位错塞积较少，减少了应力集中，从而降低了合金的应力腐蚀开裂敏感性。

(8) Zn+Mg+Cu

在 Al-Zn-Mg 的基础上添加合金元素 Cu，形成了 Al-Zn-Mg-Cu 系铝合金，该系合金也被称为超高强 7XXX 系铝合金，作为典型的可热处理强化合金，其强化效果在所有铝合金中是最大的，因此，该系合金在航空航天领域及交通运输行业中有着重要而广泛的应用。图 1-2 所示为该系列合金在波音 737、747 等飞机机身、翼梁、蒙皮等上的应用。表 1-8 中列出了近代几种民用或军用飞机结构材料中铝合金使用量的情况。

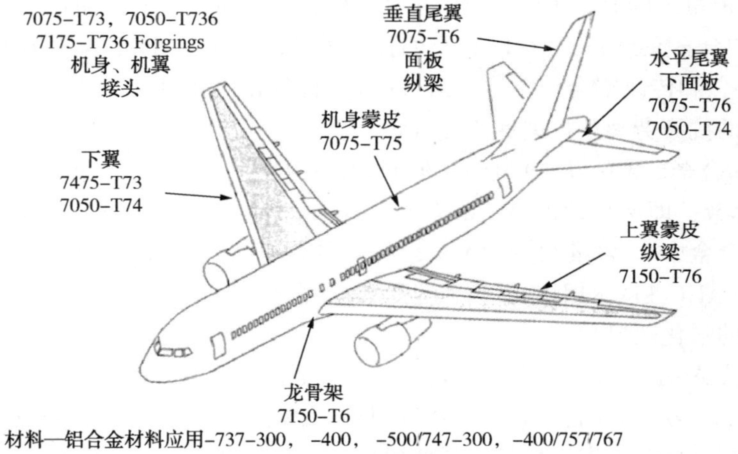

图 1-2 Al-Zn-Mg-Cu 系铝合金在飞机机身上的应用

表 1-8 近代飞机用铝合金材料的比例

飞机类型	Boeing-757	Boeing-767	Boeing-777	F-16A	MD-82
质量分数/%	78.0	80.0	70.0	78.3	74.5

Al-Zn-Mg-Cu 合金中起主要强化作用的元素为 Zn 和 Mg，通常控制 Zn 含量(质量分数)为 5%~12%，Mg 含量(质量分数)为 1%~3%，两者共同作用会形成该系合金中的主要强化相 η($MgZn_2$)。η 析出相与 Al 基体之间是非共格的关系，其在铝合金中的溶解度很大，且会随着温度的下降而迅速降低。当温度从铝合金的共晶温度下降至室温时，η 相的溶解度从 28%降至约 5%，有很强的时效强化效果。在该系合金中，随着 Zn 和 Mg 含量的提高，合金的硬度和强度也不断升高，但同时合金的抗应力腐蚀性能和断裂韧性也会下降。

作为 Al-Zn-Mg-Cu 合金中另一个主合金元素的 Cu 也具有很重要的作用，首先，Cu 可以提高合金的过饱和程度，在一定温度范围内加速合金的人工时效过程，扩大了 GP 区的稳定温度范围，从而提高合金的强度、塑性及疲劳强度；其次，Cu 还可在不影响晶界无析出带(Precipitation Free Zone，PFZ)宽度的前提下，有效抑制合金沿晶开裂的趋势，进一步提高合金的抗应力腐蚀性能，但是当 Cu 含量(质量分数)大于3%时，合金的抗腐蚀性能反而降低；最后，Cu 还可以影响 Al-Zn-Mg-Cu 合金的断裂韧性，当 Zn/Mg 质量比较高时，Cu 含量的增加可使得合金保持较高的断裂韧性，而 Cu 含量偏高可使得合金的断裂韧性降低。因此，保持较高的 Zn/Mg 比和 Cu/Mg 比是 Al-Zn-Mg-Cu 合金获得优异的综合性能的基础。

(9) Li

作为自然界中最轻的金属，将 Li 作为合金元素加入 Al 中，可以有效地提高 Al 的弹性模量，同时也可降低 Al-Li 合金的密度。研究表明：向铝中每添加质量分数 1%的合金元素 Li，Al-Li 合金的弹性模量提高 5%~6%，同时其密度降低约 3%。另外，和传统铝合金相比，Al-Li 合金具有高弹性模量、高比刚度、高比强度及良好的抗疲劳裂纹扩展性等优点。

Al-Li 合金的发展从 20 世纪中期开始，经历了三代发展，第一代 Al-Li 合金为 2020 合金，即向传统的 Al-Li 合金中添加一定量的 Cu 元素，形成 Al-Cu-Li 合金，该合金中 Li 含量约为 1.1%，Cu 含量约为 4.5%，该合金中强化相主要为片状的 T_1(Al_2CuLi)，用该相代替了原 Al-Li 合金中的 δ′(Al_3Li)强化相，从而达到了更高的强化效果。

第二代 Al-Li 合金为 Al-Cu-Mg-Li 系的 8090 合金，该合金中 Li 含量(质量分数)达到 2.7%，Cu 含量(质量分数)低于 2%，Mg 含量(质量分数)约为 1%，该合金是当时合金中密度最低、弹性模量最高并且同时具有中等强度的合金。但有学者研究发现合金元素 Li 含量对 Al-Li 合金的时效硬化效果具有重要影响，结果表明：当 Li 含量从 0 增加至 1%时，合金的时效硬化效果增大；当 Li 含量达到 2.5%时，合金的时效硬化效果反而下降。这说明一味地增大合金元素 Li 含量来获得轻质的 Al-Li 合金并不现实，Li 带来的成分偏析及各向异性等问题成为制约该系合金发展的主要因素。

第三代 Al-Li 合金为 Al-Cu-Li-Mg-Ag 合金，该合金的抗拉强度高达 680MPa，被用作火箭中低温储箱。同时，该合金具有低密度、低的各向异性、良好的焊接性及优异的耐腐蚀性能。

2. 微量合金元素的作用

(1) Ni

合金元素 Ni 在 α-Al 中固溶度极低，对铝合金导热危害极小，室温时经常以难溶化合物的形式存在。在 Al-Mg-Si 系合金(如 6063 铝合金)中，适当加入 Ni，可有效提高铝合金的力学性能(见表 1-9 和图 1-3)，当 Ni 的添加量(质量分数)为 2.5%时，合金的抗拉强度和屈服强度分别为 194.7MPa 和 87.5MPa，较未添加 Ni 时分别提高了 72.3%和 70.2%，其原因是 Ni 可增大合金中固/液界面的成分过冷程度，细化晶粒。但是随着 Ni 添加量的增加，合金的伸长率逐渐降低，主要是由于过量的 Ni 在铝合金中形成了 Al_3Ni 硬脆相，如图 1-4 所示，因此使得材料的塑性变差。

表 1-9　不同 Ni 添加量对合金抗拉强度(R_m)、屈服强度($R_{p0.2}$)和伸长率(δ)的影响

试样编号	R_m/MPa	$R_{p0.2}$/MPa	δ/%
A	113.0±4.6	51.4±2.3	14.1±0.2
B	138.6±5.3	52.3±2.1	13.8±0.6
C	151.3±5.9	67.4±3.4	12.6±0.4
D	171.4±5.4	68.3±2.0	11.5±0.3
E	183.9±6.8	75.4±2.4	11.0±0.2
F	194.7±7.1	87.5±3.0	10.0±0.5

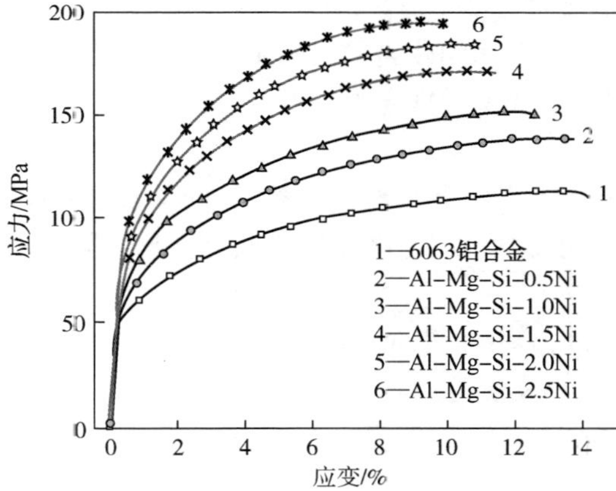

图 1-3　不同合金元素 Ni 添加量时合金的拉伸性能

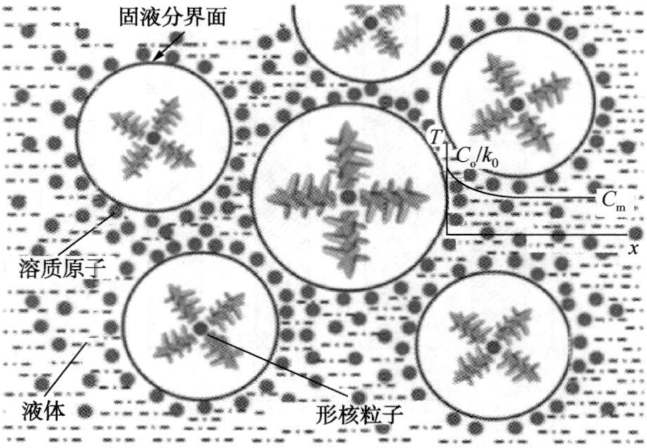

图 1-4　添加 Ni 元素后铝合金组织在凝固过程中演变的示意

另外，若向工业纯铝中添加微量 Ni，会降低该合金的导电性能同时增加其点蚀程度。

（2）Cr

合金元素 Cr 是 Al-Mg、Al-Mg-Si 及 Al-Zn-Mg 等系合金中常用的添加元素，Cr 在 Al 中的溶解度随着温度的不同而变化，当温度为 660℃时，其溶解度约为 0.8%，当温度为室温时，其溶解度极小，Cr 在铝合金中主要以 Al_{12}(CrMn)及 Al_7(CrFe)等化合物形式存在，其可以阻碍再结晶的形核及长大过程，对合金具有一定的强化作用。

向高镁铝合金中添加一定量的合金元素 Cr(质量分数 0.06%~0.24%)，合金的性能会随着 Cr 含量的变化而发生变化，即随着 Cr 含量的增加，该铝合金的强度增加，但塑性降低，同时合金的拉伸断口形貌由韧性断裂转变为局部脆性断裂。当 Cr 质量分数的添加量为 0.19%时，该合金中出现粗大的 Al-Mn-Cr-Ti-V 金属间化合物，该粗大的金属间化合物在轧制过程中发生破碎并且沿着轧制方向分布，使得合金的塑形及成型性能急剧恶化。

（3）Zr

Zr 是铝合金中常添加的合金元素，一般 Zr 的添加量(质量分数)为 0.05%~0.3%，Zr 在铝合金中可形成 Al_3Zr 化合物，该化合物有阻碍再结晶的作用，从而细化再结晶晶粒。

图 1-5 所示为不同 Zr 添加量对 Al-5.8Zn-2.3Mg-1.7Cu 铝合金布氏硬度的影响。Zr 添加量对 Al-5.8Zn-2.3Mg-1.7Cu 铝合金抗拉强度、屈服强度及伸长率的影响曲线如图 1-6 所示。

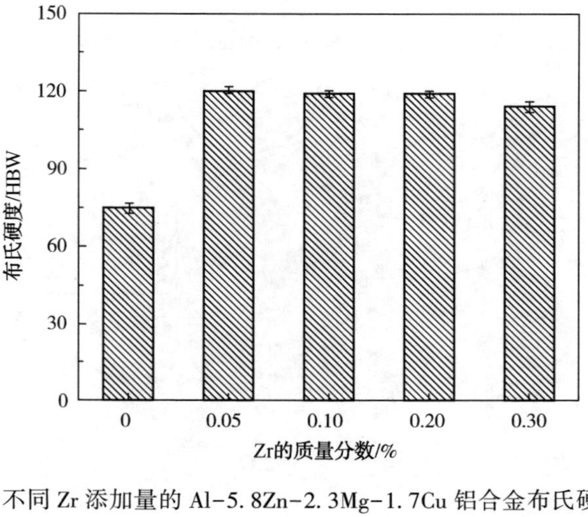

图 1-5　不同 Zr 添加量的 Al-5.8Zn-2.3Mg-1.7Cu 铝合金布氏硬度变化

从图 1-5、1-6 中可以看出，随着 Zr 含量的增加，Al-5.8Zn-2.3Mg-1.7Cu 铝合金的布氏硬度先升高后降低，当 Zr 质量分数的添加量为 0.05%时，合金的布氏硬度最高，达到 120.33HBW。当 Zr 质量分数的添加量为 0.20%时，合金的抗拉强度及屈服强度最大，分别达到 296.4MPa 和 249.1MPa，同时其伸长率也达到最大(8.26%)，但是随着 Zr 含量的继续增加，条状的初生 Al_3Zr 相会破坏合金微观组织的连续性及均匀性，因此在条状相的边角处易产生应力集中，导致合金的力学性能下降。另外，少量的 Zr 添加量可以增加韧窝的尺寸及深度，因此提高了合金的韧性，但是随着 Zr 含量的增加，位于晶界的粗大硬脆 Al_3Zr 颗粒会引起晶间断裂，从而降低合金的韧性。

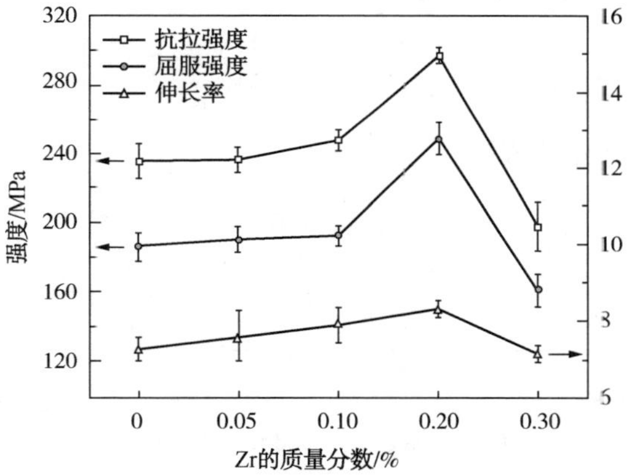

图 1-6　不同 Zr 添加量的 Al-5.8Zn-2.3Mg-1.7Cu 铝合金力学性能变化曲线

(4) Ti

Ti 是铝合金中常用的添加元素，其主要作用是细化铸造组织及焊缝组织，减小开裂倾向，提高材料的力学性能。Ti 加入 Al 中形成 Al_3Ti，与熔体产生包晶反应而成为非自发核心，从而达到细化的作用。Ti 对 Al-Li-Cu-Zn-Mg(Zr) 系合金硬度及强度的影响如图 1-7 所示，适量的 Ti 可以有效提高合金的力学性能。

(5) 稀土元素

将稀土元素加入铝及铝合金中可起到诸多良好的作用，例如在熔炼铸造过程中可以增加成分过冷、细化晶粒、减小二次枝晶间间距、减小气体和杂质及球化夹杂相、降低熔体表面张力、增加流动性等，对工艺性能有着明显的影响。

稀土元素 Yb 对 Al-Si-Cu-Mg 系合金的腐蚀性能影响如图 1-8 所示，适量的 Yb 可以有效提高合金的耐腐蚀性能。这是由于 Yb 可以在 Si 阴极处形成 Al_3Yb 析出相，从而降低合金的腐蚀速率。

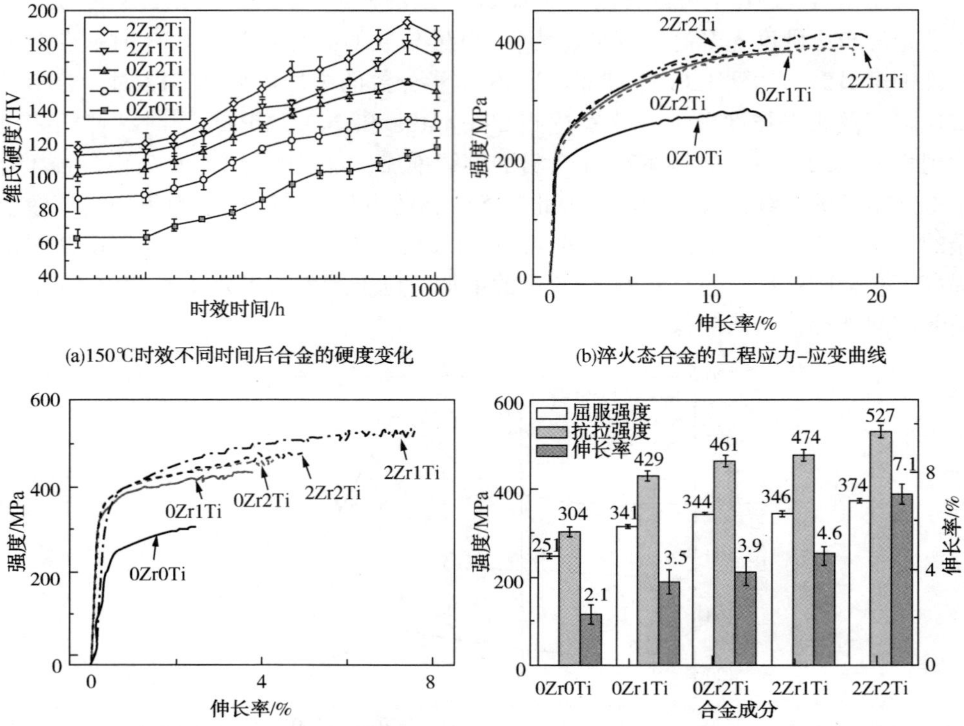

(a)150℃时效不同时间后合金的硬度变化

(b)淬火态合金的工程应力-应变曲线

(c)150℃/64h时效后合金的工程应力-应变曲线

(d)150℃/64h时效后合金的强度和伸长率具体数值

图 1-7　不同 Ti 添加量的 Al-Li-Cu-Zn-Mg(Zr)铝合金力学性能变化曲线

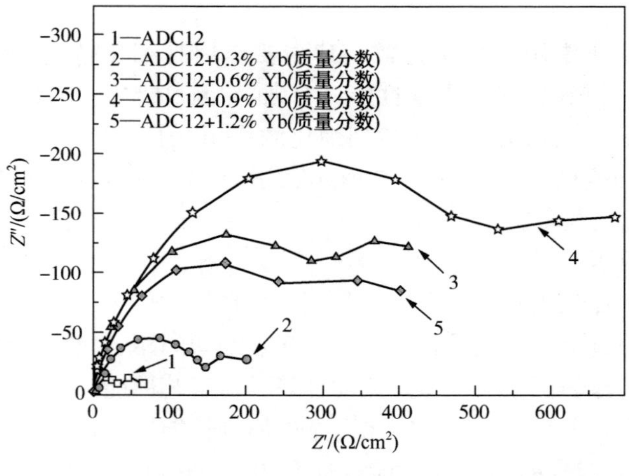

图 1-8　稀土元素 Yb 对 Al-Si-Cu-Mg 系合金电化学阻抗谱的影响

1.2.2 铝合金的耐蚀性

为了弥补纯铝不能满足大多数场合使用要求的缺陷，将各种合金元素添加到纯铝中用以生产满足各种用途和需求的铝合金。合金元素的加入可以有效提高纯铝的力学、物理性能，但是不能显著提高其耐蚀性能，一般铝合金的耐蚀性能均劣于纯铝。表1-10列出了常用合金元素对铝耐蚀性能的影响。

表1-10 常用合金元素对铝耐蚀性能的影响

合金元素类型	对铝耐蚀性能的影响
Cu	急剧降低铝的耐蚀性能，同时增大点蚀倾向
Mg	提高铝的耐蚀性能，其中Al-Mg合金是防锈铝合金，且可提高其对碱性溶液的耐蚀性能
Mn	有效提高铝的耐蚀性能，其中Al-Mn合金是防锈铝合金；在某些合金中利用少量Mn代替Cr，可有效提高合金的耐应力腐蚀能力
Si	使铝合金的耐蚀性能略有降低
Zn	对铝合金的耐蚀性能影响较小
Cr	一般含量为0.1%~0.3%，可提高Al的耐蚀性能，同时改善铝合金的抗应力腐蚀性能
Fe	降低Al的耐蚀性能
Ni	降低Al的耐蚀性能
Ti	对铝合金的耐蚀性能影响较小
Sn	使铝合金的耐蚀性能略有降低

工业上常用的耐蚀铝合金主要包括以下四类：Al-Mg、Al-Mn、Al-Mn-Mg及Al-Mg-Si合金。在Al中加入Mg、Zn、Mn、Si、Cu等元素后，铝合金的电极电位也随之发生变化，铝合金的耐蚀性与合金中各种相的电极电位有很大的关系：若基体相为阴极相，第二相为阳极相，则合金具有较高的耐蚀性；若基体相为阳极相，则第二相电极电位越高，数量越多，铝合金的腐蚀越严重。

1.3 铝合金材料的分类

纯铝的性能在大多数场合无法满足使用的要求，为此，常需要以Al为基体，向其中添加各种合金元素，以满足其具体使用要求。

铝合金与其合金元素所形成的典型有限固溶型共晶相图如图1-9所示，其绝大部分在富铝的一侧形成有限固溶，并有共晶转变。在图1-9中以D点成分为

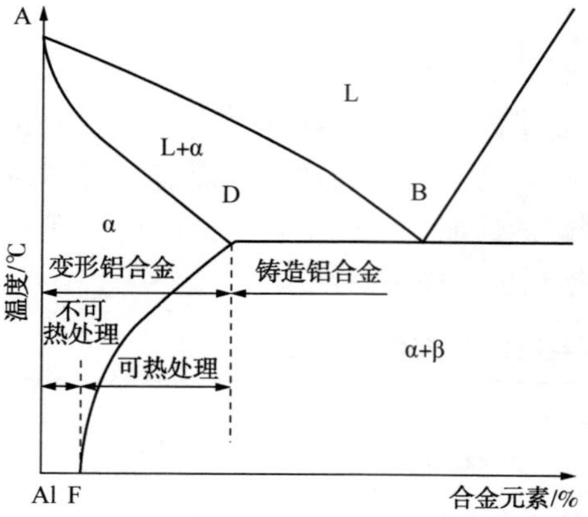

图 1-9 铝合金与其合金元素所形成的典型有限固溶型共晶相图

界可以将铝合金分为两类：变形铝合金和铸造铝合金。当合金元素含量低于最大溶解点 D 时，合金在加热到固溶线 DF 以上时可成为单相 α 固溶体，该类铝合金塑性较好，适用于压力加工，即可先将合金配料熔铸成坯锭，再进行塑性变形加工制备成为板、带、箔、条、棒、管、线、型、模锻件及自由锻件等，故将其称为“变形铝合金”；当合金元素含量大于最大溶解点 D 后，其组织中出现共晶组织 α+β，其特点是组织中存在共晶体，适于铸造，即该类合金是将坯料熔炼后用砂模、铁模、熔模和压铸法等直接铸成各种零部件的毛坯，故将其称为“铸造铝合金”(但也有例外，如某些耐热铝合金，组织中虽会出现共晶，但仍能锻造加工，仍属于变形铝合金)。

变形铝合金和铸造铝合金根据能否进行热处理可将其分为热处理型和非热处理型，如表 1-11 所示。

表 1-11 铝合金的分类

合金名称	分类	能否热处理	具体合金系
铝合金	变形铝合金	热处理型合金	Al-Mg 系合金—5XXX 系，如 5083 合金
			Al-Cu 系合金—2XXX 系，如 2024 合金
			Al-Mg-Si 系合金—6XXX 系，如 6063 合金
			Al-Zn-Mg-Cu 系合金—7XXX 系，如 7075 合金
			Al-Li 系合金—8XXX 系，如 8089 合金
		非热处理型合金	纯铝—1XXX 系，如 1000 合金
			Al-Mn 系合金—3XXX 系，如 3004 合金
			Al-Si 系合金—4XXX 系，如 4043 合金
	铸造铝合金	热处理型合金	Al-Cu-Si 系合金，如 ZL107 合金
			Al-Cu-Mg-Si 系合金，如 ZL110 合金
			Al-Mg-Si 系合金，如 ZL104 合金
			Al-Mg-Zn 系合金，如 ZL305 合金
		非热处理型合金	Al-Si 系合金，如 ZL102 合金
			Al-Mg 系合金，如 ZL103 合金

1.3.1 铸造铝合金

铸造铝合金主要包括 Al-Si 铸造合金、Al-Cu 铸造合金、Al-Mg 铸造合金及 Al-Zn 铸造合金。化工中常用的铸造铝合金为 Al-Si 合金、Al-Mg 合金和 Al-Cu 合金。主要用于铸造离心机、泵、阀等。几种常用铸造铝合金的化学成分及杂质元素允许含量分别如表 1-12 和表 1-13 所示。

表 1-12 常用铸造铝合金的化学成分(GB/T 1173—2013《铸造铝合金》)

合金种类	合金牌号	合金代号	主要元素(质量分数)/%							
			Si	Cu	Mg	Zn	Mn	Ti	其他	Al
Al-Si 合金	ZAlSi7Mg	ZL 101	6.5~7.5	—	0.25~0.45	—	—	—		余量
	ZAlSi2	ZL 102	10.0~13.0							余量
	ZAlSi9Mg	ZL 104	8.0~10.5		0.17~0.35					余量
	ZAlSi5Cu1Mg	ZL 105	4.5~5.5	1.0~1.5	0.4~0.6					余量
	ZAlSi8Cu1Mg	ZL 106	7.5~8.5	1.0~1.5	0.3~0.5		0.3~0.5	0.1~0.25		余量
	ZAlSi7Cu4	ZL 107	6.5~7.5	3.5~4.5						余量
	ZAlSi2Cu2Mg1	ZL 108	11.0~13.0	1.0~2.0	0.4~1.0		0.3~0.9			余量
	ZAlSi2Cu1Mg1 Ni1	ZL 109	11.0~13.0	0.5~1.5	0.8~1.3				Ni 0.8~1.5	余量
	ZAlSi5Cu6Mg	ZL 110	4.0~6.0	5.0~8.0	0.2~0.5					余量
	ZAlSi9Cu2Mg	ZL 111	8.0~10.0	1.3~1.8	0.4~0.6		0.10~0.35	0.10~0.35		余量
	ZAlSi5Zn1Mg	ZL 115	4.8~6.2		0.4~0.65	1.2~1.8			Sb 0.1~0.25	余量
	ZAlSi8MgBe	ZL 116	6.5~8.5		0.35~0.55			0.10~0.30	Be 0.15~0.40	余量
	ZAlSi7Cu2Mg	ZL 118	6.0~8.0	1.3~1.8	0.2~0.5		0.1~0.3	0.10~0.25		余量

续表

合金种类	合金牌号	合金代号	主要元素(质量分数)/%							
			Si	Cu	Mg	Zn	Mn	Ti	其他	Al
Al-Cu合金	ZAlCu5Mn	ZL201		4.5~5.3			0.6~1.0	0.15~0.35		余量
	ZAlCu5MnA	ZL201A		4.8~5.3			0.6~1.0	0.15~0.35		余量
	ZAlCu10	ZL202		9.0~11.0						余量
	ZAlCu4	ZL203		4.0~5.0						余量
	ZAlCu5MnCdA	ZL204A		4.6~5.3			0.6~0.9	0.15~0.35	Cd 0.15~0.25	余量
	ZAlCu5MnCdVA	ZL205A		4.6~5.3			0.3~0.5	0.15~0.35	Cd 0.15~0.25 V 0.05~0.3 Zr 0.15~0.25 B 0.005~0.6	余量
	ZAlR5Cu3Si2	ZL207	1.6~2.0	3.0~3.4	0.15~0.25		0.9~1.2		Zr 0.15~0.2 Ni 0.2~0.3 RE4.4①	余量
Al-Mg合金	ZAlMg10	ZL301			9.5~11.0					余量
	ZAlMg5Si	ZL303	0.8~1.3		4.5~5.5		0.1~0.4			余量
	ZAlMg8Zn1	ZL305			7.5~9.0	1.0~1.5		0.10~0.20	Be0.03~0.10	余量
Al-Zn合金	ZAlZn11Si7	ZL401	6.0~8.0		0.1~0.3	9.0~13.0				余量
	ZAlZn6Mg	ZL402			0.5~0.65	5.0~6.5	0.2~0.5	0.15~0.25	Cr0.4~0.6	余量

注：①“RE”为“含铈混合稀土”，其中混合稀土总量应不少于98%，铈含量不少于45%。

表 1-13　铸造铝合金杂质元素允许含量(GB/T 1173—2013)

合金种类	合金牌号	合金代号	杂质元素(质量分数)/%　不大于														
			Fe		Si	Cu	Mg	Zn	Mn	Ti	Zr	Ti+Zr	Be	Ni	Sn	Pb	其他杂质总和	
			S①	J②													S	J
Al-Si合金	ZAlSi7Mg	ZL101	0.5	0.9		0.2		0.3	0.35			0.25	0.1		0.05	0.05	1.1	1.5
	ZAlSi2	ZL102	0.7	1.0		0.3	0.1	0.1	0.5	0.2							2.0	2.2
	ZAlSi9Mg	ZL104	0.6	0.9		0.1		0.25				0.15			0.05	0.05	1.1	1.4
	ZAlSi5Cu1Mg	ZL105	0.6	1.0				0.3	0.5			0.15	0.1		0.05	0.05	1.1	1.4
	ZAlSi8Cu1Mg	ZL106	0.6	0.8				0.2							0.05	0.05	0.9	1.0
	ZAlSi7Cu4	ZL107	0.5	0.6			0.1	0.3	0.5						0.05	0.05	1.0	1.2
	ZAlSi2Cu2Mg1	ZL108		0.7				0.2		0.2				0.3	0.05	0.05		1.2
	ZAlSi2Cu1Mg1Ni1	ZL109		0.7				0.2	0.2	0.2					0.05	0.05		1.2
	ZAlSi5Cu6Mg	ZL110		0.8				0.6	0.5						0.05	0.05		2.7
	ZAlSi9Cu2Mg	ZL111	0.4	0.4				0.1							0.05	0.05		1.2
	ZAlSi5Zn1Mg	ZL115	0.3	0.3		0.1			0.1						0.05	0.05	1.0	1.0
	ZAlSi8MgBe	ZL116	0.6	0.6		0.3		0.3	0.1		0.2				0.05	0.05	1.0	1.0
	ZAlSi7Cu2Mg	ZL118	0.3	0.3				0.1							0.05	0.05	1.0	1.5
Al-Cu合金	ZAlCu5Mn	ZL201	0.25	0.3	0.3		0.05	0.2			0.2			0.1			1.0	1.0
	ZAlCu5MnA	ZL201A	0.15		0.1		0.05	0.1			0.15			0.05			0.4	
	ZAlCu10	ZL202	1.0	1.2	1.2		0.3	0.8	0.5					0.5			2.8	3.0
	ZAlCu4	ZL203	0.8	0.8	1.2		0.05	0.25	0.1	0.2	0.1				0.05	0.05	2.1	2.1
	ZAlCu5MnCdA	ZL204A	0.12	0.12	0.06		0.05	0.1			0.15			0.05			0.4	
	ZAlCu5MnCdVA	ZL205A	0.15	0.16	0.06		0.05										0.3	0.3
	ZAlR5Cu3Si2	ZL207	0.6	0.6				0.2									0.8	0.8
Al-Mg合金	ZAlMg10	ZL301	0.3	0.3	0.3	0.1		0.15	0.15	0.15	0.20		0.07	0.05	0.05	0.05	1.0	1.0
	ZAlMg5Si	ZL303	0.5	0.5		0.1		0.2		0.2							0.7	0.7
	ZAlMg8Zn1	ZL305	0.3		0.2	0.1			0.1								0.9	
Al-Zn合金	ZAlZn11Si7	ZL401	0.7	1.2		0.6			0.5								1.8	2.0
	ZAlZn6Mg	ZL402	0.5	0.8	0.3	0.25			0.1								1.35	1.65

注：①砂型铸造；
②金属型铸造。

1. Al-Si 铸造合金

Al-Si 系列合金具有优良的铸造性能适宜焊接，同时具有良好的耐腐蚀性能和力学性能。但是对于其中某些合金，铸态时的强度及伸长率均较低，需要对其进行相应的处理以提高其综合性能。例如，ZAlSi2(ZL102)合金的平衡组织为粗大的共晶硅针状组织分散在铝基体上，此时该合金的抗拉强度为 128~137MPa，伸长率为 1%~3%，不宜在工业上使用，为了提高其力学性能，通常在浇铸前向合金中加入钠或钠盐以改变其组织，也称为"变质处理"，经过处理后，该合金的抗拉强度可提高至 167~177MPa，伸长率可达到 3%~6%，从而符合工业应用的标准。

在 ZAlSi2(ZL102)合金的基础上发展的 ZAlSi7Mg(ZL101)及 ZAlSi9Mg(ZL104)等合金，其铸态的抗拉强度可达到 157MPa，在工业上得到了广泛应用。

2. Al-Cu 铸造合金

Al-Cu 系列合金的室温强度超过其他的常用铸造铝合金，其主要强化相为 $CuAl_2$，该强化相本身具有较强的时效硬化能力及良好的热稳定性，故该合金适合在较高温度下服役，常被称为高强耐热铝合金，其缺点是铸造工艺性及耐蚀性较差。

3. Al-Mg 铸造合金

Al-Mg 系列合金具有耐蚀性高、强度大、密度小的特点。在工业上应用比较广泛的 Al-Mg 铸造合金为 ZAlMg10(ZL301)，该合金经过淬火处理后，其抗拉强度为 344MPa，伸长率可达到 10%，同时耐腐蚀性也较好，因此经常用作承受冲击载荷而外形不复杂的重要零部件。

4. Al-Zn 铸造合金

Al-Zn 系列合金具有明显的时效硬化能力，故常被称为自强化合金，该系合金具有良好的铸造性能、焊接性能、切削性能及尺寸稳定性，可免除淬火工序引起的形变和尺寸变化。该系合金主要包括 ZAlZn11Si7(ZL401)和 ZAlZn6Mg(ZL402)两个牌号，是价格最便宜的铸造合金，通常采用砂模铸造，缺点是耐蚀性较差。

铸造铝合金的热处理状态及相应的力学性能如表 1-14 所示。

表 1-14　铸造铝合金的热处理状态及相应的力学性能

合金种类	合金牌号	合金代号	合金状态	力学性能(≥)		
				抗拉强度/MPa	伸长率/%	布氏硬度/HBW
Al-Si 合金	ZAlSi7Mg	ZL 101	F	155	2	50
			T2	135	2	45
			T4	185	4	50
			T4	175	4	50
			T5	205	2	60
			T5	195	2	60
			T6	225	1	70
			T7	195	2	60
			T8	155	3	55

续表

合金种类	合金牌号	合金代号	合金状态	力学性能(≥)		
				抗拉强度/MPa	伸长率/%	布氏硬度/HBW
Al-Si合金	ZAlSi2	ZL102	F	145	4	50
			T2	135	4	50
			F	155	2	50
			T2	145	3	50
	ZAlSi9Mg	ZL104	F	150	2	50
			T1	200	1.5	65
			T6	230	2	70
			T6	240	2	70
	ZAlSi5Cu1Mg	ZL105	T1	155	0.5	65
			T5	215	1	70
			T5	235	0.5	70
			T6	225	0.5	70
			T7	175	1	65
	ZAlSi8Cu1Mg	ZL106	F	175	1	70
			T1	195	1.5	70
			T5	235	2	60
			T5	255	2	70
			T6	245	1	80
			T6	265	2	70
			T7	225	2	60
			T7	245	2	60
	ZAlSi7Cu4	ZL107	F	165	2	65
			T6	245	2	90
			F	195	2	70
			T6	275	2.5	100
	ZAlSi2Cu2Mg1	ZL108	T1	195	—	85
			T6	255	—	90
	ZAlSi2Cu1Mg1Ni1	ZL109	T1	195	0.5	90
			T6	245	—	100
	ZAlSi5Cu6Mg	ZL110	F	125	—	80
			T1	145	—	80
			F	155	—	80
			T1	165	—	90
	ZAlSi9Cu2Mg	ZL111	F	205	1.5	80
			T6	255	1.5	90
			T6	315	2	100

续表

合金种类	合金牌号	合金代号	合金状态	力学性能(≥)		
				抗拉强度/MPa	伸长率/%	布氏硬度/HBW
Al-Si合金	ZAlSi5Zn1Mg	ZL115	T4	225	4	70
			T4	275	6	80
			T5	275	3.5	90
			T5	315	5	100
	ZAlSi8MgBe	ZL116	T4	255	4	70
			T4	275	6	80
			T5	295	2	85
			T5	335	4	90
	ZAlSi7Cu2Mg	ZL118	T6	290	1	90
			T6	305	2.5	105
Al-Cu合金	ZAlCu5Mn	ZL201	T4	295	8	70
			T5	335	4	90
			T7	315	2	80
	ZAlCu5MnA	ZL201A	T5	390	8	100
	ZAlCu10	ZL202	F	104	—	50
			T6	163	—	100
	ZAlCu4	ZL203	T4	195	6	60
			T4	205	6	60
			T5	215	3	70
			T5	225	3	70
	ZAlCu5MnCdA	ZL204A	T5	440	4	100
	ZAlCu5MnCdVA	ZL205A	T5	440	7	100
			T6	470	3	120
			T7	460	2	110
	ZAlR5Cu3Si2	ZL207	T1	165	—	75
			T1	175	—	75
Al-Mg合金	ZAlMg10	ZL301	T4	280	9	60
	ZAlMg5Si	ZL303	F	143	1	55
	ZAlMg8Zn1	ZL305	T4	290	8	90

续表

合金种类	合金牌号	合金代号	合金状态	力学性能(≥)		
				抗拉强度/MPa	伸长率/%	布氏硬度/HBW
Al-Zn合金	ZAlZn11Si7	ZL401	T1	195	2	80
			T1	245	1.5	90
	ZAlZn6Mg	ZL402	T1	235	4	70
			T1	220	4	65

铸造铝合金通常具备如下特征，其中最关键的是流动性和可填充性。

(1) 有填充狭槽窄缝部分的良好流动性；

(2) 有适应其他许多金属所要求的低熔点；

(3) 导热性能好，即熔融铝的能量能快速流向铸模，铸造周期较短；

(4) 熔体中的氢气和其他有害气体可通过处理得到有效的控制；

(5) 铝合金铸造时，没有热脆开裂和撕裂的倾向；

(6) 化学稳定性好，有良好的抗腐蚀性能；

(7) 不易产生表面缺陷，铸件表面有良好的光泽及低的表面粗糙度，且易于进行表面处理；

(8) 铸造铝合金的加工性能好，可用压模、硬(永久)模、生砂和干砂模、熔模、石膏型铸造模进行铸造生产，也可用真空铸造、低压及高压铸造、半固体铸造、挤压铸造、离心铸造等方法形成，生产不同用途、不同品种规格、不同性能的各种铸件。

1.3.2 变形铝合金

变形铝合金的分类方法很多，目前，世界上绝大部分国家通常采用以下三种方法进行分类。

(1) 按照合金状态及热处理特点可分为两大类，即可热处理强化铝合金和不可热处理强化铝合金。在变形铝合金中，合金成分在图 1-9 中 F 点以左的合金，其固溶体的成分不随温度的变化而变化，不能通过热处理强化，即为不可热处理强化的铝合金，如纯铝、Al-Mn 系合金及 Al-Si 系合金；成分在 F 点及 D 点间的合金，其固溶体成分随温度的变化而变化，可通过热处理进行强化，为可热处理强化的铝合金，如 Al-Mg、Al-Cu、Al-Mg-Si、Al-Zn-Mg-Cu 及 Al-Li 系合金。

(2) 按照合金性能和用途可分为：工业纯铝、光辉铝合金、切削铝合金、耐热铝合金、耐腐蚀铝合金、低强铝合金、中强铝合金、高强铝合金(硬铝)、超高强铝合金(超硬铝)、锻造铝合金及特殊铝合金等。

(3) 按照合金中所包含主要元素成分可分为：工业纯铝(1XXX 系)、Al-Cu

合金(2XXX 系)、Al-Mn 合金(3XXX 系)、Al-Si 合金(4XXX 系)、Al-Mg 合金(5XXX 系)、Al-Mg-Si 合金(6XXX 系)、Al-Zn-Mg-Cu 合金(7XXX 系)、Al-Li 合金(8XXX 系)及备用合金组(9XXX 系)。

值得注意的是,8XXX 系铝合金是其他主要合金化元素与 Al 组成的合金,而现行的主要合金化元素(Si、Fe、Cu、Mn、Mg、Ni、Zn、Li、Pb、Bi、Sn 等)中,只有 Li 还有作为第一合金化元素的可能性,但这样的铝合金(8090、8091、8093)已编入 8XXX 系,即使出现新的 Al-Li 合金也不可能独立成为新的 9XXX 系,而只能编入现有的铝合金中。另外,变形铝合金的现有微量合金化元素如 Zr、Sc、V、Ga、Ti、Cr、Ag、B、Er 等也很难成为主要合金化元素。因为一个新合金甚至一系新合金的出现,并获得稳定的工业化应用,不但必须有性能方面与制造加工方面的优势,而且应有价格方面的竞争优势,以及资源方面的优势。

上述三种变形铝合金的分类方法各有特点,有时相互交叉,相互补充。在工业生产中,大多数国家均按照第三种方法进行分类,即按照合金中所含主要合金元素成分的 4 位数码法分类。这种分类方法能较本质地反映合金的基本性能,也便于编码、记忆及计算机管理。我国目前也采用 4 位数码法分类。

根据我国现行标准 GB/T 16474—2011《变形铝及铝合金牌号表示方法》,凡是化学成分与变形铝及铝合金国际牌号注册协议组织(简称国际牌号注册组织)命名的合金相同的所有合金,其牌号直接采用国际四位数字体系牌号,未与国际四位数字体系牌号的变形铝合金接轨的,采用四位字符牌号(但试验铝合金需在四位牌号前加 X)命名,并按照要求进行化学成分注册。四位字符牌号命名方法应符合四位字符体系牌号命名方法的规定。

四位字符体系牌号的第一、三、四位为阿拉伯数字,第二位为英文大写字母(C、I、L、N、O、P、Q、Z 字母除外)。纯铝的牌号为 1XXX 系标识,铝合金的牌号用 2XXX~8XXX 系列表示。其中牌号的第一位数字表示铝及铝合金的组别,如表 1-15 所示。

表 1-15　变形铝及铝合金牌号及组别

牌号系列	组　　别
1XXX	纯铝(Al 含量不低于 99.00%)
2XXX	以 Cu 为主要合金元素的铝合金
3XXX	以 Mn 为主要合金元素的铝合金
4XXX	以 Si 为主要合金元素的铝合金
5XXX	以 Mg 为主要合金元素的铝合金

续表

牌号系列	组　别
6XXX	以 Mg 和 Si 为主要合金元素并以 Mg_2Si 相为强化相的铝合金
7XXX	以 Zn 为主要合金元素的铝合金
8XXX	以其他合金为主要合金元素的铝合金
9XXX	备用合金组

除改型合金外，铝合金组别根据主要合金元素来确定，主要合金元素是指极限含量算术平均值最大的合金元素。当有一个以上的合金元素极限含量算术平均值同时为最大时，应按 Cu、Mn、Si、Mg、Mg_2Si、Zn 和其他元素的顺序来确定合金组别。

牌号的第二位字母表示原始纯铝或铝合金的改型情况，最后两位数字用以标识统一组别中不同的铝合金或标识铝的纯度。

第2章 铝合金材料的热处理

2.1 引言

固态金属材料在加热、保温和冷却处理过程中会发生相变，热处理是一种利用此特点来改善金属材料的组织和性能，使其具备所需的物理性能和力学性能的强化手段。

热处理是指将金属材料在一定介质或空气中加热到一定温度并在此温度下保持一定时间，然后以某种冷却速度冷却到室温，从而改变金属材料的组织和性能的方法。

热处理是根据金属材料组织与温度间的变化规律，来研究和改善产品质量和性能变化规律的一门生产技术学科。热处理方法与其他加工方法不同，它是在不改变工件尺寸和形状的条件下，赋予产品以一定的组织和性能，是“质”的改变。因此，金属材料经过适当的热处理，质量(物理性能、力学性能等)可以大幅度地提高。

在机械制造和金属材料生产中，热处理是一项很重要且要求很严格的生产工序，也是充分发挥材料潜力的重要手段，因此，必须掌握各种热处理的基本原理和影响因素，才能正确制定生产工艺，解决生产中出现的有关问题，做到优质高产。

针对铝合金进行热处理的方法分类有两种：一种是按热处理过程中组织和相变的变化特点来分；另一种是按热处理目的或工序特点来分。

2.2 退火

2.2.1 退火过程

热处理过程由加热、保温和冷却三个阶段组成，下面对这三个过程进行介绍。

(1) 加热

加热包括升温速度和加热温度两个参数。由于铝合金的导热性和塑性都较好，可以采用较快的速度升温，这不仅可提高生产效率，而且有利于提高产品质量。热处理时的加热温度要严格控制，必须遵守工艺规程的规定，尤其是淬火和时效时的加热温度，要求更为严格。

（2）保温

保温是指金属材料在加热温度下停留的时间，其停留的时间以使金属表面和中心部位的温度相一致，以及合金的组织发生变化为宜。保温时间的长短与很多因素有关，如制品的厚薄、堆放方式及紧密程度、加热方式和热处理以前金属的变形程度等都有直接影响。在生产中，根据实验来确定保温时间。

（3）冷却

冷却是指加热保温后，金属材料的冷却，不同热处理的冷却速度是不相同的。如淬火要求快的冷却速度，而具有相变的合金的退火，则要求慢的冷却速度。

2.2.2 退火分类

铝合金退火包括均匀化退火、预备退火、中间退火、低温退火、去应力退火等多种退火方式。

上述退火中除均匀化退火外，其余均为再结晶退火，多是以回复与再结晶现象为基础的退火类型。如预备退火，又指热轧板退火，即热轧温度降低时所带来的淬火效应，导致合金硬度增大，需要退火处理提高塑性；中间退火指两次冷变形之间的退火，可以消除冷作硬化或时效的影响。

2.2.3 均匀化退火

均匀化退火是铝合金退火中的基础方式，通过均匀化退火可以使得铝合金塑性变形能力得到提高同时消除化学成分和组织上的不均匀性，使偏析和富集在晶界上和枝晶网上的可溶解金属化合物发生溶解回溶，使固溶体浓度沿晶粒或整个枝晶均匀一致。变形铝合金在加工前多数离不开均匀化退火处理，通过均匀化退火处理可以提高铝合金半成品的性能和压力加工性能。均匀化退火实质为铸锭在高温加热条件下，通过相的溶解和原子的扩散来实现均匀化。退火态组织中出现了

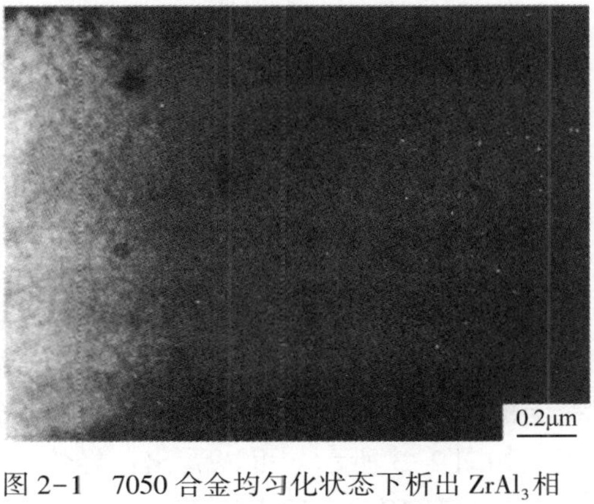

图 2-1 7050 合金均匀化状态下析出 $ZrAl_3$ 相

0.03~0.6μm 第二类弥散相，其中该相与基体非共格。含 Zr 的 7XXX 系铝合金会在均匀化状态下析出 $ZrAl_3$相，如图 2-1 所示。

有学者在气雾化制备的 Al-27%Si 合金粉末热处理研究中，将合金粉末在 500℃下退火不同时间，发现随着退火时间延长，β-Si 相析出越多，初生硅和共晶硅不断粗化，而后析出硅相开始发生团聚现象，如图 2-2 所示。

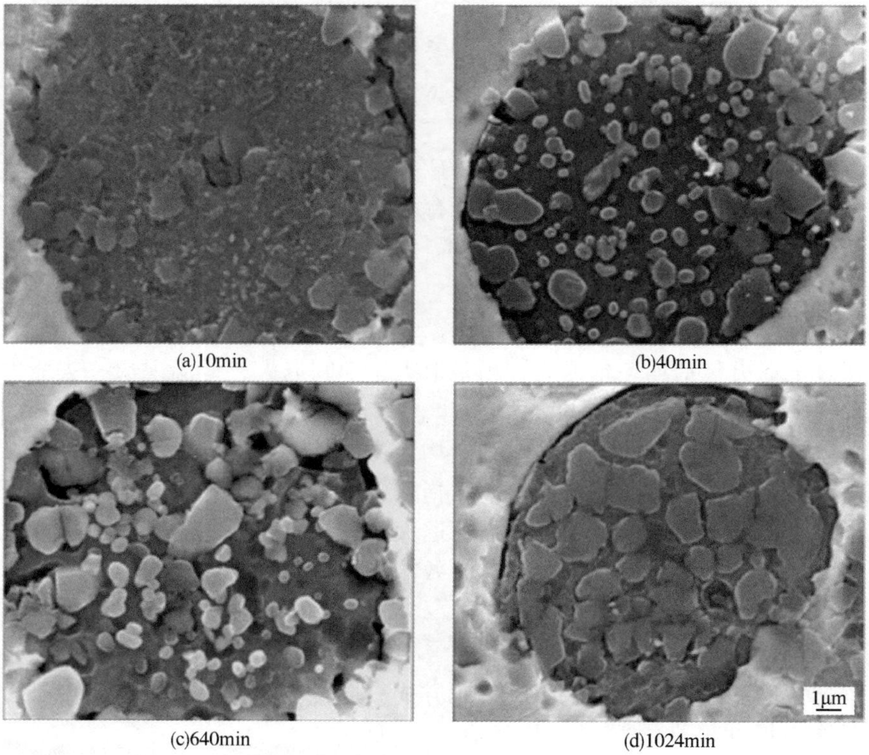

图 2-2　Al-27%Si 合金粉末退火不同时间的组织变化

1. 均匀化退火组织变化

铝合金铸造过程中凝固速度快，铸锭组织会不同程度地偏离平衡状态，使得合金铸锭中存在枝晶偏析和较多的非平衡共晶组织，这种成分和组织的不均匀性将使合金在热加工过程中坯料加热时容易发生过烧、热加工塑性明显降低并形成带状组织，有时还会产生热加工开裂。均匀化则可以有效地消除铸锭在铸造过程中出现的非平衡结晶、晶内偏析、区域偏析等，并使偏析和富集在晶界和枝晶网络上的可溶解金属间化合物发生溶解。6000 系在不同均匀化处理下合金的显微组织如图 2-3 所示。可以看出：经均匀化处理后，合金元素扩散，偏析逐渐消除，并且在 520℃/12h 均匀化处理时由于温度不高，枝晶的共晶组织溶解度不完全，在 520℃/12h 均匀化处理时，晶内结晶相基本溶解完全，且有 β-AlFeSi 相转化为 α-AlFeSi 相。

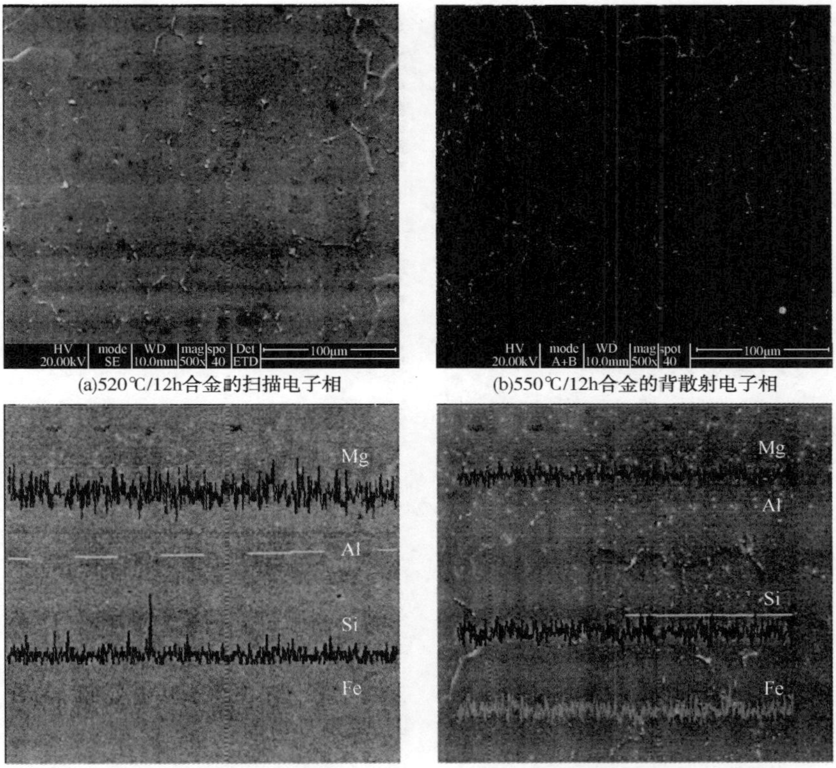

(a)520℃/12h合金的扫描电子相　(b)550℃/12h合金的背散射电子相

(c)520℃/12h合金的线扫描成分　(d)550℃/12h合金的线扫描成分

图 2-3　不同均匀化条件下合金的铸态显微组织

退火时主要的组织变化是枝晶偏析消除、非平衡相溶解和过饱和的过渡元素沉淀，溶质的浓度逐渐均匀化。而对于非平衡状态下仍为单相的合金，均匀化退火所发生的主要过程为固溶体晶粒内成分均匀化，均匀化退火可以消除铸造过程中的内应力，改善合金组织结构中的非均匀性和化学成分。当合金中有非平衡亚稳定相时，则上述两个过程均会发生。通常，在非平衡过剩相溶解后，固溶体内成分仍为不均匀的，还需保温一定时间才能使固溶体内成分充分均匀化，实验指出其所需时间仅稍长于非平衡相完全溶解的时间。在均匀化退火过程中，不溶的过剩相也会发生聚集、球化，有研究者对 Al-50Si-0.5P 合金进行退火后，材料初生硅尺寸略有增加，并且大量的共晶硅溶解到铝基体中，共晶硅形态转变为球形，即发生球化。有相关研究针对 7050 铝合金在 470℃进行 24h 退火处理后，组织中出现了等轴晶粒，如图 2-4 所示。已有文献报道退火温度对 5356 铝合金杆微观组织的影响，随着退火温度的升高，合金中发生了再结晶，其结果如图 2-5 所示。

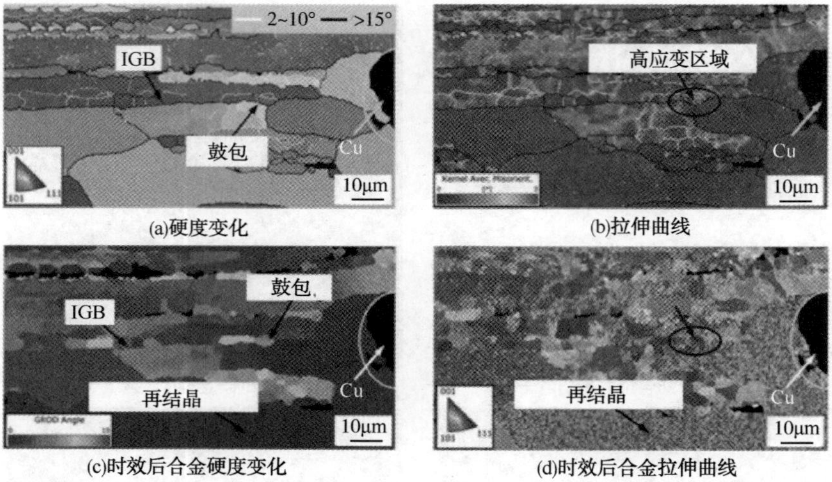

(a)硬度变化 (b)拉伸曲线

(c)时效后合金硬度变化 (d)时效后合金拉伸曲线

图 2-4　7050 铝合金 470℃/24h 退火处理后的 EBSD 图像

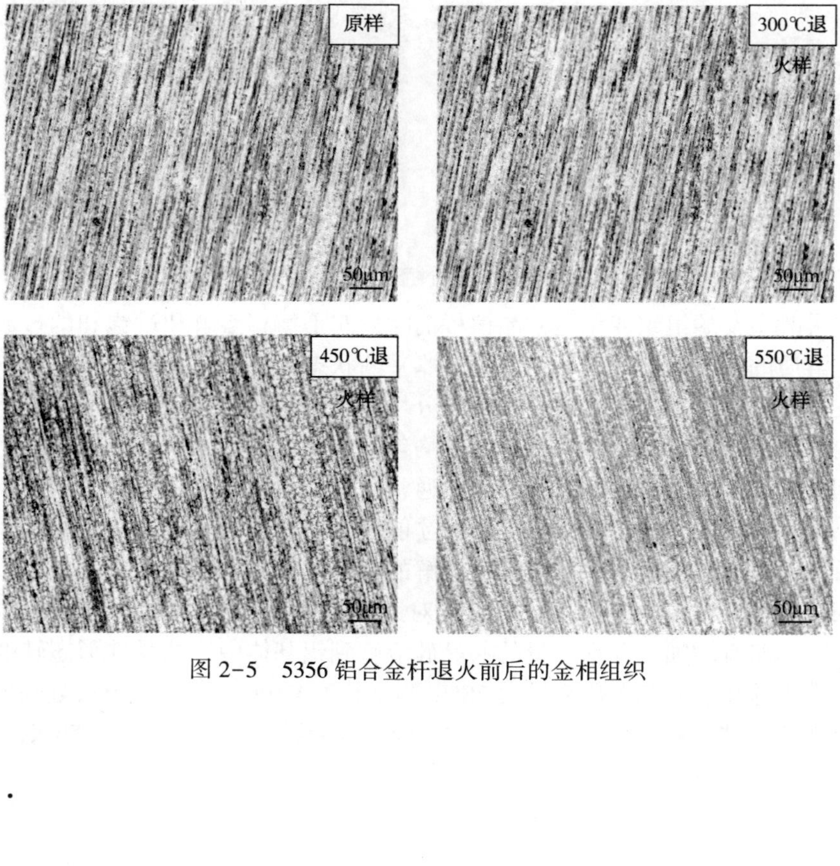

图 2-5　5356 铝合金杆退火前后的金相组织

均匀化退火保温后慢冷的过程中，在晶内会均匀地析出细小的沉淀相。在快冷条件下，某些元素所形成的相来不及从固溶体中析出而呈过饱和状态，在均匀化退火温度下且其固溶度仍然较小时，则这些相在均匀化退火的加热和保温阶段就会从固溶体中析出。有研究者将铸态 Al-Cu-Mg-Mn-Ti-Zr 合金经不同温度均匀化退火处理后，观察到随着退火温度的升高，合金组织中晶界间粗大的 Al_2Cu、Al_2CuMg 等相基本消除，且晶粒未发生明显粗化，但当温度继续升高到 500℃以上时，合金中出现三角晶界和复熔球，且晶界变平直和粗大，出现了轻微的过烧现象，如图 2-6 所示。

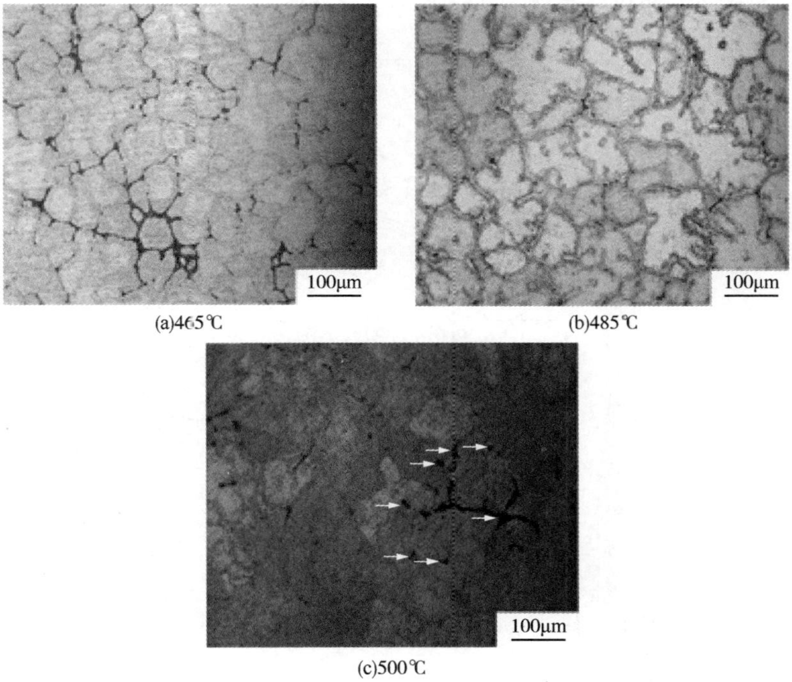

图 2-6 Al-Cu-Mg-Mn-Ti-Zr 合金在不同温度下均匀化退火处理 10 h 后的显微组织

在均匀化退火时也可能发生相变和淬火效应。均匀化后的铸锭中大部分的第二相和溶质回溶至基体内，以及晶粒的长大，导致合金强度和硬度有所下降，但合金的塑性则有所提高，从而有效地改善铸锭的变形和机械加工性能。

2. 均匀化退火性能变化

在均匀化退火过程中铸态合金会发生一系列组织变化，而这些组织变化会导致铸锭性能产生变化。比如，部分 7XXX 系铝合金在均匀化退火后塑性大大提高，快速凝固铝硅合金的强韧性会受到退火时间的影响。随着退火温度和保温时间的增加，工业纯铝线的屈服强度逐渐下降，导电率逐渐提高，屈服强度和导电率呈反比关系。同时，均匀化退火消除了铸锭组织的非平衡状态，即消除了这种状态的遗传影响，如塑性提高、强度降低、各向异性减小，以及固溶体内成分更加均匀。有学者在5356铝合金的研究中发现，材料的抗拉强度随着退火温度的升高逐渐降低，断后伸长率升高，退火温度超过450℃断后伸长率变化不大。如图2-7所示，5356铝合金杆在不同退火温度下，其抗拉强度和断后伸长率的变化曲线。另外，铝合金在退火时，随着退火温度及时间的变化，其相应的性能也会发生变化。比如，有学者在对6001铝合金经过不同时间和温度的均匀化处理后，获得了不同显微硬度的铝合金，并发现均匀化温度为550℃时，合金的显微硬度最高，其硬度变化曲线如图2-8所示。

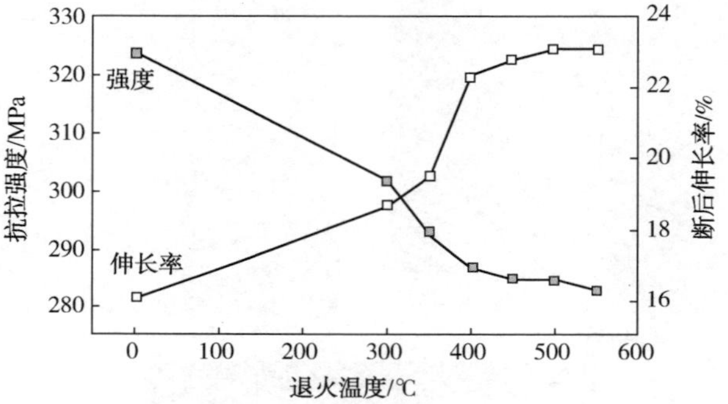

图2-7 5356铝合金性能与退火温度的关系

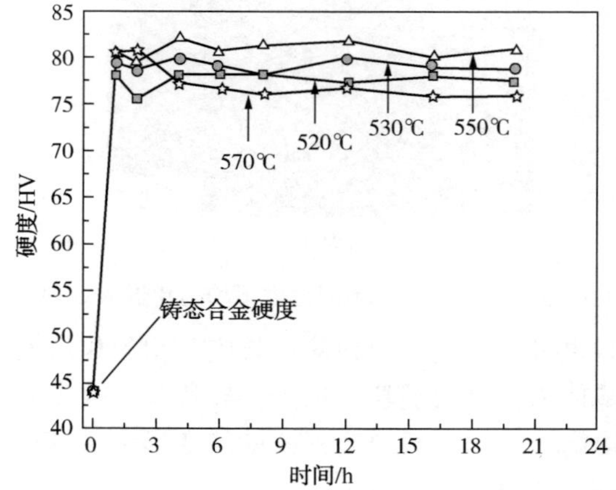

图2-8 不同均匀化条件下合金的硬度变化曲线

均匀化退火是热处理变形前的第一道工序，提高铝合金的热塑变性是该操作的首要目的，对合金后续的热处理过程影响较大，因此准确地控制好退火程度是这一过程的关键。有相关试验研究了5A02铝合金板材退火过程中力学性能的变化，发现随着退火温度的升高，板材的抗拉强度逐渐下降，伸长率提高，但随着保温时间延长，抗拉强度会再度回升，伸长率提高，因此综合来看抗拉强度变化不明显，仅有少量降低，但伸长率大幅提升，变化曲线如图 2-9 所示。

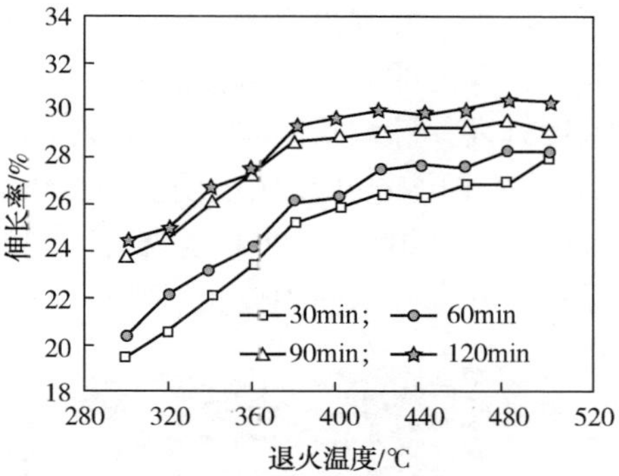

图 2-9　5A02 铝合金板材的抗拉强度和伸长率随退火温度的变化曲线

2.2.4　退火工艺制定

退火过程可以带来多种不同的组织与性能变化，在退火时要根据合金本身的特性及方法而定，同时也要考虑铸造合金的需求和使用产品的性能，来决定是否需要进行退火，以及根据需要制定不同的退火工艺制度。

退火中的参数包括退火温度、保温时间、加热速度和冷却速度。其中以退火温度、保温时间为主要参数。

根据扩散第一定律可知，少量的温度升高就可以大大加速扩散过程，因此均匀化退火过程的速度由退火温度来决定。加热温度越高，原子扩散越快，生产效率也会相对提高。但是加热温度过高会出现合金沿晶界熔化，使得力学性能降低，进而变为废品。通常选择退火温度为铸锭实际开始熔化温度的 90%～95%。选取合适的退火温度可以满足产品的性能需求，有学者研究了退火工艺对 4043 铝合金杆力学性能的影响，结果表明将退火温度保持在 440℃左右时，退火过程对加工硬化的消除效果最好，性能变化曲线如图 2-10 所示。

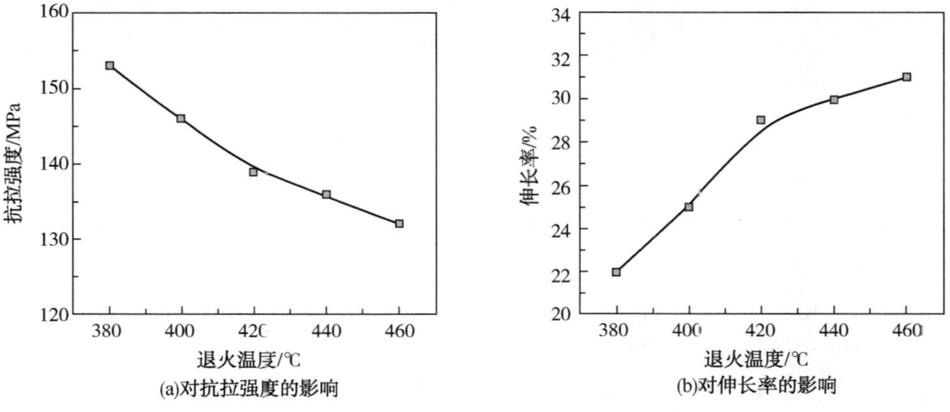

图 2-10　退火温度对 4043 铝合金杆抗拉强度与伸长率的影响

此外，文献报道了退火工艺对5083铝合金热轧板组织性能的影响，观察不同退火温度的样品心部偏光组织，如图2-11所示。从图中可以看出，随着退火温度升高，纤维状晶粒组织有缓慢增大的趋势，但直到450℃时变化都不大，而到500℃时，纤维状组织明显地变粗大，550℃后发生完全再结晶，晶粒基本为拉长的再结晶组织；600℃退火时，晶粒已经完全发生改变，为规则晶粒组织，且晶粒尺寸大，从图中金相组织可以看出，合金在600℃时已经明显发生过烧。

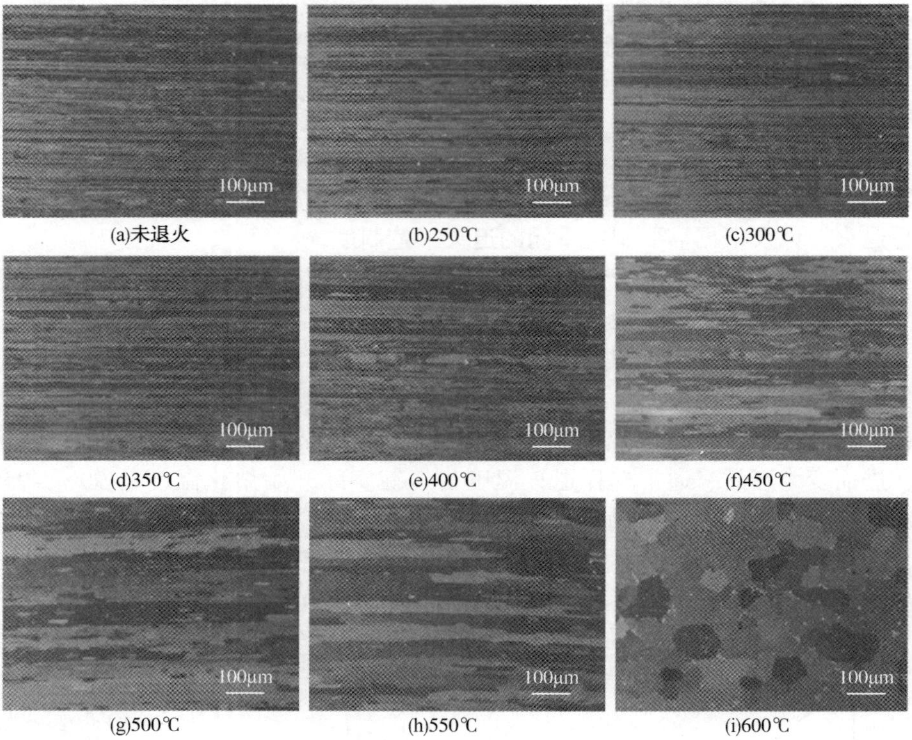

图2-11　不同退火温度的样品心部偏光组织变化

对于常规的铝合金退火温度制定已有较为成型的过程，一般认为430~480℃为最佳，可以使铝合金获得最好的塑性变形能力，以及最高的抗拉强度，同时伸长率也保持增强，研究发现7050铝合金的抗拉强度和界面伸长率随着温度的升高而升高，在470℃时，抗拉强度达到最高为427MPa。图2-12所示为7050合金的抗拉强度与伸长率随温度的变化曲线。另外，铝合金在不同退火工艺下的组织性能各不相同，对于不同性能的特殊需求也要制定一些特殊的退火工艺，为了改善7B04铝合金薄板的晶粒度，使得薄板在满足用于飞机零件的相关力学性能要求的条件下，达到晶粒度不超过2级的要求，研究人员在常规形成的退火工艺上制定了一种“410℃快速加热并水冷”的退火方案，其优化退火工艺生产的 7B04 金相组织如图 2-13 所示。

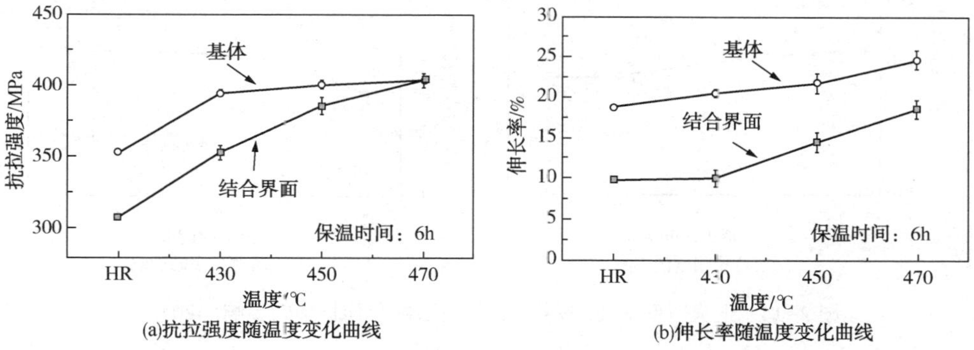

图 2-12 7050 铝合金基体与结合界面抗拉强度与伸长率随温度变化曲线

图 2-13 7B04 优化工艺退火态金相组织

保温时间与非平衡相溶解及晶内偏析消除所需的时间直接相关。因为上述两个过程不分开进行，多数情况下保温时间以非平衡相完全溶解的时间来估算。另外，加热速度以铸锭不产生裂纹和不发生大的变形为限制原则，在此基础上尽量节省生产时间；冷却速度也应选择合理，否则过快会出现淬火效应，过慢会析出较粗大的第二相。均匀化退火的时间也与退火温度有关，当温度升高时，铝合金扩散系数增大，其非平衡过剩相在固体中溶解的时间也会缩小。另外，铝合金原始组织非平衡相弥散越小，均匀化过程越迅速，所需保温时间也越短。与退火温度相比而言，退火时间对铝合金性能的影响并不显著。图 2-14 所示为退火时间对 4043 合金杆抗拉强度与伸长率的影响。可以看出，退火时间延长对两个性能指标正相关作用影响较小，且到达一定时间后指标不再变化。

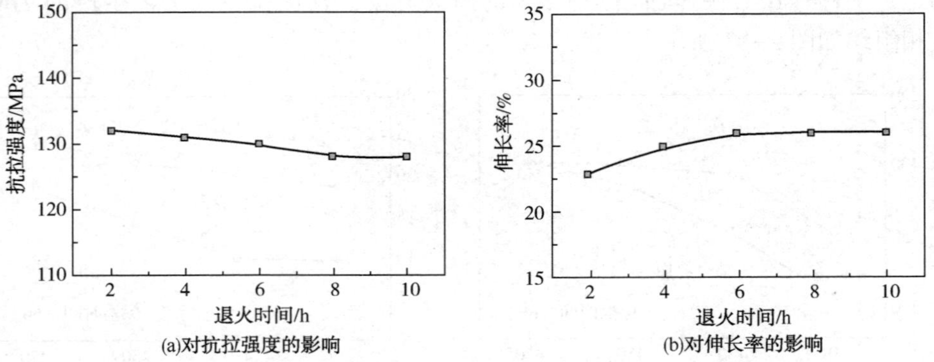

图 2-14　退火时间对 4043 合金杆抗拉强度与伸长率的影响（420℃）

2.3　回复与再结晶

2.3.1　冷变形

合金在未达到足够的加热温度时，首先出现冷变形，铝合金冷变形后会导致位错密度增加，进而产生加工硬化。但是随着加热温度的升高，合金在高温状态下原子扩散能力会提高，发生塑性变形，最终会出现组织、性能等一系列的变化。这一变化过程随着加热温度的升高可分为三个阶段：回复、再结晶、晶粒长大。在这三个相互交叠的过程发生后，合金的性能会回到冷变形之前的状态。加工硬化铝合金在加热时发生的基本过程如图 2-15 所示。

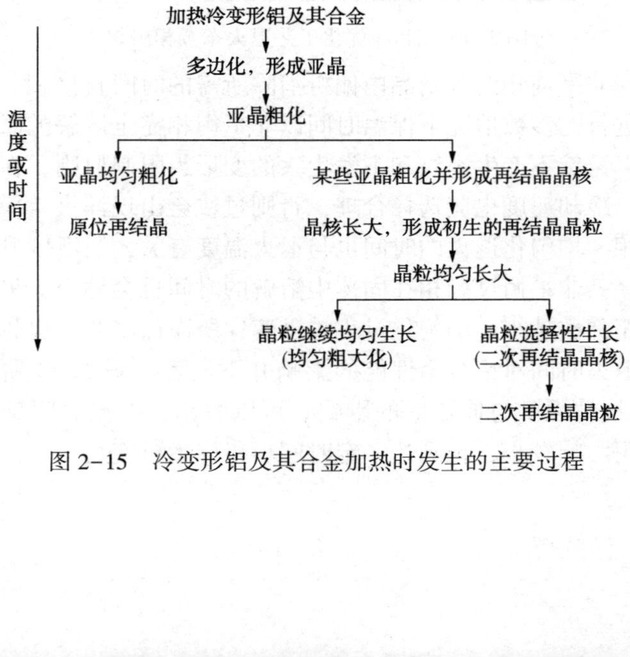

图 2-15　冷变形铝及其合金加热时发生的主要过程

在整个过程中，第一阶段显微组织变化不明显，晶粒处于伸长的纤维状，即回复阶段，在这一阶段合金硬度值略有下降，但是变化不明显，塑性会有所提高；当变形的晶粒内部开始出现新的小晶粒，并且新生晶粒不断长大，直至原来的变形组织消失，即第二阶段，称为再结晶阶段，在这一阶段硬度与强度均显著下降，塑性明显提高；第三阶段时，新的晶粒逐步相互吞并而长大，直到长到一个比较稳定的尺寸，这一阶段称为晶粒长大阶段。也有以回复与再结晶为基础的再结晶退火，对象多为冷变形的纯金属和没有相变的合金，可以降低合金的强度，提高合金的塑性，消除变形带来的内应力，恢复合金的塑性变形能力。研究发现5050铝合金冷变形程度为2%时耐蚀性最优；另有研究发现随着深冷变形量的增大，7050铝合金的抗拉强度、屈服强度与硬度明显升高，电导率呈小幅下降趋势。

2.3.2 回复

回复是指变形合金在加热期间，一些物理、力学性能发生了变化，同时未出现新的再结晶晶粒的退火过程。回复过程的本质为点缺陷运动和位错运动的重新组合。在回复过程中，金属原子短距离扩散，使位错密度有所降低，晶格畸变减少，但变形的晶粒形状和大小不变，纤维组织仍然存在，且在高倍显微镜下可以观察到胞状位错缠结形成的亚晶。

回复退火(去应力退火)可以保持合金加工硬化状态的硬度和强度，消除内应力，以稳定和改善性能，减少变形和开裂，提高耐蚀性。有文献研究了预回复退火及预回复工艺对7085铝合金挤压材微观组织、性能的影响，发现预回复结晶可以显著提高7085铝合金拉伸性能，细化7085型铝合金挤压材晶粒，以及低角度晶界较未进行回复处理的合金比例大幅提高；在合金固溶处理前进行预回复处理可以细化晶粒，并且抗腐蚀性能和抗剥落性能也有较大改善；图2-16所示为7085铝合金在不同回复工艺下的显微组织。

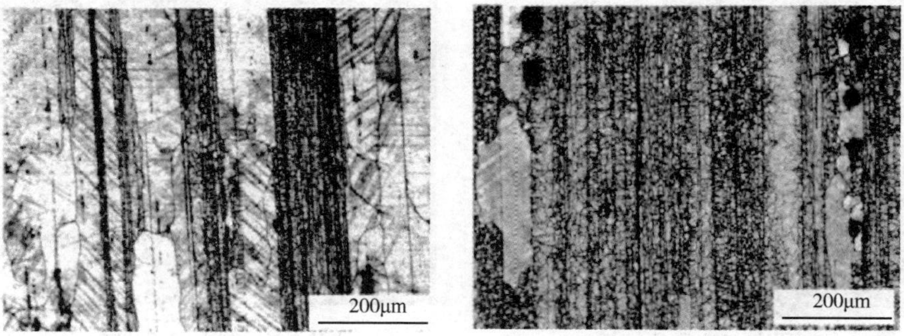

(a)强化固溶+T76时效　　(b)预回复退火+强化固溶+T76时效

图2-16　7085铝合金在不同回复工艺下的显微组织

有文献探究了7085铝合金最佳的预回复工艺，其中预回复工艺1为250℃×24h+300℃×6h+350℃×6h+400℃×6h；预回复工艺2为250℃×24h+300℃×6h+350℃×6h+400℃×6h +450℃× 6h。固溶强化工艺为470℃×2h+480℃×2h+490℃×2h。将预回复处理后的试样迅速进行水淬，随后进行T76时效处理。图2-17为不同预回复工艺后的7085铝合金晶间腐蚀横截面图像，可以看出，经预回复工艺处理后，合金的腐蚀深度均明显变小，抗晶间腐蚀性能得到大幅提升，且经预回复工艺2处理后合金的腐蚀深度较预回复工艺1要更加小，说明预回复工艺2更有利于提升合金的抗晶间腐蚀性能。

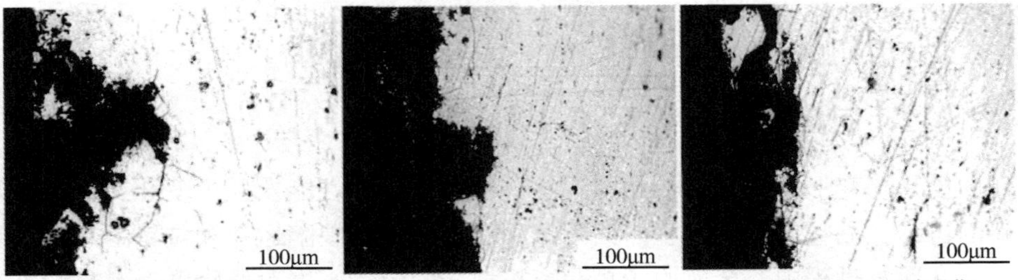

(a)固溶强化—T76时效　(b)预回复工艺1—固溶强化—T76时效　(c)预回复工艺2—固溶强化—T76时效

图2-17　不同预回复工艺后的7085铝合金晶间腐蚀图像

之后，有学者研究分析了预回复工艺对7085铝合金组织和性能影响的原因及原理，发现预回复处理降低了固溶—大变形—时效态7085铝合金内部的位错密度，并相应降低了位错强化效果。图2-18与图2-19分别为经过处理后的7085铝合金EBSD组织、晶界角度、晶粒尺寸分布图与分布直方图。

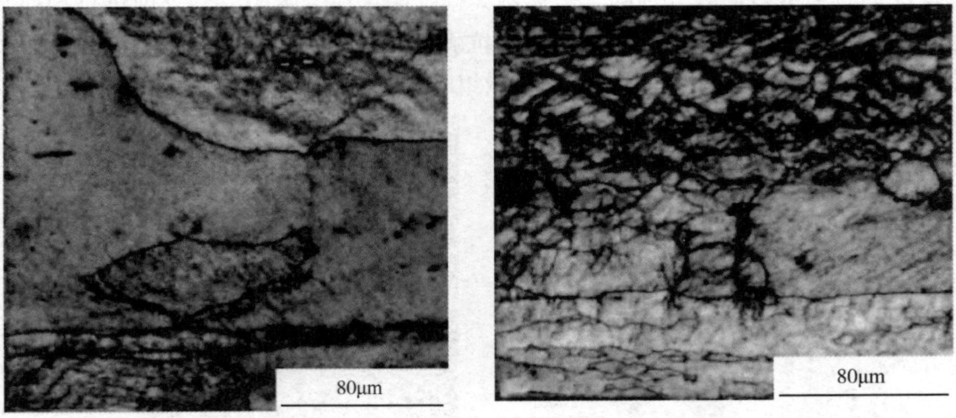

(a)固溶—20%压缩—时效　(b)预回复—固溶—20%压缩—时效

图2-18　7085铝合金EBSD组织、晶界角度和晶粒尺寸分布图

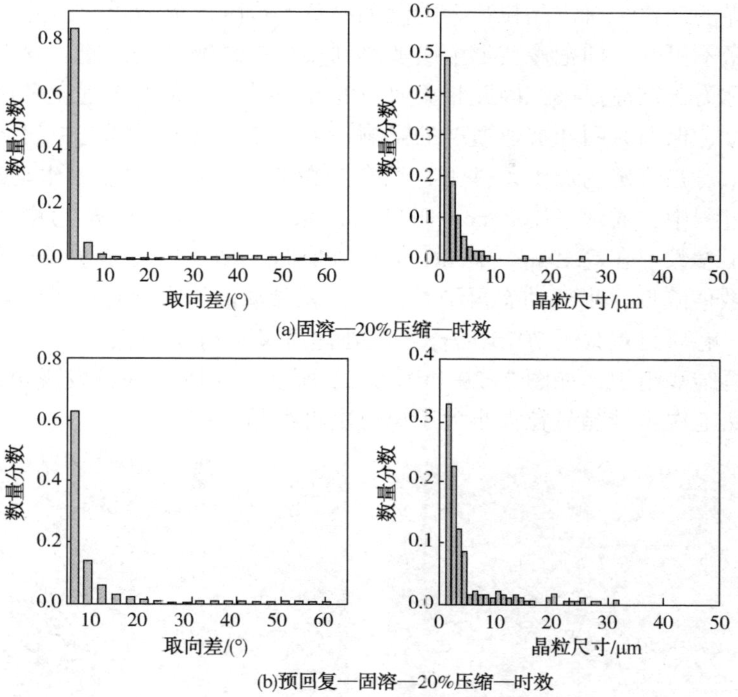

图 2-19 7085 铝合金 EBSD 组织、晶界角度和晶粒尺寸分布直方图

回复不能使冷变形金属储能释放完全，还需再结晶过程才能使加工硬化效应完全消除。由于不同缺陷的运动所需的激活能不同，所以在不同的温度下回复退火时，回复的机制也不同。根据温度分为低温回复、中温回复与高温回复。

低温回复的合金以点缺陷运动为主，合金内部细微结构基本不变。此时合金力学性能基本不变，但是电阻率显著下降，也促进立方织构的形成。

中温回复主要与位错的滑移有关，位错可以在滑移面上滑移或交滑移，使异号位错互相吸引而抵消，位错胞壁形成亚晶界，位错胞转化为亚晶粒。

高温回复主要涉及位错的滑移和攀移运动。使滑移面上不规则的位错重新分布，使得位错垂直排列，并产生亚晶(多边结构)。

2.3.3 再结晶

再结晶是铝合金材料重要的物理冶金过程，再结晶退火是工业生产中控制和改变铝合金组织、结构与性能的重要手段。金属冷变形后，处于不稳定的状态，当将其加热到一定温度或保温足够时间后，所产生的无畸变等轴晶粒，完全取代变形后的畸变晶粒，最终显微组织完全由新的晶粒构成，并且内应力释放完全，形变得到恢复，性能回到完全软化的状态，这一过程称为再结晶。再结晶的基本过程是晶界的迁移，对于晶粒长大阶段和晶粒形核阶段都适用。另外，再结晶过程与退火密不可分，即把冷变形金属加热到再结晶温度以上，使其发生再结晶的处理过程称为再结晶退火，因此相关研究的开展又与退火工艺制度密切相关，即受退火温度、保温时间和加热速度的影响。再结晶退火可以恢复中间产品的塑性以继续加工。在一定的加工条件下，铝合金在热加工过程中会发生动态再结晶。在热加工过程中，通常采用 Zener–Hollomom 系数 $Z=\varepsilon\exp(Q/RT)$ 中 Z 参数值来表示热加工参数，在高 Zener–Hollomon（Z）值时，动态回复是主要的软化机制，随着 Z 参数值降低，出现动态再结晶，因此 Z 参数值越小越有利于铝合金发生动态再结晶。有研究观察了 7075 铝合金热处理后又进行单道次、双向两道次锻造后出现的再结晶组织，如图 2–20 和图 2–21 所示，从图中均可发现再结晶晶粒，并且双向两道次再结晶晶粒大小大于单道次再结晶晶粒。

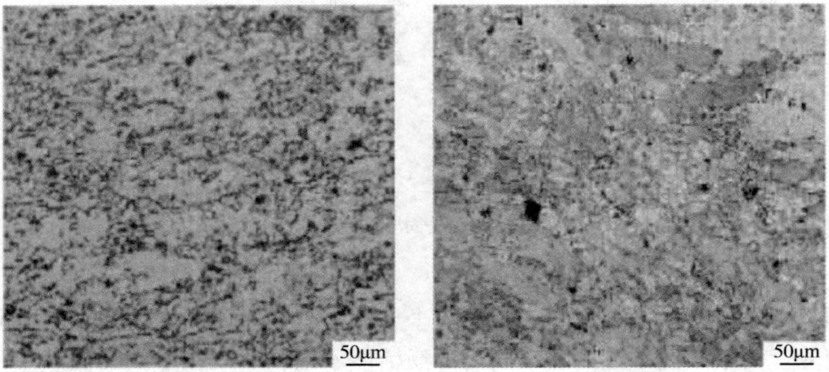

(a)总应变1.45　　(b)总应变1.6

图 2–20　7075 铝合金单道次锻造锻件的金相组织

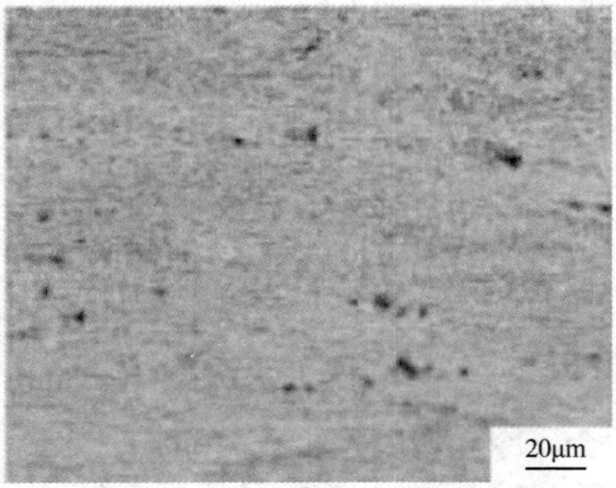

图 2–21　7075 铝合金双向两道次锻造锻件的金相组织

（1）再结晶阶段发生的变化

首先，组织上是在畸变度大的区域产生新的无畸变晶粒的核心，然后逐渐消耗周围的变形基体而长大，直到变形组织完全改组为新的、无畸变的细等轴晶粒为止。由此，性能上出现强度与硬度明显下降，塑性提高，加工硬化消失，储存能释放的变化，使性能恢复到变形前的程度。对于 7055 铝合金，会出现动态再结晶率比较低的情况，在 390～470℃和应变速率 0.01/s 的情况下，动态再结晶率只有 1%～13%。有学者研究了一种改进的JMAK型的DRX模型进行7055铝合金的低比例动态再结晶的模拟实验来探究这一情况。图2-22所示为处理后样品的再结晶晶粒尺寸直方图的模拟结果与实验结果，平均晶粒度的实验数据和预测数据之间有很好的拟合，AARE低至6.3%。

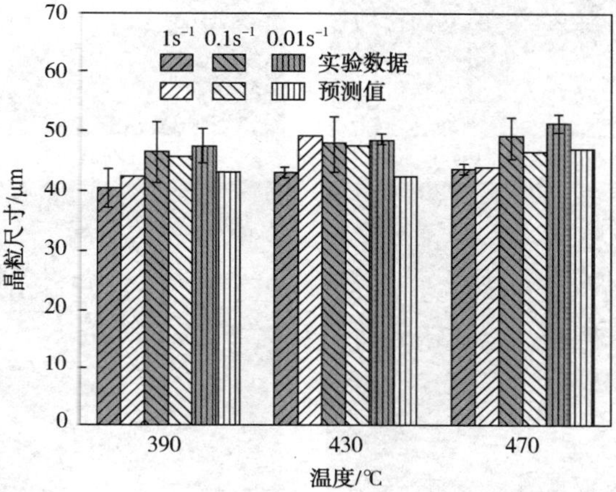

图2-22 7055铝合金所有样品的实验和模拟预测的平均晶粒尺寸

（2）再结晶过程

再结晶过程首先是在变形基体中形成完整的新晶核，然后逐渐长大形成新的等轴晶粒，直至整个基体都充满新的晶粒。

再结晶晶核多出现在原始晶界、夹杂物界面附近、变形带等处，以多边化形成的亚晶为基础形核。有学者通过EBSD研究发现，7085铝合金再结晶晶粒多存在于原始晶界附近，并表现出与变形晶粒相似的取向。图2-23所示为7085铝合金在不同热处理条件下的EBSD成像图。

形核有三种机制：①亚晶迁移基质，在变形度很大的低层错能金属中，多以这种机制形核。亚晶界易于迁移，通过亚晶合并和亚晶长大，使亚晶界与基体间的取向差增大，直至形成大角度晶界，便成为再结晶的核心。②亚晶合并机制，在变形程度较大且具有高层错能的金属中，多以这种机制形核。亚晶界上的位错，通过攀移和滑移，转移到其他亚晶界上，使亚晶界消失，合成一个大的亚晶。合并后的晶界上吸收更多位错，转化为易动性大的大角度晶界，这种亚晶称为再结晶晶核。③晶界弓出形核机制，对变形度较小的金属，多以这种方式形核。变形程度较小时，金属的变形不均匀，各晶粒的位错密度不同，原有晶界两侧的胞状组织粗细各异。退火时在原来的大角度晶界中可能有一小段突然向位错密度大、胞状组织细的一侧弓出，并形成一小块无位错区，此区域成为再结晶晶核。

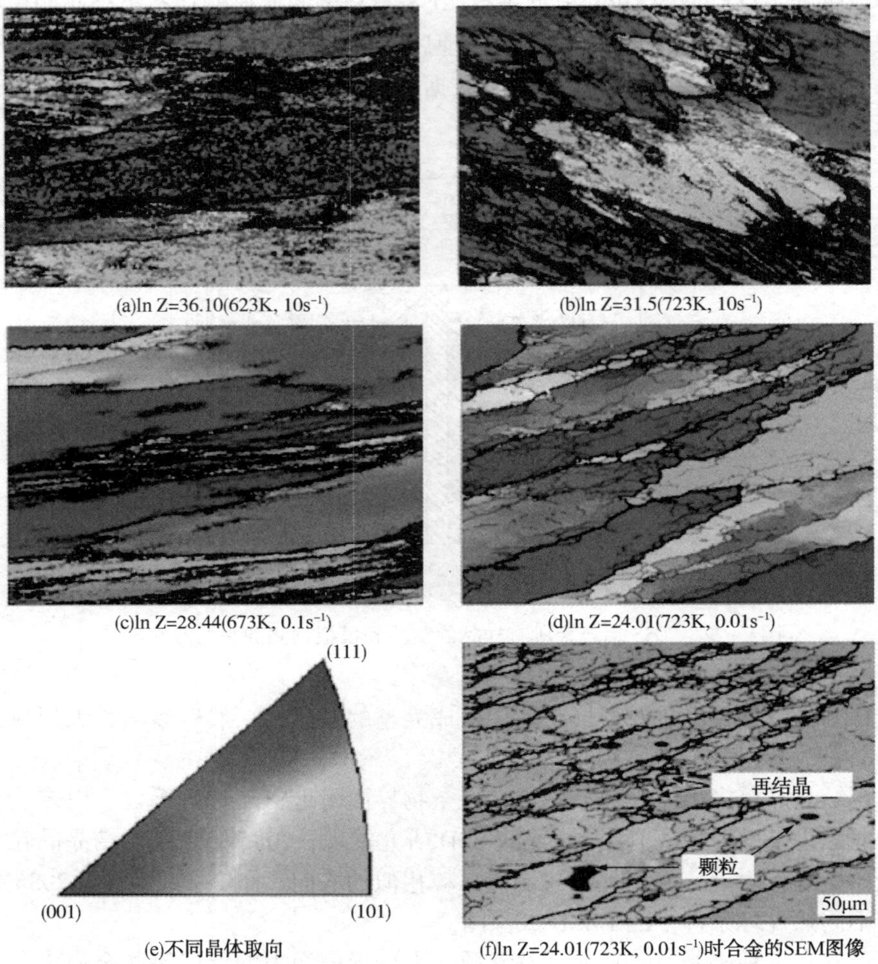

(a)ln Z=36.10(623K, $10s^{-1}$)　(b)ln Z=31.5(723K, $10s^{-1}$)

(c)ln Z=28.44(673K, $0.1s^{-1}$)　(d)ln Z=24.01(723K, $0.01s^{-1}$)

(e)不同晶体取向　(f)ln Z=24.01(723K, $0.01s^{-1}$)时合金的SEM图像

图 2-23　7085 铝合金在不同热处理条件下的 EBSD 成像

晶核长大的方式为晶核的界面向畸变晶粒扩展，直至新晶粒相互接触。驱动力为变形时与位错有关的储能，再结晶使这部分储能基本释放。

(3) 再结晶温度及影响因素

再结晶温度，冷变形金属开始进行再结晶的最低温度称为再结晶温度，但通常不是一个固定的再结晶温度，而是在加热过程中自某一个温度开始随着温度的升高或时间的延长而进行成核长大的过程。通常将变形程度在 70% 以上，退火 1h 的最低再结晶开始温度用来表示金属的再结晶温度。一般再结晶退火温度比再结晶温度高出 100~200℃，可以消除加工硬化。在工业上，常用退火软化曲线、金相法及 X 射线法判断测定再结晶温度。

影响再结晶温度的因素如下：

① 变形程度：冷变形程度是影响再结晶温度的重要因素，随着冷变形程度增加，储存能增多，再结晶的驱动力增大，再结晶容易发生，再结晶温度低。

② 原始晶粒尺寸：当其他条件相同时，原始晶粒越细小，晶界越多，有利于形核；另外，晶粒越细小，变形抗力越大，变形储能高，再结晶驱动力越大，就越容易发生再结晶。

③ 退火时间：退火时间延长，再结晶温度降低。

④ 加热速度：加热速度过慢或极快，均使再结晶温度升高。过慢有足够的时间回复，点阵畸变度降低，储能减小，使再结晶驱动力减小，再结晶温度升高；极快因各温度下停留时间过短而来不及形核与长大，也会使再结晶温度升高。

另外，一些复合元素的添加也会对铝合金再结晶起到一定的影响作用，即合金成分。通常少量元素的添加会急剧增加再结晶温度，并且金属越纯，少量元素的作用越明显，随着元素的增加达到峰值后，继续增加会降低合金的再结晶温度，合金成分对再结晶温度影响如图 2-24 所示。有文献研究了添加了 Sc 和 Zr 后 7075 铝合金静态再结晶行为和再结晶行为与力学性能的关系，发现 Sc 和 Zr 的添加使得合金再结晶转变量由 35%降低至 22%，亚结构量由 59%升至 67%，Sc、Zr 对再结晶影响原理如图 2-25 所示。

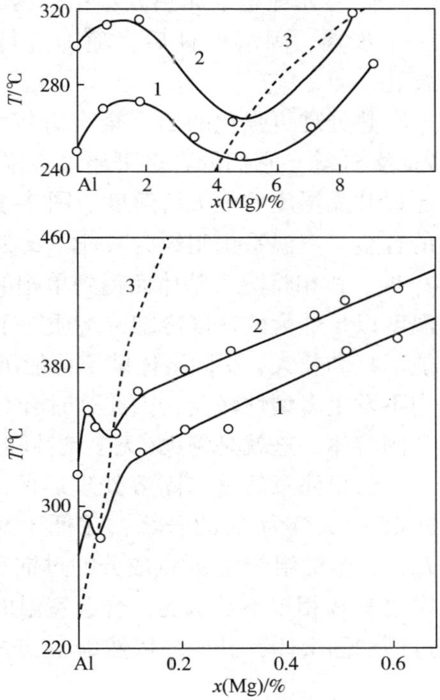

图 2-24　再结晶温度与成分的关系

1—$T_{再}^{开}$；2—$T_{再}^{终}$；3—固溶线

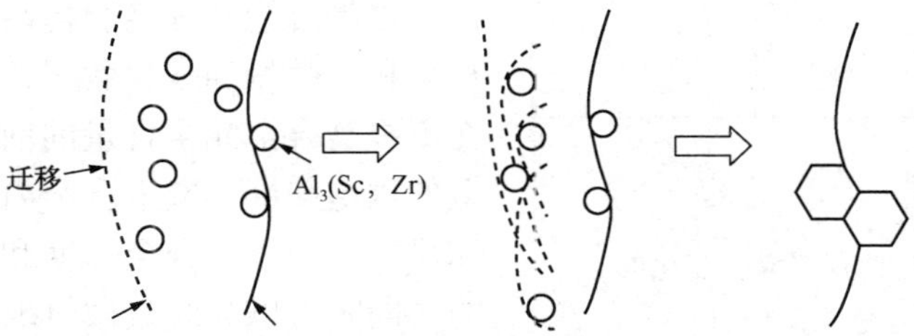

图 2-25　Sc、Zr 对 7075 铝合金再结晶影响原理

2.4 固溶处理

固溶处理是金属热处理中较为重要的一个环节，它是合金强化热处理的第一个步骤。固溶处理后，随即进行第二个步骤——时效，合金即可得到显著强化。

热处理可强化的铝合金含有较大量的能溶入铝中的合金元素，如 Cu、Mn、Zn 及 Si 等，它们的含量可超过室温及在中等温度下的平衡固溶度极限，甚至可超过共晶温度的最大溶解度。图 2-26 所示为典型的铝合金二元相图。成分为 C_0 的合金，室温平衡组织为 α+β。α 为基体固溶体，β 为第二相。合金加热至温度 T_q 时，β 相将溶入基体而得到单相的 α 固溶体，这就是固溶化。若 C_0 合金自 T_q 温度以足够大的速度冷却，溶质原子的扩散和重新分配来不及进行，β 相就不可能形核和长大，α 固溶体就不可能沉淀出 β 相，而且由于基体固溶体在冷却过程中不发生多型性转变，因此这时合金的室温组织成分即为 C_0 成分的 α 单相过饱和固溶体，这就是淬火（无多型性转变的淬火），又称为固溶处理。

值得注意的是，固溶处理后的组织不一定只为单相的过饱和固溶体。如图 2-26 中成分为 C_1 的合金，在低于共晶温度下的任何温度都含有 β 相。加热至 T_q，合金的组织为 m 点成分的过饱和 α 固溶体加 β 相。若自 T_q 淬火，α 固溶体中过剩 β 相来不及沉淀，合金室温的组织仍与高温时的相同，只是 α 固溶体成为过饱和固溶体，其成分依然为 m 点成分。

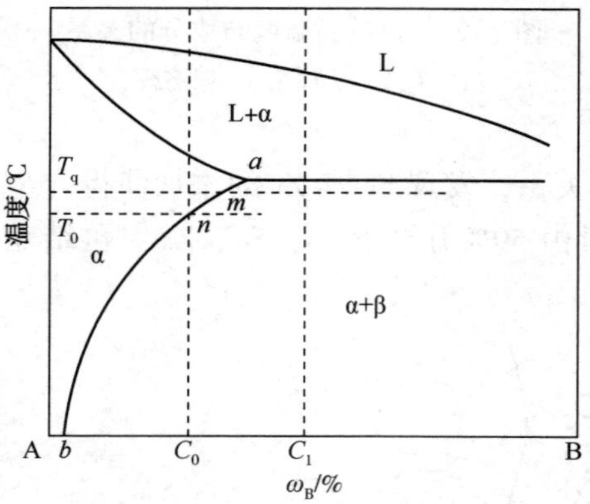

图 2-26 具有溶解度变化的铝合金二元相图

由此可见，除成分与相图上固溶度曲线相交的合金能固溶处理外，凡在不同温度下平衡相成分不同的合金原则上均可运用固溶处理工艺。

固溶处理可以获得在室温下不稳定的过饱和固溶体或亚稳定的过渡组织，虽然高强铝合金主要通过时效析出达到强化效果，但是过饱和程度的提高可以增加时效析出相的数量和强化效果。固溶处理也可在不提高合金元素含量的前提下，提高合金的过饱和度，减少合金内不溶相的数量和尺寸达到增加合金强度和改善韧性的目的，同时可以为时效做组织上的准备。

2.4.1　固溶处理对铝合金组织的影响

铝合金在冷热变形后的主要组织特征表现在以下三个方面：

（1）形成纤维带组织，即第二相化合物破碎和枝晶粒拉长产生的纤维带组织。

（2）形成亚结构组织。

（3）由于热加工时的回复产生亚晶组织。

以上这三种组织在固溶处理过程中，主要的变化是强化相固溶和发生再结晶。

随着固溶温度升高，铝合金的再结晶程度也会不断升高。固溶温度达到500℃后，铝合金淬火组织中均为多边形再结晶晶粒；当固溶温度达到550℃后，组织中多边形再结晶晶粒的尺寸均匀性有较大提升。并且随着固溶温度升高，铝合金微观组织中的再结晶体积分数也逐渐升高。

当可热处理强化合金在较高温度保温时间较长时，也可能发生晶粒长大现象。有文献报道了固溶处理对CMT增材制造的4043铝合金沉积层组织的影响规律，结果表明：增材制造的沉积层与母材间的成分分布不均匀，Al和共晶Si分别以树枝状晶形式和片状形式存在，固溶时效处理能够使沉积层内共晶Si聚集，元素扩散均匀；已有试验针对100mm厚的7A85热轧板进行不同固溶温度（446~470℃）保温1h及相同工艺的时效处理后进行组织观察，结果表明：合金中第二相颗粒的体积分数随着固溶温度的提高而下降，其电子背散射衍射（EBSD）结果如图2-27所示。可以看到，随着固溶温度的升高，合金中再结晶程度、平均晶粒尺寸及大角度晶界的比例均有所增加，当固溶温度最高时（470℃），合金组织中大角度晶界的比例较温度为446℃、454℃和462℃时分别增加了8.6%、7.5%和3.0%。

有文献针对6061铝合金进行4h不同固溶温度（510~540℃）的热处理，其组织如图2-28所示。可以看出，在原始试样中，灰色部分是铝合金基体，黑色部分为铁含量较高的脆性相和被破碎的金属间化合物。当固溶温度为510℃时晶内和晶界残留许多黑色粗大脆性相，大小较原始试样几乎没有变化，具体如图2-28（b）中圆圈所示，其显微组织形貌开始变化。当固溶温度为525℃时，合金中的第二相粒子有所减少。当固溶温度为540℃时，第二相粒子进一步减少，合金中的大多第二相基本溶解，如图2-28（d）中圆圈所示，此时溶质和一部分相进入基体中。

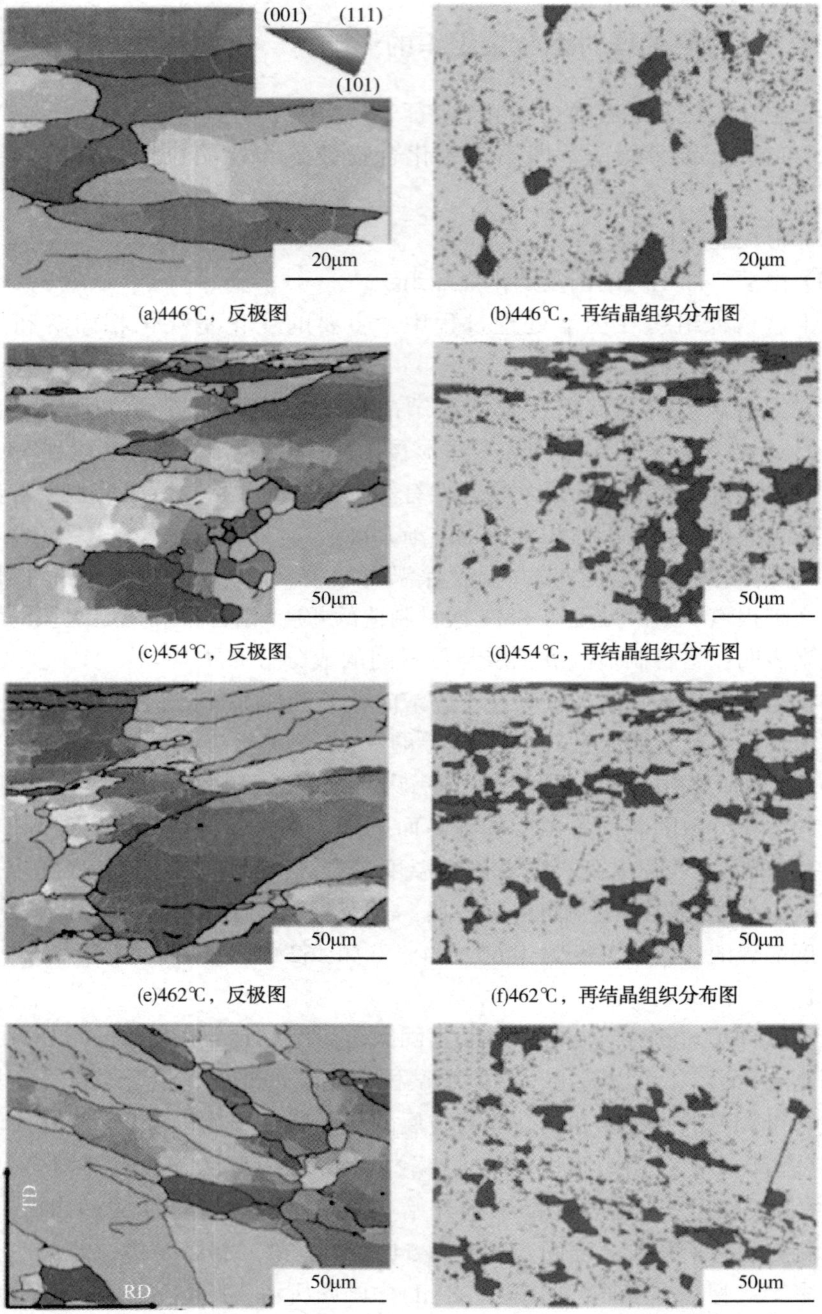

(a)446℃，反极图　(b)446℃，再结晶组织分布图

(c)454℃，反极图　(d)454℃，再结晶组织分布图

(e)462℃，反极图　(f)462℃，再结晶组织分布图

(g)470℃，反极图　(h)470℃，再结晶组织分布图

图 2-27　不同固溶淬火状态下 7A85 合金的晶粒形貌

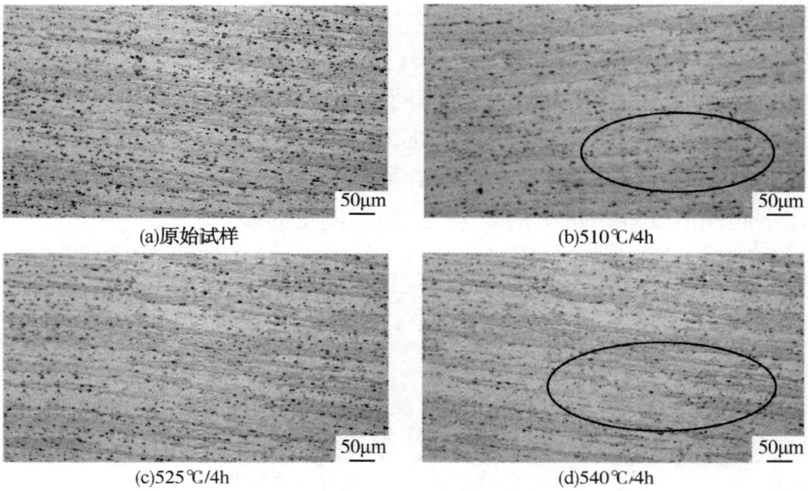

图 2-28 固溶温度对合金微观组织的影响

除上述微观组织变化外，若合金在加工过程中某些元素所形成的相未完全析出，呈现出一种过饱和状态，则在固溶处理的加热和保温阶段就会从固溶体中析出，即过饱和固溶体的分解。若合金在平衡状态不呈单相，则在固溶处理时过剩相不能完全溶解，这些未溶的相在固溶处理中可能会发生聚集与球化。当可热处理强化合金在较高温度保温时间较长时，也可能发生晶粒长大现象。有报道显示铝合金线材在固溶保温的过程中，首先，合金冷变形组织会发生再结晶，形成等轴晶粒；其次，合金中的可溶相回溶于基体，形成过饱和固溶体，保证在后续时效处理过程中有充足的溶质原子析出。

2.4.2 固溶处理对铝合金性能的影响

由于合金在固溶处理后性能的改变与相成分、合金成分、合金组织及淬火状态、淬火条件、预热处理等一系列因素相关。对不同的因素，固溶处理带来的性能变化大不相同。就塑性而言，一些合金显著提高，也有一些显著下降，还有的合金上升得不明显。比如，4043 铝合金抗拉强度随着固溶处理制度变化而变化，在 540℃ 固溶处理 2h 后抗拉强度最大。4043 铝合金沉积层抗拉强度与断后伸长率变化如图 2-29 所示。

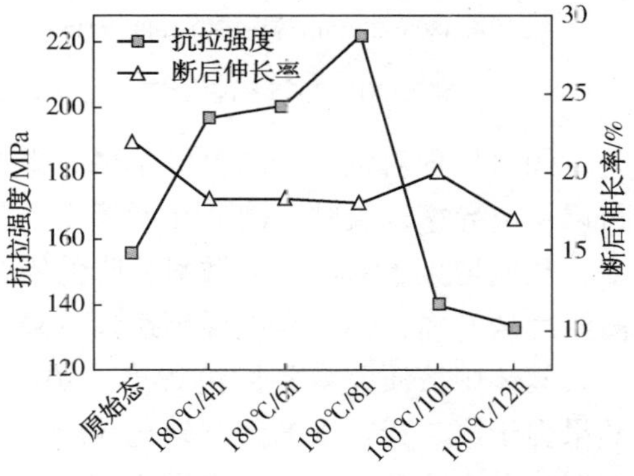

图 2-29 沉积层不同固溶时效处理后的抗拉强度与断后伸长率的关系

已有文献研究了 7075 铝合金热冲压板材的固溶处理对其塑性及韧性断裂性能的影响，进行了拉伸实验及模拟仿真。结果表明：热冲压后，7075 铝合金仍残留明显各向异性，且延长固溶处理时间不能有效减弱材料的各向异性。但是，采用较长的固溶时间会提高材料的断裂应变，断裂性能的提高与延长固溶处理时间和第二相颗粒尺寸减小有关，图 2-30 所示为用 Swift-Voce 模型仿真出的 7075 铝合金在不同固溶处理条件下的真应力-塑性应变曲线。

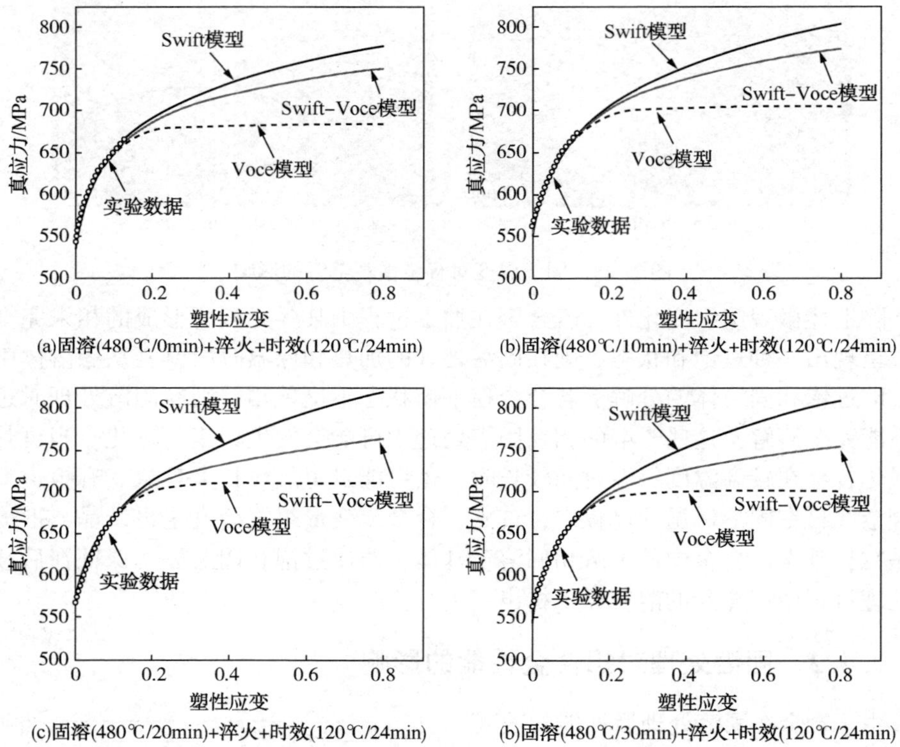

图 2-30　7075 铝合金在不同固溶处理条件下的真应力-塑性应变曲线

固溶处理对铝合金的电导率也有影响，并且铝合金中合金元素的固溶程度也可以用电导率来反映。溶质元素溶入铝基体后形成固溶体，引起铝基体的晶格畸变，从而增大了对电子的散射，降低铝合金的导电能力，即电导率下降。随着固溶温度的升高，铝合金电导率逐渐下降，这表明高的固溶温度可以提升淬火态铝合金基体中溶质元素的固溶程度。7075 铝合金随着固溶温度升高，因固溶强化效果强于第二相粒子的溶解软化效应，固溶态硬度呈先上升后稳定的趋势，而固溶态电导率逐渐降低，反映出溶质原子浓度增大提高了合金电阻率，当温度升至 470℃时，时效态电导率随着固溶温度升高逐渐下降，可能是由于随着第二相的大量回溶，提高了时效析出相分布的不连续性，增大了对电子传导的阻碍。图 2-31 所示为不同固溶温度和固溶时间下 7075 铝合金电导率和硬度变化曲线。

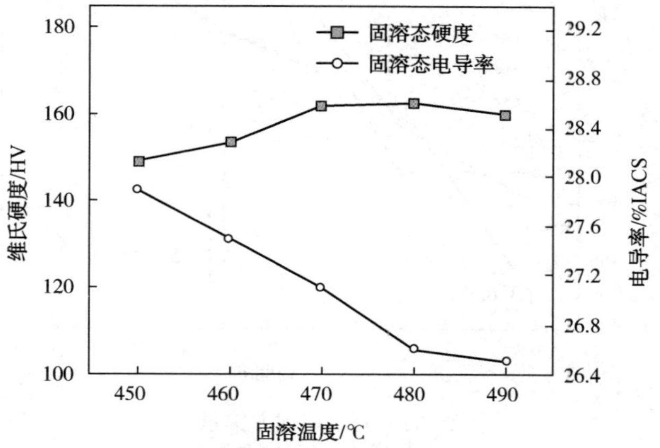

(a)固溶态硬度和电导率-温度曲线

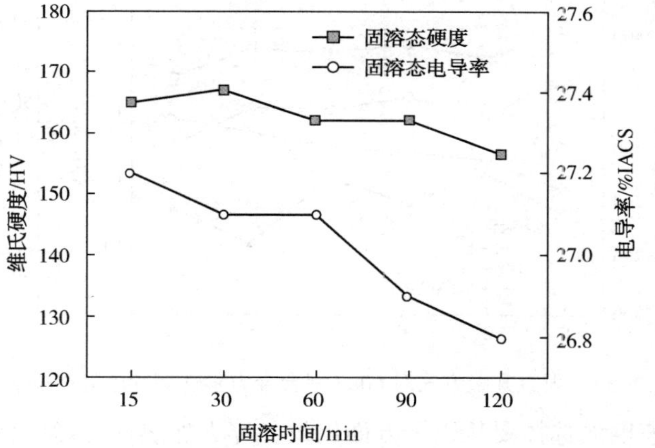

(b)固溶态硬度和电导率-时间曲线

图 2-31　不同固溶温度和固溶时间下 7075 铝合金电导率和硬度变化曲线

2.4.3　固溶处理工艺制定

铝合金的固溶处理分为常规固溶、强化固溶和分级固溶。针对 6082 铝合金采用分级固溶，研究发现，分步升温可以有效抑制 6082 铝合金晶粒长大，但是双级保温升温会对晶粒造成负面效应。图 2-32 所示为分级固溶处理方案，对性能的影响如图 2-33 所示。另外，制定铝合金固溶处理制度不仅要考虑加热温度和保温时间，而且还要考虑淬火转移时间、冷却速度和停放效应，以及工件的大小、变形程度、晶粒度、包铝层有没有被破坏及淬火应力等因素。

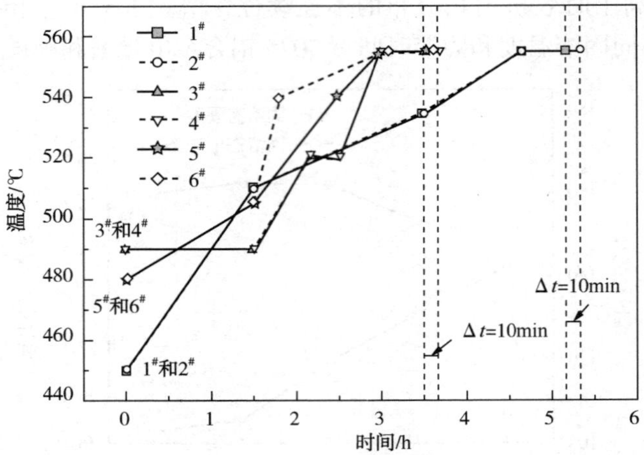

图 2-32　固溶处理方案示意

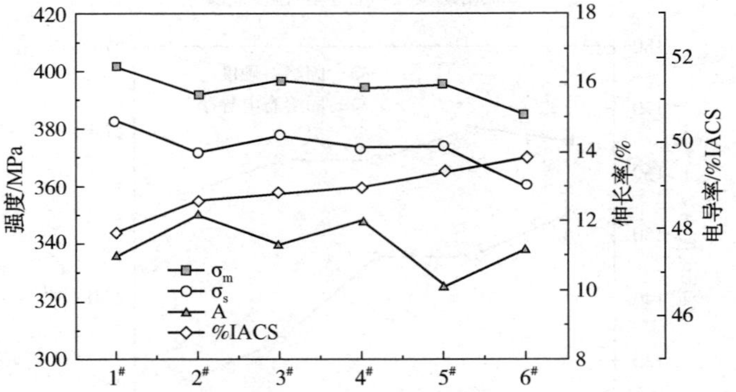

图 2-33　固溶升温方式对 6082 铝合金力学性能和电导率的影响

淬火加热速度的选择要从以下方面出发：淬火加热速度影响淬火再结晶晶粒尺寸，高的加热速度可以保证再结晶过程在第二相溶解前发生，从而有利于提高形核率，获得细小的再结晶晶粒，以及从生产效率的角度出发，应采用快速加热方法。但是当淬火工件尺寸大、形状复杂、壁厚差大、装炉量较多时，如果加热速度过快，可能会出现加热不透或不均匀的现象，以及由于表面和心部存在温差而产生较大热应力，此时则应该控制升温速度。

淬火加热温度选择的基本原则是在防止出现过烧、晶粒粗化、包铝层污染等现象的前提下，尽可能采取较高的加热温度，以使强化相充分固溶。铝合金的淬火加热温度主要是根据合金中低熔点共晶的最低熔化温度来确定的，同时也要考虑生产工艺和其他方面的要求，以及综合考虑过烧的影响。

研究发现，470℃固溶时，7055 铝合金在晶界处仍然存在断续分布、粗大的未溶第二相粒子，但大部分第二相粒子已经回溶，当固溶温度升至 480℃时，晶粒明显长大，且有明显过烧特征。研究表明：6061 铝合金板材随着固溶制度变化，板材内部再结晶晶粒逐渐长大，同时板材内部黑色 Mg-Si 相逐渐溶于基体，富铁相尺寸逐渐变小，圆整化。

图 2-34 所示为不同固溶时间时 6016 铝合金金相组织的变化，图 2-35 所示为对应的不同固溶时间时 6016 铝合金力学性能变化曲线。

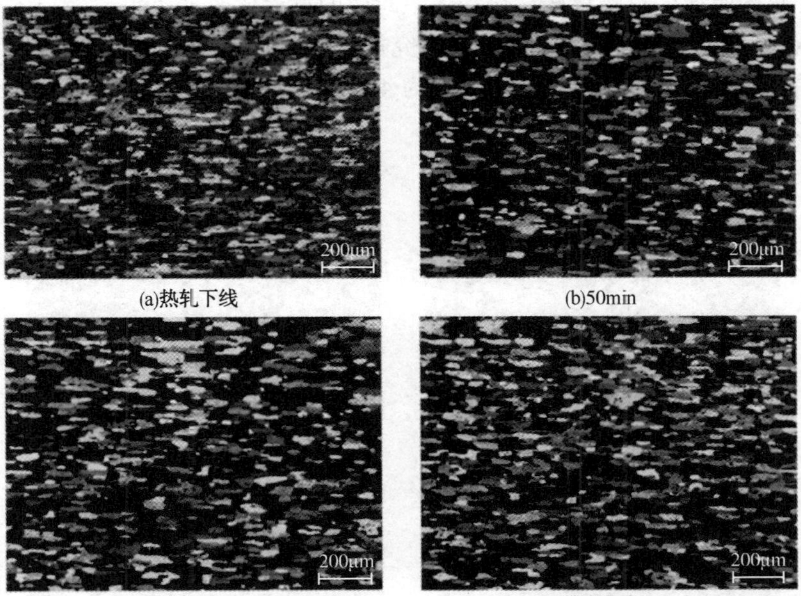

(a)热轧下线　(b)50min

(c)90min　(d)120min

图 2-34　不同固溶时间时 6016 铝合金金相组织的变化

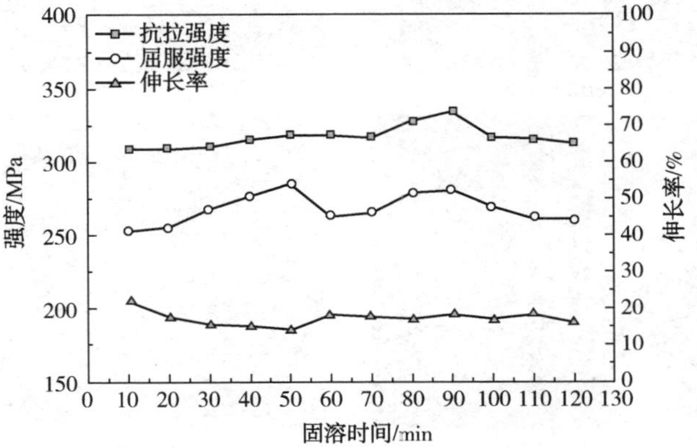

图 2-35　不同固溶时间时 6016 铝合金力学性能变化曲线

2.5 时效处理

时效处理指金属或合金经过固溶处理后，获得的过饱和固溶体处于不平衡的状态，此时把合金放在常温下或高于常温的某一特定温度下保持一定的时间，使得过剩溶质原子分解和析出。常温下的称为“自然时效”，高于常温的称为“人工时效”，自然时效的过程比较缓慢，人工时效的过程比较迅速。

针对铝合金的时效处理已有大量研究报道，不同时效温度和时间对其微观组织和性能的影响均不同。图 2-36 所示为 4043 铝合金沉积层经固溶时效处理后的显微组织。

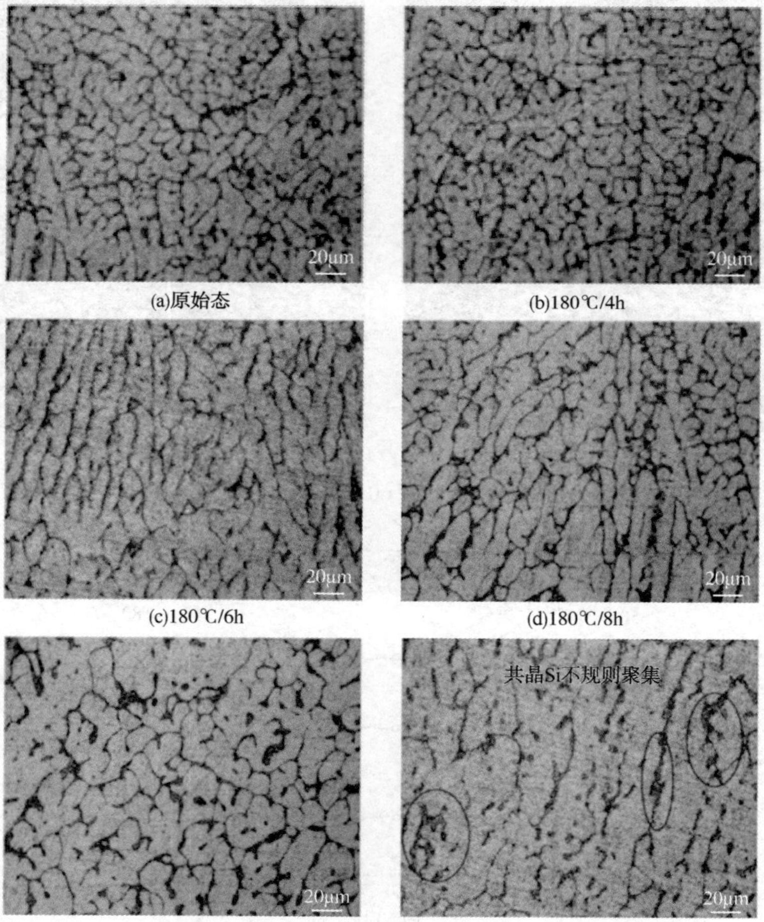

(a)原始态 (b)180℃/4h
(c)180℃/6h (d)180℃/8h
(e)180℃/10h (f)180℃/12h

图 2-36 4043 铝合金沉积层经固溶时效处理后的显微组织变化

2.5.1 峰值时效

单级时效分为峰值时效、欠时效、过时效。单级时效又称一级时效，即合金在固溶淬火处理后只在一个温度下保持一定的时间，可以是自然时效也可以是人工时效，大多时效到最大强化状态。峰值时效则是在人工时效下，选择某一特定的温度与时间，使得合金达到强化的峰值。

达到合金峰值时效后，晶内会析出细小的共格或半共格弥散相，晶界分布着较粗大的连续链状质点，这种晶界组织会使得合金具有很高的强度，但是对应力腐蚀和剥落腐蚀会变得十分敏感。比如，对于7XXX系合金，120℃，24h时效是它典型的峰值时效，在时效完成后会增大强度，但是合金的晶间腐蚀敏感性会先逐渐降低后又升高，李海等研究了固溶处理温度对120℃，24h峰值时效7050铝合金晶间腐蚀的影响规律，发现随着固溶处理温度提高，峰值时效合金晶间腐蚀敏感性先逐渐降低后又升高，其中，经(485℃，1h)固溶处理的峰值时效合金的晶间腐蚀抗力显著提高。图2-37所示为经不同温度固溶处理1h后水淬7050合金中残留第二相粒子的体积分数。可以看出，随着固溶处理温度(465~490℃)提高，水淬样品中残留第二相粒子体积分数先减小，随后又升高。

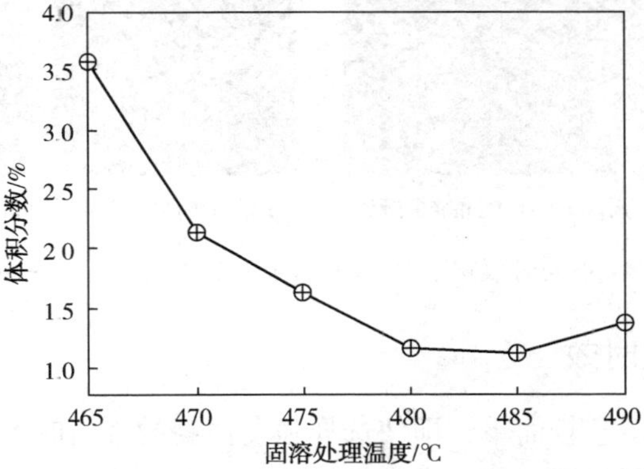

图2-37 经不同温度固溶处理1h后7050合金中残留第二相粒子的体积分数

图2-38所示为不同时效状态下7050合金的晶界区HAADF-STEM像。另外，合金的峰值时效随着固溶温度和时效温度的提高呈先上升后下降趋势，峰值时效的位置总体上前移。有研究者针对7XXX系铝合金固溶处理工艺对时效峰值的影响因素进行了试验研究，结果表明：7XXX系铝合金的峰值时效随着固溶温度和时效温度的提高呈先上升后下降趋势，峰值时效的位置总体上向前移。另有学者研究了时效制度对新型Al-Zn-Mn-Mg合金组织与性能的影响，结果表明：在单级时效下，随着时效温度和时间的增加，合金的硬度和强度均呈先提高后降低的变化趋势。

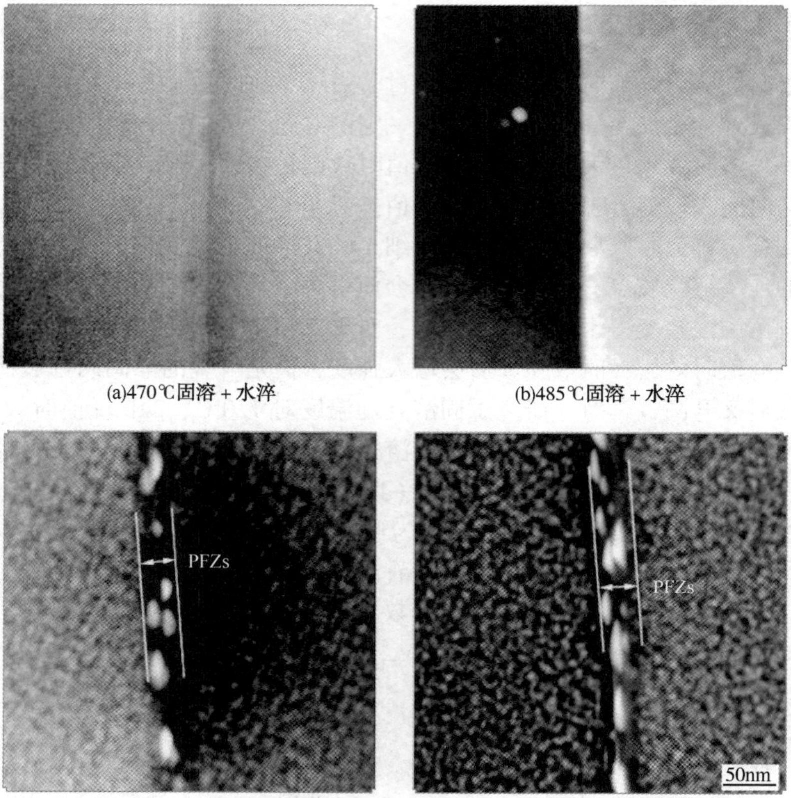

(a)470℃固溶＋水淬　(b)485℃固溶＋水淬

(c)470℃固溶＋水淬＋120℃/24h峰值时效　(d)485℃固溶＋水淬＋120℃/24h峰值时效

图 2-38　不同时效状态下 7050 合金的晶界区 HAADF-STEM 像

2.5.2　双级时效

由于单级时效工艺较简单，即使选择强度最高的峰值时效，也不可避免地会出现显微组织、屈服强度、抗拉强度等组织性能不好协调的现象，如单级时效得到的显微组织大多均匀性较差。为了弥补这一缺点，提出了分级时效。分级时效分为双级时效与多级时效，即把淬火完成的工件放在不同温度下进行两次或多次时效的一种时效方法，又称为阶段时效。双级时效可分为两个阶段：第一级时效为低温预时效阶段，主要在基体内成核阶段，形成大量的 GP 区，当其达到一定尺寸时，就可成为随后时效过渡相的核心，从而大大提高组织的均匀性；第二级时效是高温时效阶段，使在较低温度时效时所形成的 GP 区继续长大，得到密度较大的中间相，并通过调整过渡相的结构和弥散度以达到预期的性能要求，部分不能存在 GP 区回溶，并且晶内形成均匀分布的盘状相。

双级时效两个阶段的温度及保温时间可以根据合金的具体特点来选择，低温阶段主要目的是保证 GP 区在短时间内快速形成，高温阶段则使合金性能得到综合提升。有学者研究了双级时效中第二级时效对 7050 铝合金航空锻件析出相状态和力学性能的影响，结果表明：第二级时效延长后，晶内和晶界析出相逐渐粗化且晶内析出相间距变大，晶界无析出带更加明显，合金强度急剧降低，电导率逐渐上升。图 2-39 所示为 7050 铝合金不同第二级时效时间的微观组织。

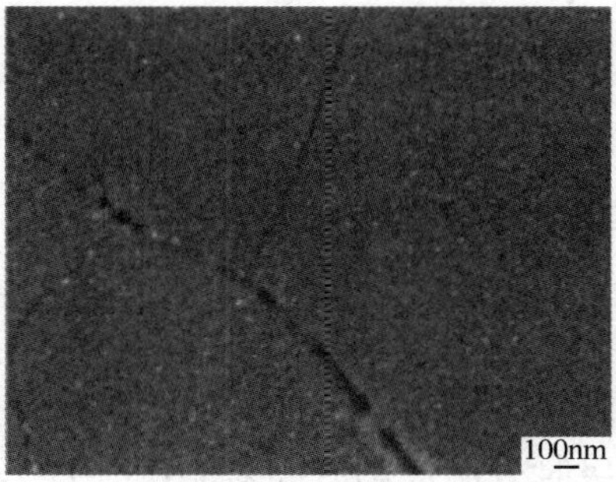

(a)T74-63号试样

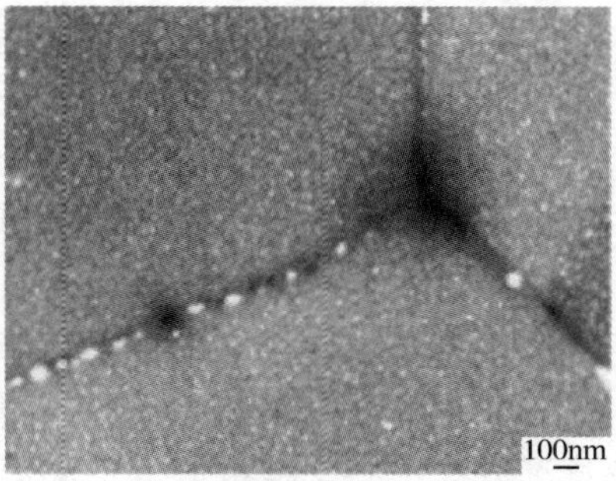

(b)T74-65号试样

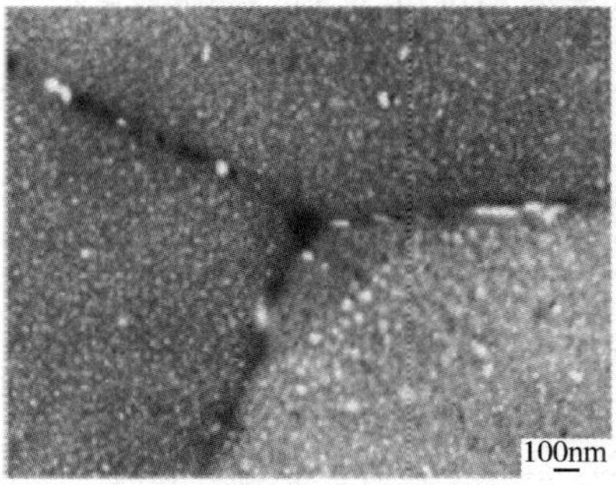

(c)T74-67号试样

图 2-39　7050 铝合金不同第二级时效时间的微观组织

根据合金的特点和不同的需求，两个阶段可以各选取温度、时间进行时效处理，结果表明：6005A 铝合金经 180℃/3h+205℃/1.5h 双级时效处理后，强化相和其他沉淀相最为均匀、细小、弥散分布。当二级时效一定(205℃/1.5h)，一级时效温度为 180℃时，随着一级时效时间延长(2h、3h 和 4h)，合金的维氏硬度和强度呈先增加后减小趋势，3h 时效效果较好；当一级时效一定时(180℃/2h)，随着二级时效时间的延长(1.5h、3h 和 4.5h)，合金的维氏硬度和强度呈减小趋势。图 2-40 所示为不同双级时效处理后的硬度测试值，图中 3# 即为 180℃/3h+205℃/1.5h 处理方式。

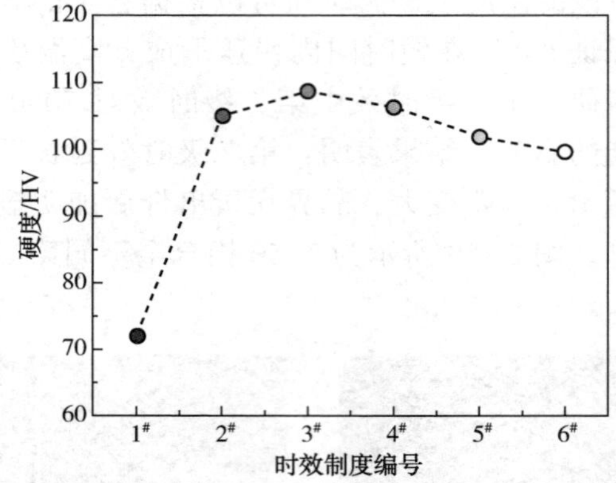

图 2-40　6005A 铝合金不同双级时效处理后的硬度测试值

双级时效过程的两级时效之间处理条件对合金的强度有明显的影响，第一级时效后快冷有利于提高合金的强度；延长第二级时效的时间，晶内和晶界析出相逐渐粗化且晶界析出相间距变大，晶界无析出带更加明显，合金强度急剧降低，电导率逐渐升高。有文献报道了不同第二级时效温度和时间对 7075 铝合金脉冲变极性等离子弧焊接头电导率和抗拉强度的影响，其结果分别如图 2-41 所示。

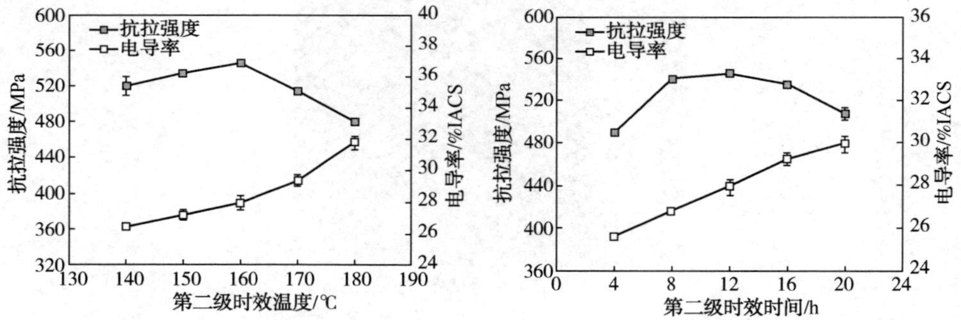

图 2-41　不同第二级时效温度与时效时间下焊接接头的抗拉强度及电导率

2.5.3　回归再时效

析出相的尺寸和分布决定了铝合金的性能，虽然峰值时效可以使得合金获得最大的强度，但是应力腐蚀能力则有所降低，对于常受到应力腐蚀的服役环境，其应用会受到一定程度的限制；双级时效的出现解决了单级时效抗腐蚀能力弱的问题，但却是以牺牲部分力学性能为代价，因此为了综合单级时效和双级时效的优点，大量的研究聚焦于铝合金尤其是航空铝合金析出行为的调控，通过不同的时效处理工艺来实现晶内析出相(Matrix Precipitates, MPs)、晶界析出相(Grain Boundary Precipitates, GBPs)及晶界无析出带(Precipitates Free Zone, PFZ)的精细组织调控，从而实现铝合金力学性能、断裂性能、腐蚀性能等综合性能的最优化匹配。

结果表明，具有优异综合性能的航空铝合金理想的组织状态是：晶内析出相尺寸细小、弥散分布，晶界析出相呈断续状态分布，尽量减小晶界无析出带 PFZ 的宽度。为了得到这一理想组织，材料研究者对铝合金时效工艺进行大量的研究，得到回归再时效的处理工艺，达到同时改善合金的力学性能和耐蚀性能的效果。

回归再时效(Retrogression and Reageing, RRA)热处理是指在两次较低温度时效中间插入一次较高温度的回归时效处理的时效制度，可以获得具有人工时效态的强度和分级时效态的应力腐蚀抗力的最佳配合。其具体工艺示意如图 2-42 所示。

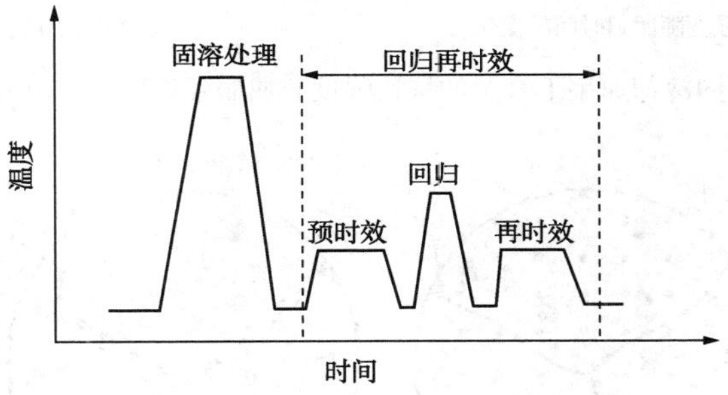

图 2-42 RRA 工艺示意

1974 年，Cina B 针对美国的 7000 系铝合金提出了一种“时效—回归—再时效”的专利技术，既可提高材料的应力腐蚀断裂性能，又能保持其高强度。在合金经过正常状态的固溶和处理后，第一阶段在较低温度下进行峰值预时效(T6 态)，析出大量的 GP 区和小尺寸的 η′相，合金性能与峰值时效状态相同；第二阶段进行回归处理，在高于峰值时效处理温度而低于固溶处理温度下进行短时(几分钟至几十分钟)加热后快冷，使得晶内细小的 GP 区发生回溶，晶界析出相继续缓慢长大发生粗化，并且改善了抗应力腐蚀和剥落腐蚀性能，但是合金强度会显著下降，不同冷却速率下合金强度随着回归时间变化的特征相似，合金强度随着回归时间的增长先缓慢上升，然后在一段时间内基本保持不变，最后缓慢下降，合金强度的变化曲线如图 2-43 所示，已有文献中采用 17℃/s、3℃/s、0.02℃/s 3 种速率对合金进行冷却，发现合金的峰值强度随着冷却速率降低而降低；最大晶间腐蚀深度随着冷却速率的降低先增大后减小。第三阶段在较低温度下进行再时效，以达到峰值强度。研究发现，回归再时效的温度和时间对AA7075合金冲击韧性和硬度的影响与晶界的析出相有关，回归再时效过程中合金中微观组织的变化规律如图2-44所示。图2-45所示为在不同RRA条件下处理的AA7075合金的TEM图像。

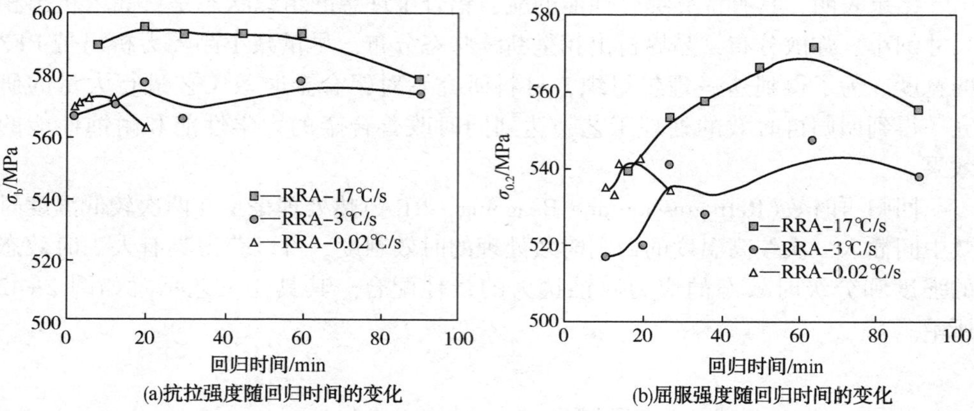

图2-43 不同冷却速率下合金的抗拉强度与屈服强度随回归时间的变化曲线

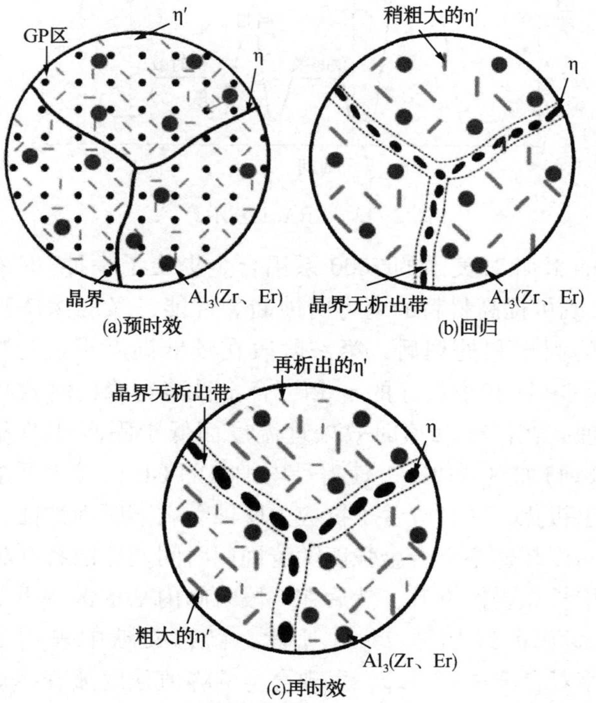

图2-44 回归再时效过程微观组织演变

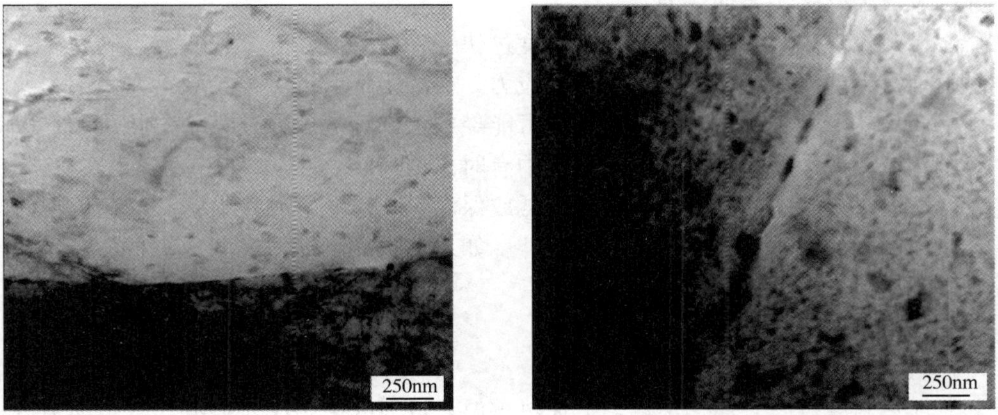

(a)T6　　　　(b)240℃

图 2-45 在 T6 和 240℃下 90min RRA 处理的 AA7075 合金的 TEM 图像

2.6 铝合金热处理中常见的缺陷

2.6.1 退火常见的缺陷

退火软制品时温度过低或保温时间过短，以及硬合金在退火后的冷却速度过快，则容易出现力学性能不合格，会出现强度过高或塑性过低的现象；退火半硬制品时退火温度过低或过高、保温时间过短或过长时，容易出现力学性能不合格，出现强度太高、塑性太低或强度太低、塑性太高的现象。

如果制品在非热处理过程中出现气泡，在退火过程中可以显现出来。一种为表面气泡，出现在包铝板材上，在轧制成薄板时气体被压入板内，在退火加热时，使积存于包铝层和铝板夹层中的空气或水蒸气膨胀，而形成了表面气泡；另一种为穿通气泡，多半产生在薄壁的板材、管材和型材上，气泡贯穿了半制品的壁，在热处理后会表现出来。

再结晶退火时，在某些条件下组织在热处理过程中会形成粗大的再结晶晶粒。这种粗大晶粒的存在，会使材料的力学性能有所降低，使深冲件的表面变粗糙或冲裂。因此，获得均匀细晶组织是再结晶退火的技术关键。

2.6.2 淬火常见的缺陷

由于淬火时也有加热处理的阶段，因此热处理前产生的气泡也会显示出来；或者在空气炉中进行淬火加热时，由于温度过高，加热时间过长，制品表面常因吸入气体而形成表面气泡，但是选用恰当的热处理制度，或改用盐浴炉进行淬火处理可以消除这类表面气泡。

用水作淬火介质时，由于冷却速度过快，工件表面和心部，以及不同壁厚之间出现很大的温差，引起相当高的内应力。在高温下，铝合金柔软，在内应力作用下产生变形；在低温下内应力也有可能导致工件开裂。另外某些形状复杂、壁厚差别较大的大型材料，在淬火过程中有时出现裂纹。

淬火时效状态的制品加热温度偏低或保温时间过短，或淬火的冷却速度慢时会使得制品出现力学性能不合格；另外，如果淬火加热温度过高，使材料产生严重过烧，力学性能会显著降低。

2.6.3 过烧

加热温度过高、加热不均匀、加热炉温差过大或控制仪表失灵均有可能造成过烧。当发生过烧时，在显微组织上可以观察到晶界里有局部加粗现象，在晶粒内部产生复熔球，在晶粒交界处呈现明显的三角形复熔区等特征；当材料发生严重过烧时，材料表面上的颜色发黑或发暗，或在材料表面上出现气泡、细小的球状析出物(小泡)或裂纹等。通常采用金相法检查材料是否过烧。

2.6.4 特殊条件下的缺陷

1. 含铜铝合金

含铜铝合金包铝板材，由于重复退火、淬火，或退火、淬火时温度过高，时间过长，基体合金中的铜原子穿过晶界向包铝层中扩散，严重时能穿透包铝层，在板材表面上出现黄灰色的斑点或长条这种现象称为铜扩散。铜扩散能降低包铝板材的耐腐蚀性能。

2. 含锰铝合金

在含锰铝合金模锻件及挤压制品中，往往产生片层状组织缺陷。产生这种缺陷的原因，除了与合金中的锰含量有关外，还与热处理制度及操作有关。片层状组织一般不影响材料或制品的纵向力学性能，但可使横向(垂直于片层状组织的方向)力学性能有某些降低，特别是横向塑性的降低更为显著。

3. 盐浴槽常见缺陷

在盐浴槽中淬火或退火，有可能引起工件表面腐蚀，主要的原因是盐浴槽中含氟化物过高及淬火后工件表面的残盐清洗不彻底。因此要确保盐浴槽中的硝盐、氟化物含量不大于0.5%才可使用。

第3章　超高强铝合金材料的组织、强化机制及研究现状

3.1　引言

近年来，随着航空工业的快速发展，对现代飞机制造提出了更高的要求，即通过减少制造成本，进一步降低其运行费用。在这一需求背景下，减重成为航空装备的发展趋势，而提高合金强度是一种有效的减重方式。因此，通过选用轻质且优异综合性能(高的强度、断裂韧性、耐腐蚀性能、耐热性能、抗疲劳性能等)的铝合金来达到为飞行器减重的目的成为一个有效的途径。

一般将屈服强度大于500MPa的铝合金称为超高强铝合金，其中以7XXX系Al-Zn-Mg-Cu合金强度最高。7XXX系铝合金是以Zn为主要合金元素的铝合金，属于热处理可强化铝合金。该系合金具有良好的热变形性能，淬火范围很宽，在适当的热处理条件下能够得到较高的强度，焊接性能良好，耐蚀性较好，有一定的应力腐蚀倾向，是高强可焊的铝合金。Al-Zn-Mg-Cu合金是在Al-Zn-Mg合金的基础上通过添加铜发展起来的，其强度高于2XXX系铝合金。合金的屈服强度接近于抗拉强度，屈强比高，比强度也很高，但塑性和高温强度较低，可作为常温、120℃以下使用的承力结构件，合金易于加工，有较好的耐腐蚀性能和较高的韧性。该系合金广泛应用于航空和航天领域，并成为这个领域中最重要的结构材料之一。

3.2　组织结构

3.2.1　化学成分

作为典型的可热处理强化型合金，7XXX系Al-Zn-Mg-Cu合金的合金元素可分为三类：①主合金元素Zn、Mg、Cu；②微量元素Zr、Cr、Mn等；③杂质元素Fe、Si等。一些典型的7XXX系铝合金的成分如表3-1所示。

表 3-1 几种典型的 Al-Zn-Mg-Cu 合金的化学成分(质量分数/%)

合金	Zn	Mg	Cu	Zr	Cr	Mn	Fe	Si
7050	5.7~6.7	1.9~2.6	2.0~2.6	0.08~0.15	≤0.04	≤0.10	≤0.15	≤0.12
7055	7.6~8.4	1.8~2.3	2.0~2.6	0.05~0.25	≤0.04	≤0.05	≤0.10	≤0.10
7075	5.1~6.1	2.1~2.9	1.2~2.0	—	0.18~0.28	≤0.03	≤0.50	≤0.40
7085	7.0~8.0	1.2~1.8	1.3~2.0	0.08~0.16	—	—	≤0.08	≤0.06
7150	5.9~6.9	2.0~2.7	1.9~2.5	0.08~0.15	≤0.04	≤0.10	≤0.15	≤0.15
7475	5.2~6.2	1.9~2.6	1.2~1.9	—	0.18~0.25	≤0.06	≤0.50	≤0.40

三类合金元素在 Al-Zn-Mg-Cu 合金中的作用如下。

(1) 主合金元素

7XXX 系 Al-Zn-Mg-Cu 合金中起主要强化作用的元素为 Zn 和 Mg，通常控制 Zn 含量(质量分数)为 5%~12%，Mg 含量(质量分数)为 1%~3%，两者共同作用会形成该系合金中的主要强化相 η($MgZn_2$)。η 析出相与 Al 基体之间是非共格的关系，其在铝合金中的溶解度很大，且会随着温度的下降而迅速降低。当温度从铝合金的共晶温度下降至室温时，η 相的溶解度从 28%降至约 5%，有很强的时效强化效果。在该系合金中，随着 Zn 和 Mg 含量的提高，合金的硬度和强度也不断升高，但同时合金的抗应力腐蚀性能和断裂韧性也会下降。

作为 Al-Zn-Mg-Cu 合金中另外一个主合金元素的 Cu 也具有很重要的作用，首先，Cu 元素可以提高合金的过饱和程度，在一定温度范围内加速合金的人工时效过程，扩大了 GP 区的稳定温度范围，从而提高合金的强度、塑性及疲劳强度；其次，Cu 元素还可以在不影响晶界无析出带(PFZ)宽度的前提下，有效地抑制合金沿晶开裂的趋势，进一步提高合金的抗应力腐蚀性能，但是当 Cu 含量(质量分数)大于 3%时，合金的抗腐蚀性能反而降低；最后，Cu 还可以影响 Al-Zn-Mg-Cu 合金的断裂韧性，当 Zn/Mg 质量比较高时，Cu 含量的增加使得合金保持较高的断裂韧性。相反地，Cu 含量的偏高可使得合金的断裂韧性降低。因此，保持较高的 Zn/Mg 质量比和 Cu/Mg 质量比是 Al-Zn-Mg-Cu 合金获得优异的综合性能的基础。

(2) 微量元素

在 7XXX 系铝合金中，Cr、Zr 和 Mn 等微量元素的存在可使得合金中生成弥散相，一般来说，弥散相颗粒的尺寸为 20~500nm，其相应的体积分数占 0.05%~0.2%。在含 Cr 的 Al-Zn-Mg-Cu 合金中，弥散相一般为 $Al_{18}Mg_3Cr_2$或者 $Al_{12}Mg_2Cr$；在含 Zr 的 Al-Zn-Mg-Cu 合金中，弥散相一般为 Al_3Zr，其尺寸为 20~60nm；在含 Mn 的 Al-Zn-Mg-Cu 合金中，弥散相通常为 Al_6Mn 和 $Mn_3Si_2Al_{15}$。其中含 Cr 或者 Mn 的析出相一般与铝基体之间为非共格的关系，而含 Zr 的弥散相则与铝基体之间为共格的关系。在7XXX系铝合金中，含Mn、Cr和含Zr的弥散相所对应的合金的断裂韧性逐渐升高。在高强铝合金中，Al_3Zr相的生成在对该合金的淬火敏感性影响不大的前提下，可有效抑制合金的再结晶程度，从而进一步提高合金的断裂韧性，因此，其是Al-Zn-Mg-Cu合金中一种理想的弥散相类型。

(3) 杂质元素

在7XXX系铝合金中，杂质元素一般为Fe和Si，在该合金的铸造过程中，由于宏观偏析的存在，使得合金中产生一些平衡或者亚稳态的粗大颗粒，这些颗粒通常为5~30μm的Al_7Cu_2Fe和Mg_2Si，且其与铝基体为非共格的关系。这些粗大颗粒的存在会使得合金的强度、疲劳抗力及断裂韧性降低，另外，这些粗大的颗粒与α-Al基体之间存在较明显的电位差，成为合金局部腐蚀的主要萌生点，极易发生点蚀。因此，为了提高合金的综合性能，必须尽量减少合金中Fe和Si的含量。

表3-2所示为Al-Zn-Mg-Cu合金中添加元素的作用。

表3-2　Al-Zn-Mg-Cu合金中添加元素的作用

合金元素	作　用
Zn、Mg	形成η($MgZn_2$)相，提高合金的硬度和强度、降低断裂韧性及抗应力腐蚀性能
Cu	延迟时效析出行为、降低晶内和晶界的电位差、有效抑制合金沿晶开裂的趋势，进一步提高合金的抗应力腐蚀性能
Zr	细化晶粒、形成Al_3Zr弥散相、抑制再结晶程度、降低淬火敏感性、提高断裂韧性
Cr	细化晶粒、抑制再结晶程度，提高合金韧性、降低抗应力腐蚀性能、提高淬火敏感性
Mn	形成Al_6Mn和$Mn_3Si_2Al_{15}$相、细化晶粒、抑制再结晶程度、提高淬火敏感性
Fe、Si	有害元素，可降低合金强度、疲劳抗力及断裂韧性

3.2.2 析出相

7XXX系铝合金通过固溶时效处理后可在过饱和固溶体中形成一系列的析出相，其析出序列如下：

α-Al过饱和固溶体(Supersaturated Solid Solution，SSS)→GP区[Guinier-Preston，包含GP(Ⅰ)区和GP(Ⅱ)区]→η′亚稳相→η($MgZn_2$)平衡相。

一般来说，此析出相的脱溶过程具有连续变化的特征。下面分别针对上述过饱和固溶体和三种析出相进行介绍。

(1) α-Al 过饱和固溶体

在一定的热处理条件下，Al-Zn-Mg-Cu 合金中所包含的合金元素原子溶于 Al 基体中，同时 Al 结构不发生改变，将该条件下所形成的固溶体称为 α-Al 过饱和固溶体。在 Al-Zn-Mg-Cu 合金中，主合金元素原子(Zn、Mg、Cu)主要占据与溶剂原子等同的点阵位置，形成代位固溶体，由于元素原子半径存在差异，会造成 Al 基体的面心立方结构(FCC)发生畸变扭曲，从而使得合金的点阵常数发生变化。

(2)GP 区

GP 区是过饱和固溶体中由于成分起伏使得 Mg、Zn 原子发生偏聚形成的溶质原子富集区，其主要产生于时效初期，且与 Al 基体完全共格。GP 区对合金的强化起着重要的作用，利用其均匀形核的特点通过适当的时效制度可以使合金获得优异的综合性能。GP 区的形状主要由铝原子与溶质原子的直径差所决定，因此在不同的合金系中其所呈现的形貌通常不固定。

GP 区主要分为 GP(Ⅰ)区和 GP(Ⅱ)区，其中 GP(Ⅰ)区呈球形，是 Zn 原子与 Al/Mg 在$\{100\}_{Al}$面上形成的 AuCu(Ⅰ)有序化结构。

GP(Ⅰ)区的形成条件为 25~150℃，与淬火温度无关。GP(Ⅱ)区通常呈板条状，其是由$\{111\}_{Al}$面上一个或者几个富 Zn 的原子层组成。GP(Ⅱ)区的形成条件为淬火温度大于 450℃和时效温度大于 70℃。图 3-1 所示为 GP(Ⅰ)区和 GP(Ⅱ)区的 HRTEM 形貌。图 3-2 所示为铝合金中的 GP(Ⅱ)区的高角环境暗场相和 GP 区在铝合金中的三维示意。

判断 GP 区是否存在，一种是通过 HRTEM 来判定，另一种是通过选区电子衍射花样(Selected Area Electron Diffraction，SAED)来判定，如图 3-3 所示。判定 GP(Ⅰ)区的最佳方法是，选取$[001]_{Al}$的晶带轴，在此观察方向上的$\{1, (2n+1)/4, 0\}_{Al}$处的衍射斑点均为 GP(Ⅰ)区。

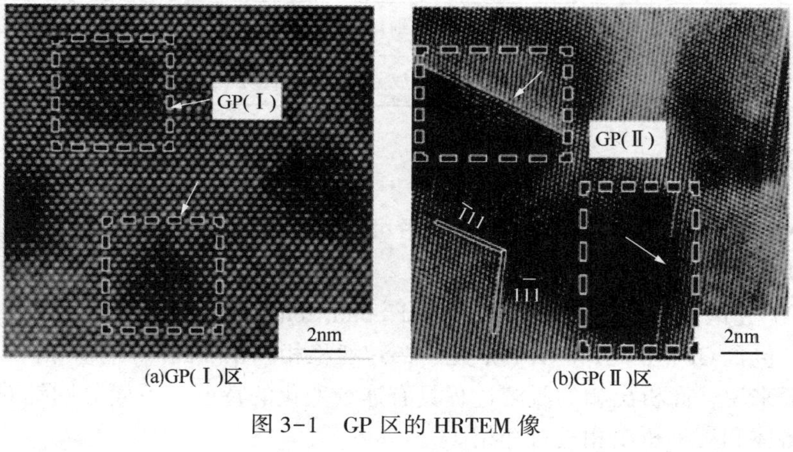

(a)GP(Ⅰ)区　　(b)GP(Ⅱ)区

图 3-1　GP 区的 HRTEM 像

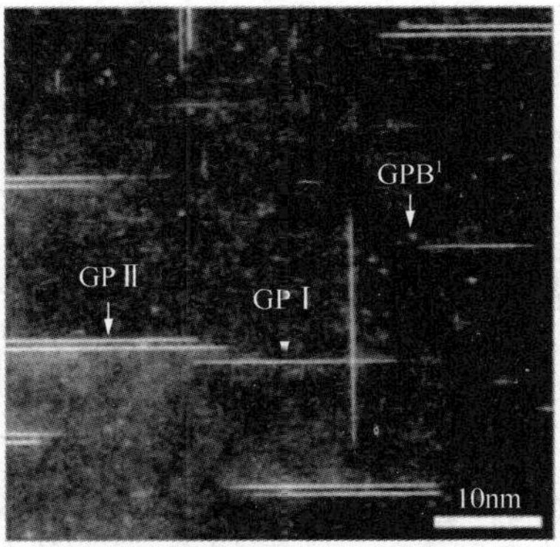

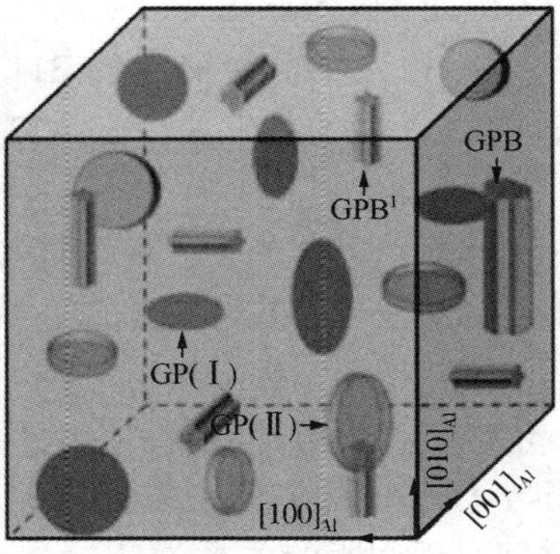

(a)[001]$_{Al}$高角环境暗场相(HADDF-STEM)　　(b)GP区在铝合金中的三维示意

图 3-2 铝合金中的 GP(Ⅱ)区

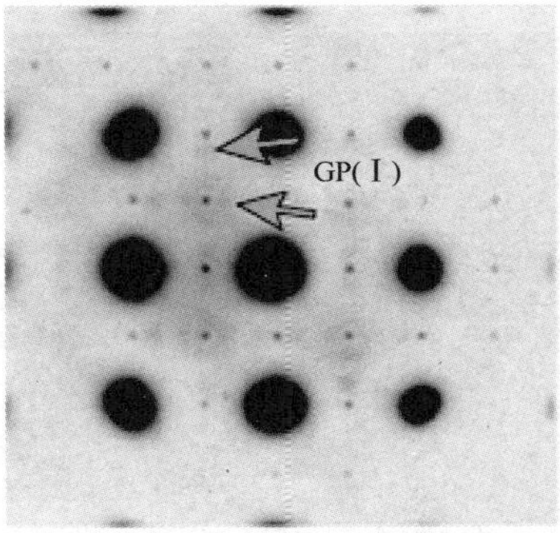

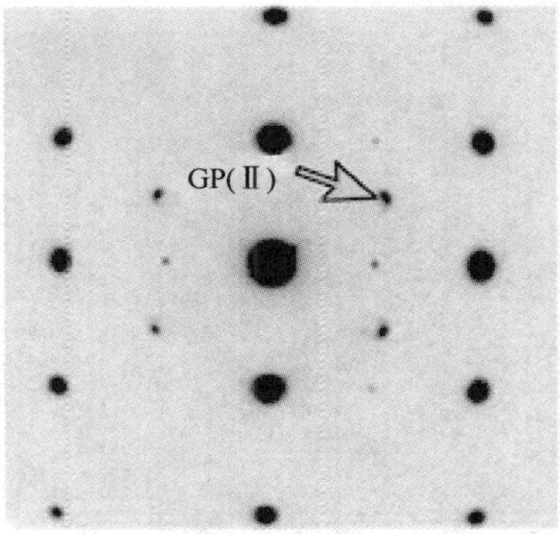

(a)[001]$_{Al}$　　(b)[112]$_{Al}$

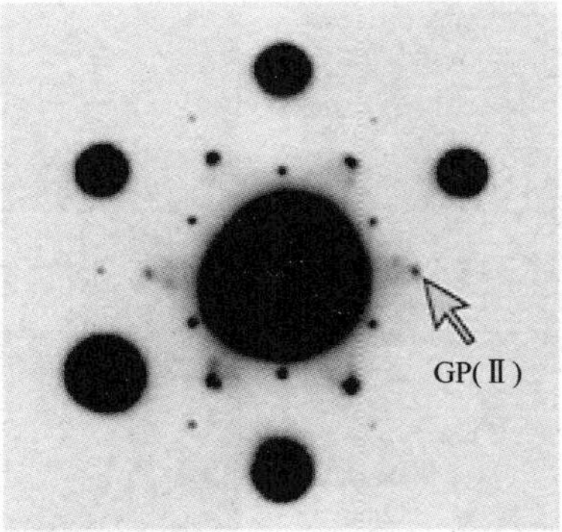

(c)[111]$_{Al}$

图 3-3 GP 区在不同晶带轴下的选区电子衍射花样

判定 GP(Ⅱ)区的方法有以下两种：

① 选取$[112]_{Al}$的晶带轴，在$\{311\}_{Al}/2$处的衍射斑点为 GP(Ⅱ)区；

② 选取$[111]_{Al}$的晶带轴，在$\{422\}_{Al}/3$处的衍射斑即为 GP(Ⅱ)区。

(3) η′亚稳相

作为 7XXX 系铝合金中主要的时效强化相，η′亚稳相的形貌通常为板条状，其与铝基体之间呈现半共格的关系，其中板条的宽面与$\{111\}_{Al}$面共格，但侧面则与铝基体不共格。η′析出相由 Mg 和 Zn 所组成，其具体成分随着热处理的变化而变化。η′析出相为密排六方结构，其晶格常数为 $a_{\eta'}=0.496$nm，$c_{\eta'}=1.402$nm。η′析出相与 Al 基体的取向关系为$(00.1)_{\eta'}//\{111\}_{Al}$，$(11.0)_{\eta'}//(112)_{Al}$，其与 Al 基体之间晶面间距的关系为 $d_{(00.1)\eta'}=6d_{(111)Al}$，$d_{(10.0)\eta'}=3d_{(220)Al}$。图 3-4 所示为在 Al 基体的不同晶带轴下所观察到的 η′析出相的 HRTEM 形貌。η′析出相的半径为 5~10nm，厚度约为几纳米。

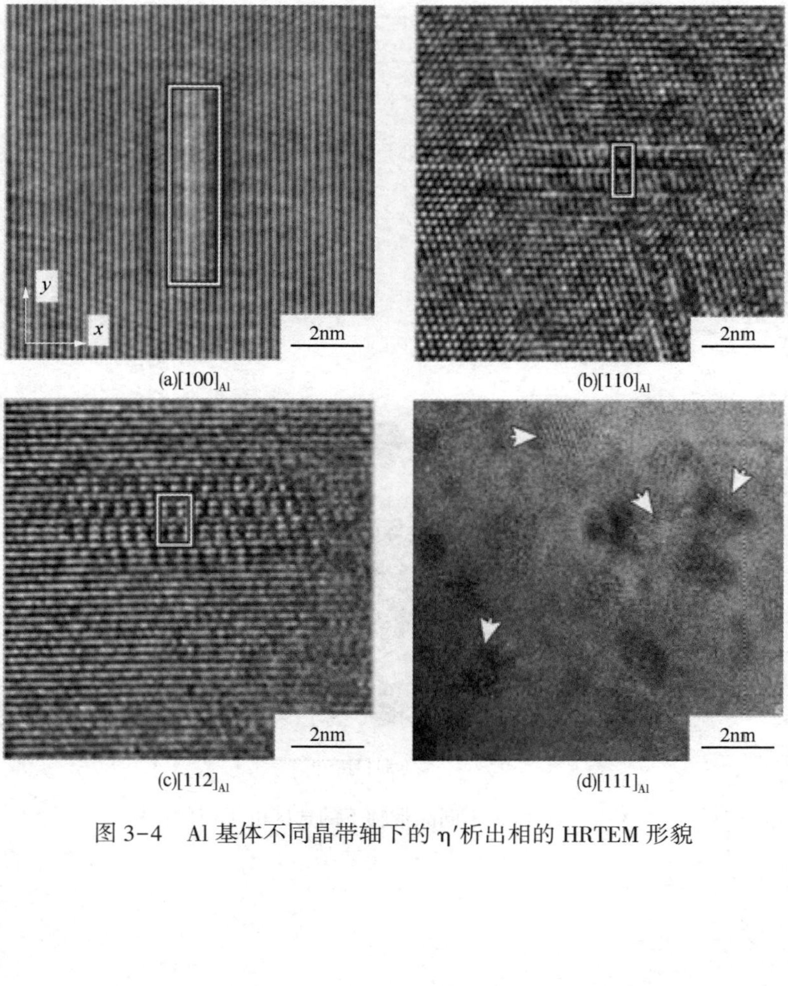

(a)$[100]_{Al}$　(b)$[110]_{Al}$

(c)$[112]_{Al}$　(d)$[111]_{Al}$

图 3-4　Al 基体不同晶带轴下的 η′析出相的 HRTEM 形貌

亚稳定的 η′析出相在不同晶带轴下的选区电子衍射花样如图 3-5 所示。可以看出，在 1/3{220}$_{Al}$和 2/3{220}$_{Al}$处出现的漫散的衍射斑点即可标定为亚稳态的 η′析出相。

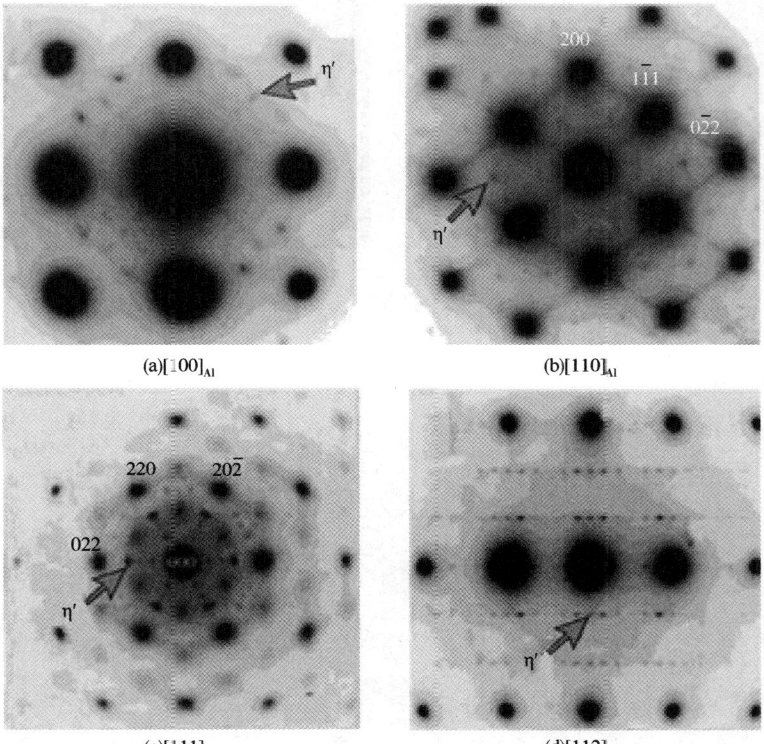

(a)[100]$_{Al}$　(b)[110]$_{Al}$

(c)[111]$_{Al}$　(d)[112]$_{Al}$

图 3-5　η′析出相在不同晶带轴下的选区电子衍射花样

（4）η 平衡相

η 平衡相通常在过时效的状态下形成，和 GP 区及 η′亚稳相相比，其对合金强度的贡献要小得多。η 析出相较容易在弥散相的相界处、晶界处及位错处形成。与 GP 区及 η′析出相相比，η 析出相的尺寸较大，其半径为 25~60nm，厚度为 10~20nm。η 析出相根据其析出位相的不同，呈现片状、棒状或者圆盘状等形状，其与铝基体为非共格的关系。η 析出相成分为 $MgZn_2$，其为密排六方结构，该析出相的晶格常数为 a_η=0.520nm，c_η=0.860nm。η 析出相与 Al 基体存在至少 9 种取向关系，其中最为常见的三种变体分别为 η_1、η_2和 η_4。其中 η_1在铝合金中的 HRTEM 图及其模型分别如图 3-6 和图 3-7 所示。η 析出相与 Al 基体之间的取向关系如表 3-3 所示。η 析出相在不同晶带轴下的选区电子衍射花样如图 3-8 所示。可见，在 1/3{220}$_{Al}$和 2/3{220}$_{Al}$处出现的明锐的衍射斑点即可标定为 η 析出相。

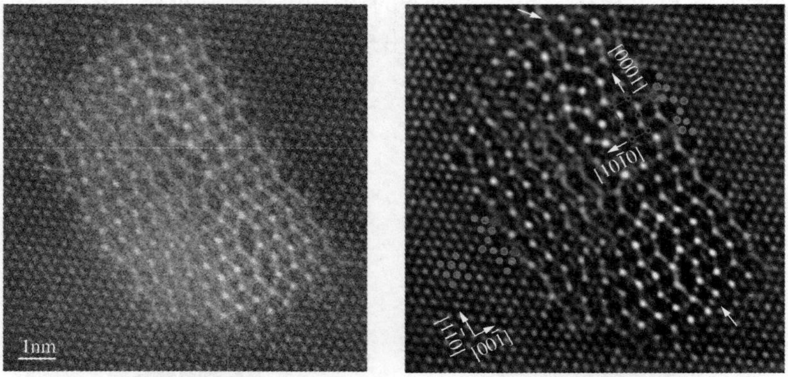

(a)高角环形暗场相　　(b)图(a)对应的IFFT图像

图 3-6　η_1析出相在不同晶带轴下的 HRTEM 形貌

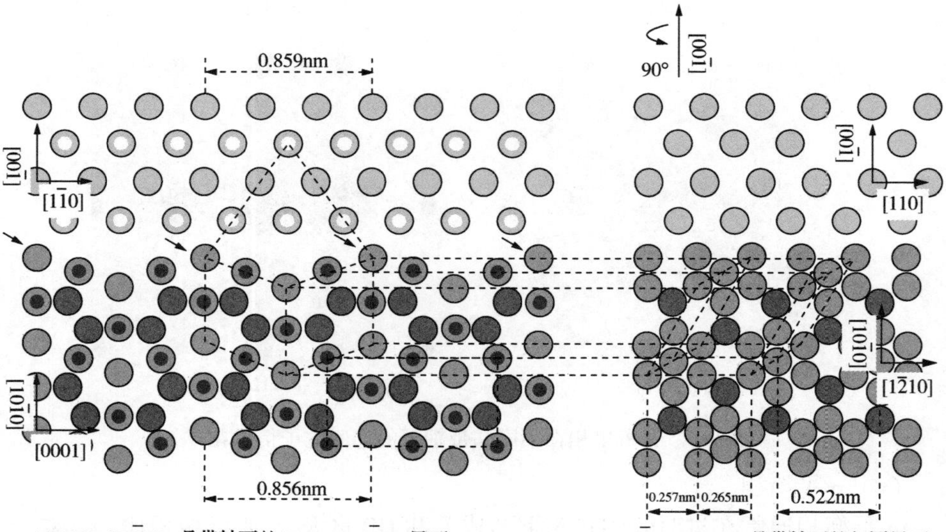

(a)$[110]_{Al}//[\bar{1}2\bar{1}0]_\eta$晶带轴下的$\{001\}_{Al}//\{10\bar{1}0\}_\eta$界面　　(b)$[1\bar{1}0]_{Al}//[0001]_\eta$晶带轴下的相同界面

图 3-7　η_1析出相和 α-Al 基体之间的界面原子模型

表 3-3　η 析出相与 Al 基体之间的取向关系

η 变体	取向关系	形貌(惯习面)
η_1	$(0001)_\eta//(110)_{Al}$；$(10\bar{1}0)_\eta//(001)_{Al}$	盘状$\{001\}_{Al}$
η_2	$(0001)_\eta//(1\bar{1}\bar{1})_{Al}$；$(10\bar{1}0)_\eta//(110)_{Al}$	盘状$\{111\}_{Al}$
η_3	$(0001)_\eta//(1\bar{1}\bar{1})_{Al}$；$(11\bar{2}0)_\eta//(110)_{Al}$	盘状$\{111\}_{Al}$

续表

η 变体	取向关系	形貌(惯习面)
η_4	$(11\bar{2}0)_\eta//(1\bar{1}\bar{1})_{Al}$；$[0001]_\eta//[110]_{Al}$	棒状/板条状$\{111\}_{Al}$
η_5	$(11\bar{2}0)_\eta//(1\bar{1}\bar{1})_{Al}$；$[0001]_\eta$和$[110]_{Al}$夹角为 11°	棒状/板条状$\{111\}_{Al}$
η_6	$(11\bar{2}0)_\eta//(1\bar{1}\bar{1})_{Al}$；$[0001]_\eta$和$[110]_{Al}$夹角为 15°	棒状/板条状$\{111\}_{Al}$
η_7	$(11\bar{2}0)_\eta//(1\bar{1}\bar{1})_{Al}$；$[0001]_\eta$和$[110]_{Al}$夹角为 25°	棒状/板条状$\{111\}_{Al}$
η_8	$(11\bar{2}0)_\eta//(1\bar{1}2)_{Al}$；$(0001)//(31\bar{1})_{Al}$	棒状/板条状
η_9	$(0001)_\eta//(110)_{Al}$；$(11\bar{2}0)_\eta//(110)_{Al}$	盘状$\{001\}_{Al}$

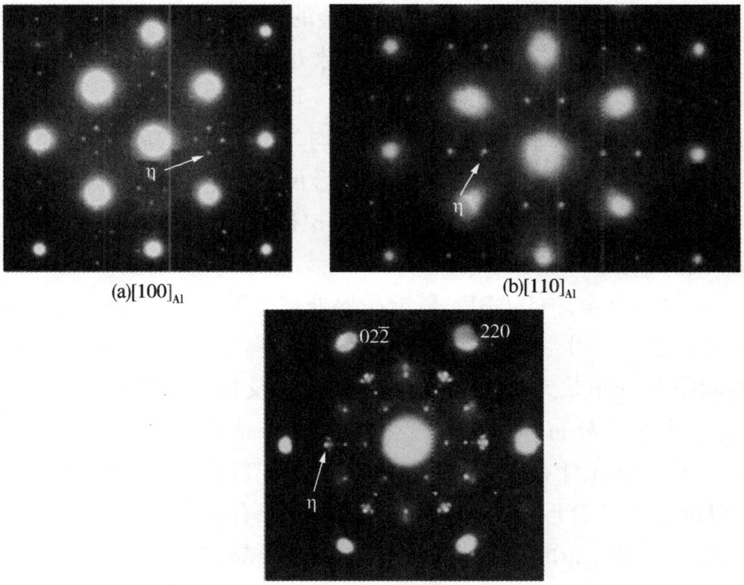

(a)$[100]_{Al}$ (b)$[110]_{Al}$ (c)$[111]_{Al}$

图 3-8 η 析出相在不同晶带轴下的选区电子衍射花样

3.2.3 微观组织

高强 Al-Zn-Mg-Cu 合金的微观组织主要为晶内析出相(Matrix Precipitates, MPs)、晶界析出相(GBPs)及晶界无析出带(PFZ)，这三者共同决定了合金的力学性能和抗应力腐蚀开裂性能。通过合适的热处理工艺，使这三者之间的配合得到优化，即可得到综合性能优异的合金。

（1）晶内析出相（MPs）

作为合金中的主要强化相，MPs 主要包含与铝基体共格的 GP 区、半共格的 η′析出相及非共格的 η 析出相。其中 η 析出相的尺寸一般较大，可认为其对 Al-Zn-Mg-Cu 合金的强化效果贡献较小。因此，针对 Al-Zn-Mg-Cu 合金的组织与强度之间关系的研究工作大多集中于 GP 区和 η′析出相，但是具体是哪种析出相起到主要的强化作用仍然存在争议。研究发现，当合金中 MPs 主要含过渡相 η′时，合金的强度和抗应力腐蚀性能最佳。也有文献报道，当观察到合金中 MPs 主要包含 GP 区时，合金的强度达到最高，主要原因为细小的 GP 区在 α-Al 基体中产生的内应力及位错切过其时所产生的化学效应对位错的阻碍作用。研究发现，当合金中 MPs 包含 GP 区和 η′析出相时，合金的强度达到最高。另有学者认为基体强度、晶界强度及 PFZ 宽度是影响合金韧性的主要因素。综上，Al-Zn-Mg-Cu 合金的 MPs 不仅决定了其强度，同时还影响合金的断裂韧性和抗应力腐蚀性能。

影响 7XXX 系铝合金综合性能的主要因素是 MPs 的种类、尺寸及密度。一方面，基体析出相的尺寸越细小、分布越弥散，且体积分数越大，其对合金的强化效果越明显；另一方面，基体析出相分散越均匀、强度越高，合金的抗应力腐蚀性能及断裂韧性越优异。因此，综合考虑合金的强度、抗应力腐蚀性能及断裂韧性等，基体析出相以尺寸细小且分布均匀的 η′析出相为主时最好。

（2）晶界析出相（GBPs）

Al-Zn-Mg-Cu 合金中的 GBPs 是指晶界处尺寸较大的平衡相 η，这些平衡相既可在淬火的过程中产生，也可在后续的时效过程中产生。GBPs 的尺寸、相邻两相之间的间距及分布状态对合金的塑性、韧性及抗腐蚀性能有着较大的影响。GBPs 的形态、大小、分布等很大程度依赖合金的晶界结构，不同的晶界上 GBP 的差异较大，因此很难对 GBPs 进行定量的描述。目前的研究认为：连续网状分布的 GBPs 对铝合金综合性能最为不利。主要原因有两个方面：一是在合金的变形过程中，连续网状分布的 GBPs 可以有效地阻碍晶粒的相对运动，降低晶界在合金变形过程中的协调作用，从而使得合金的塑性及韧性降低；二是对于晶间腐蚀而言，连续网状分布的 GBPs 极易发生优先腐蚀，其所形成的阳极腐蚀通道很容易促进腐蚀裂纹的扩展，因此合金的抗腐蚀性能降低。

（3）晶界无析出带（PFZ）

PFZ 的变化受 GBPs 和晶界类型的影响，热处理制度可以改变 PFZ 宽度。关于 PFZ 的形成机制目前有两种：第一种为空位贫乏理论，该理论认为和临界形核的空位浓度相比，晶界附近的空位浓度较低，因此会导致沉淀析出无法在该区域形核；第二种为溶质贫乏理论，该理论认为 PFZ 的形成主要是由于晶界附近溶质原子贫乏所导致的。目前的研究认为 PFZ 虽然不利于提高 Al-Zn-Mg-Cu 合金的强度，但是可以有效地提高合金的塑性。有文献提出了应力松弛模型，其通过改变合金的淬火温度来达到控制 PFZ 宽度的目的，同时该试验排除了 GBPs 的干扰，此时在合金中形成的 PFZ 为空位贫乏型，其中大量未析出的溶质原子引发的固溶强化使得 PFZ 具有较高的强度。在这种情况下，宽度较大的 PFZ 能够有效缓解晶内滑移带在晶界处所产生的应力集中，从而提高合金的塑性。

3.3 强化机制

工业纯铝的强度较低(70~85MPa)，将 Zn、Mg、Cu 等合金元素添加到基体金属铝中，会产生强化作用，从而大幅度提高合金的强度，因此，在 Al-Zn-Mg-Cu 合金中，第二相强化是其主要的强化机制。此外，固溶强化、细晶强化等也起着一定的作用。

(1) 第二相强化

作为 7XXX 系 Al-Zn-Mg-Cu 合金中最有效的强化方式，第二相强化的本质为合金中的第二相粒子及其应力场与位错之间发生交互作用，通过阻碍位错的运动而达到强化合金的目的。

当合金中第二相粒子与位错发生交互作用时，其强化机制主要取决于该粒子本身的性质及其与铝基体的联系。当 Al-Zn-Mg-Cu 合金处于欠时效状态时，合金中主要的析出相为尺寸细小且与 α-Al 基体共格的 GP 区。此时，位错与析出相之间的交互关系表现为切过这些细小的析出相。当 GP 区的数量较少时，其对滑移位错的阻碍作用较小，但当其体积分数不断增多时，其对位错的阻碍作用增大，因此可以有效地提高合金的屈服强度。当 GP 区之间的间距等于运动位错的极限曲率半径时，位错受到的阻力为最大。当位错切过第二相粒子时，这种交互作用对屈服强度的贡献 $\Delta\tau_{cut}$ 可表示如下：

$$\Delta\tau_{cut}=\alpha f^{m_1}r^{m_2} \tag{3-1}$$

式中：α 为相关常数；m_1、m_2 为相关指数，一般均取值 1/2；f 为析出相的体积分数；r 为析出相的半径。

从式(3-1)可以看出，合金的屈服强度与析出相的体积分数和半径均呈正相关，即随着析出相体积分数和半径的增加，合金的屈服强度增量相应增大。

一旦滑移位错切过 GP 区后，这些位错便开始连续地在已激活的滑移面上通过质点，此时变形聚集在少数已激活的滑移面上。这种情况导致合金强度较高但是加工硬化率较低，另外，若合金中的析出相主要为 GP 区，该合金发生变形时，大量的滑移系同时开动，较易产生共面滑移形成强滑移带，就会使得大量的位错塞积在晶界处，造成局部应力过高，导致合金的抗应力腐蚀性能和断裂韧性有所降低。

随着时效程度的进一步加深，Al-Zn-Mg-Cu 合金中的析出相逐渐由尺寸细小且与 α-Al 基体共格的 GP 区向尺寸较大的 η′和 η 析出相转变，其中 η′析出相与 α-Al 为半共格的关系，η 析出相与 α-Al 基体为非共格的关系。这些 η′和 η 析出相的间距也较大，位错与这些相之间的交互关系由切过转变为绕过，并且会在析出相的周围留下位错环。Al-Zn-Mg-Cu 合金的过时效阶段就属于这种情况，在该状态下，合金的屈服强度有所下降，但加工硬化率则有所提升，同时塑性变形较为均匀地分布在晶粒内部，使得合金的抗腐蚀性能及抗疲劳性能均得到较大程度的改善。当位错绕过析出相时，产生的强化效果如式(3-2)所示：

$$\Delta\tau_{\text{bypass}} = \beta f^{n_1} r^{n_2} \tag{3-2}$$

式中：β 为相关常数；n_1、n_2为相关指数，一般 n_1取 1/2，n_2取-1；f 为析出相的体积分数；r 为析出相的半径。

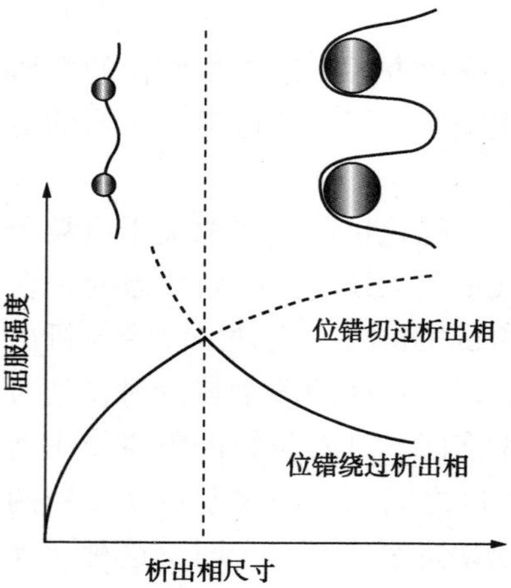

图 3-9　高强 Al-Zn-Mg-Cu 合金位错与第二相粒子之间的交互作用对合金产生的强化效果

从式(3-2)中可以看出，合金的屈服强度与析出相的体积分数呈正相关，与析出相的半径呈负相关，即随着析出相体积分数的增加和半径的减小，合金的屈服强度增量变大。当析出相的体积分数保持不变时，此时合金的屈服强度主要受析出相半径大小的影响。图 3-9 所示为高强 Al-Zn-Mg-Cu 合金位错与第二相粒子之间的交互作用对合金产生的强化效果。可以看到，两条曲线的交点为合金可能达到的最高强度。

(2) 固溶强化

固溶强化是指合金元素固溶于基体金属中所造成一定程度的晶格畸变从而使得合金的强度提高的现象。固溶元素的强化效果受到其固溶于基体中所造成的晶格的不规则和扭曲程度的影响。固溶原子引起的缺陷与位错的交互作用是合金强化的主要原因。其中固溶原子所引起的缺陷可分为三类：第一类为溶质原子和溶剂原子之间的尺寸差所引起的晶格扭曲；第二类为固溶原子以短程有序或者束集的方式存在，该状态下其能量状态较低，导致此区域的晶格中位错的运动具有与基体不同的特征；第三类为当固溶原子偏聚至位错线上时，位错被固溶原子锁住。

(3) 细晶强化

根据 Hall-Patch 公式，通过细化晶粒可以有效地提高合金强度。在 7075-T6

合金中，当其晶粒尺寸为 1μm 时，此时合金强度可达到 800MPa 左右。但是对于高强的 Al-Zn-Mg-Cu 合金来说，获得非常细小的晶粒具有较大的困难。

3.4 7085 铝合金的研究现状

作为新型 7XXX 系铝合金，7085 铝合金具有低密度、高强度、良好的耐腐蚀性能及热加工性能等优点，在航空航天及军事领域得到了广泛应用。7085-T7452 铝合金锻件主要用作飞机的加强框、承力梁及接头等主承力结构，其性能变化及微观组织特点成为各国学者研究的热点。因此，本书主要针对 7085 铝合金进行深入研究。

目前，针对 7085 铝合金的研究主要集中在以下三个方面。

（1）淬火敏感性

已有文献研究了 7085 铝合金淬火过程中产生的析出相对其微观组织和力学性能的影响，结果表明：除了淬火引起的析出相 η 以外，当固溶处理后，随着冷却速度从 240K/s 降至 3.2K/s，合金中出现了层片状的 Y 相。合金中的 η 析出相主要存在于再结晶晶粒内，其对合金强度的影响较弱。层片状的 Y 相主要存在于有较多位错的亚晶界处，该析出相的长宽比较大，因此其可以有效地提高合金的硬度及强度。当合金经过进一步的时效处理后，Y 相的长宽比减小，对合金强度的贡献值降低。

有学者通过 TTP 曲线进一步研究了 7085、7075、7175、7050、7010 及 7055 等铝合金的淬火敏感性，结果表明 7075、7175 及 7055 铝合金的淬火敏感性最高，7085 铝合金的淬火敏感性最低。造成这几种合金淬火敏感性不同的原因是合金的化学成分存在差异。

针对化学成分对 7050 和 7085 铝合金淬火敏感性的影响也有大量研究，其中包括合金淬火敏感性的表征参数有合金的硬度及微观组织的变化。结果表明：和 7050 铝合金相比，7085 铝合金的淬火敏感性较低，主要是因为在 Al_3Zr 弥散相及晶界附近的析出相密度较低。另外，热力学计算结果显示，随着 Zn/Mg 质量比的增加及 Cu 元素的降低，使得合金中 α 相的区域扩大，因此降低了 7085 铝合金的淬火敏感性。

另外，关于淬火速率对 7085 铝合金微观组织及抗应力腐蚀开裂的影响也有相关报道，结果表明：随着淬火速率的降低，晶界析出相的尺寸、相邻两相之间的距离及晶界无析出带宽度增加，但是晶界析出相的 Cu 含量则有所降低，该合金的抗应力腐蚀开裂性能随着淬火速率降低呈先升后降的趋势，该性能受到晶界析出相的大小、分布及 Cu 含量的共同影响。

(2) 热处理工艺

有学者研究了不同时效处理制度下 7085 铝合金的强度、腐蚀性能及电化学行为的变化规律，其中时效处理工艺如表 3-4 所示。结果表明：和 T6 峰值时效状态相比，回归再时效(RRA)态的合金不仅保持了较高的强度，同时其耐剥落腐蚀性能有明显的提高。双级回归再时效(Dual-Retrogression and Reaging，DRRA)制度下的 7085 铝合金的耐剥落腐蚀性能和 T74 状态下的相同，同时保持了 RRA 状态下的高强度。先高温再低温时效(High-temperature and the subsequent Low-temperature Aging，HLA)制度下的 7085 铝合金的强度和耐腐蚀性能均比 T6 状态下低。7085 铝合金在不同热处理制度下的力学性能如图 3-10 所示。

表 3-4　7085 铝合金的不同时效处理制度

类型	时效处理
T6	120℃/24h
T74	110℃/6h+160℃/10h
RRA	120℃/24h+180℃/0.5h+120℃/24h
DRRA	120℃/24h+180℃/0.5h+120℃/12h+180℃/0.5h+120℃/24h
HLA	200℃/5min+120℃/24h

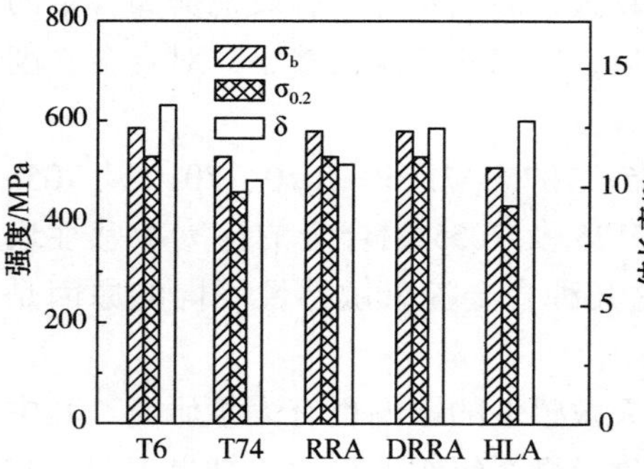

图 3-10　7085 铝合金在不同热处理制度下的力学性能

(3) 热稳定性能

当用作航空结构件时，铝合金常应用于飞机蒙皮、机身、桁条及起落架支撑部件等，在实际应用中，这些结构件常常随着飞机一起承受高温高湿等严苛的环境，如当其用作飞机蒙皮时，受到空气动力作用的影响，该部件的温度在巡航速度下可达到 99~157℃，遇到紧急情况时，此部件的温度可升高至 204℃。综上，航空结构件需要经受复杂的环境，因此要求用作航空航天领域的结构材料具有良好的耐高温性能。在实际研究中，常采用热暴露实验来模拟飞行器的飞行条件，研究不同的热暴露参数(热暴露时间及热暴露温度)对铝合金微观组织与力学性能的影响，并寻求纳米级析出相与该合金的宏观性能之间的联系，以期为飞机的安全飞行提供可靠的数据支撑和理论依据。热暴露后铝合金的微观组织和力学性能主要受合金元素含量及失效状态的影响。

有学者研究了包含 7085 铝合金在内的一系列铝合金的热稳定性能，试验中具体研究的合金及其性能如表 3-5 所示。其中热暴露温度分别为 180℃、230℃

及 290℃，热暴露的时间分别为 0. 1h、0. 5h、2h、10h、100h 及 1000h。试验的部分结果如表 3-6 及图 3-11 所示。可以看出，随着热暴露温度的不断升高及热暴露时间的延长，所有合金的强度及硬度均有所下降，另外，电导率的变化规律则与强度及硬度的变化规律相反，即随着热暴露温度的升高及时间的延长，合金的电导率不断上升。

表 3-5 几种铝合金的性能

合金种类	抗拉强度/MPa	屈服强度/MPa	伸长率/%	硬度/RB	电导率/%IACS
2099-T6	529	432	7. 6	78	17. 5
2099-T83	561	502	7. 3	80	17. 6
2397-T87	473	423	7. 5	79	18. 4
7085-T7651	519	468	7. 8	85	39. 8
7085-T7452	540	497	9. 4	82	41. 5
7075-T7651	534	460	7. 2	87	33. 2

表 3-6 所测试 Al 合金的抗拉强度及屈服强度在热暴露前 10h 下降的百分数

合金	180℃		230℃		290℃	
	抗拉强度变化/%	屈服强度变化/%	抗拉强度变化/%	屈服强度变化/%	抗拉强度变化/%	屈服强度变化/%
2099-T6	6	2	25	35	46	66
2099-T83	5	5	24	38	49	72
2397-T87	-1	-1	22	31	34	51
7085-T7651	19	28	47	66	58	79
7085-T7452	18	25	45	57	57	79
7075-T7651	16	20	46	57	53	70

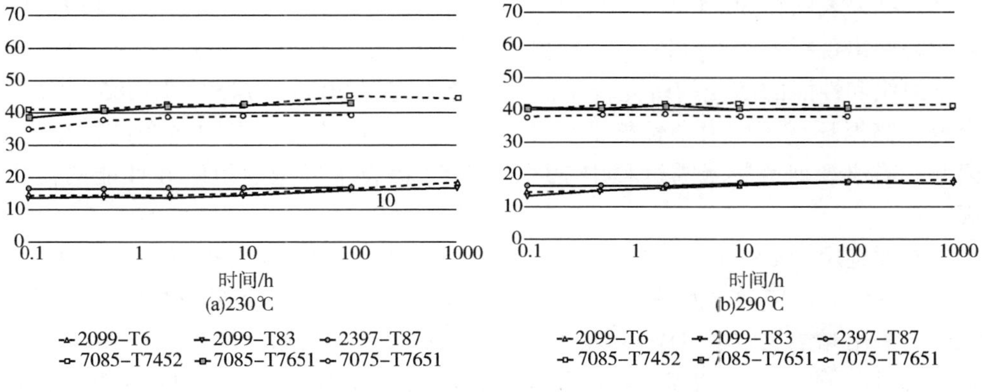

图 3-11 所测试 Al 合金在不同热暴露温度下的电导率

第4章 基于长时间热暴露环境的Al-Zn-Mg-Cu铝合金性能及组织调控

4.1 引言

7085铝合金是新一代的高强厚板合金，其具有高强度、高韧性、低的淬火敏感性及良好的热加工性等优异的综合性能，广泛应用于制备A380等先进飞机的大型结构件。T7452双级时效热处理工艺可以进一步有效地提高7085铝合金的断裂韧性和耐蚀性。近年来，7085-T7452锻件在航空领域主要用作飞机加强框、接头及承力梁等主承力结构。在实际应用中，合金不可避免地会暴露于长时间较高温度(83~177℃)的恶劣环境中，这种严酷复杂的服役环境会对锻件的组织产生一定程度的影响，进一步破坏锻件性能的稳定性，最终使得航空器的可靠性降低。因此，研究热暴露对7085-T7452铝合金锻件微观组织和性能演变的影响规律，旨在为该合金在航空航天领域的安全应用提供可靠的理论和实验依据。

基于长时间热暴露环境对7XXX系Al-Zn-Mg-Cu合金组织与性能的影响已有一些报道，但大多集中在7050和7075等合金。如有学者研究了在不同的热暴露条件下，7050铝合金组织的变化，结果表明：随着热暴露温度的升高，合金中析出相的尺寸增大，PEZ变宽；也有学者针对峰时效的7075合金进行热暴露处理，结果表明在300℃时，铝合金基体中纳米级的析出相消失，$Al_{18}Mg_3Cr_2$颗粒的表面出现粗大的$Mg(Zn、Cu)_2$相。到目前为止，针对热暴露过程中7085铝合金组织和性能的演变的研究较少，有学者研究了7085-T7452和7085-T7651合金在高温环境下的力学性能的变化，但是未对其微观组织的演变进行报道。因此，有必要研究热暴露过程中7085-T7452铝合金的微观组织和性能的变化规律。

本章选用7085-T7452铝合金板材，研究其在不同的热暴露温度(100℃、125℃、150℃、175℃)及热暴露时间(100h、500h、1000h)下组织和性能的变化规律。采用光学显微镜(OM)观察了热暴露前后合金中的晶粒尺寸及再结晶程度，采用透射电子显微镜(TEM)观察了不同热暴露条件下合金中晶内和晶界析出相的形貌、类型、大小、分布及PEZ宽度，详细地统计了析出相的尺寸，以及相邻析出相之间的间距等变化规律，分析了合金的微观组织演化机理，进一步探究了该合金的强化机理。采用 SEM 观察了不同热暴露条件下合金的拉伸断口形貌，研究了热暴露对其拉伸断裂性能的影响，详细分析了微观组织和力学性能之间的联系，旨在为 7085-T7452 铝合金在航空航天工业上的安全应用提供可靠的理论和实验依据。

4.2 材料制备及表征

4.2.1 材料制备

（1）试验材料

本书所选用的试验材料为厚度 220mm 的 7085 铝合金厚板，该厚板经过半连续铸造制备的铸锭经锻造而成，其化学成分如表 4-1 所示。

表 4-1 7085 铝合金的化学成分(质量分数/%)

Zn	Mg	Cu	Zr	Fe	Si	Al
7.56	1.50	1.45	0.12	0.06	0.02	余量

（2）热处理

7085 铝合金板材经过 T7452 双级热处理，该工艺包含固溶、冷压缩及人工时效处理。其中固溶处理工艺为 470℃保温 6h，然后进行 5%的冷压缩，之后进行两步法人工时效，具体工艺为：120℃保温 6h 及 160℃保温 10h。

（3）高温环境试验

7085-T7452 铝合金的高温环境试验主要是通过改变高温环境暴露参数(温度和时间)来实现的。其具体的试验参数如表 4-2 所示。

表 4-2 7085-T7452 铝合金的高温环境热暴露试验参数

温度/℃	时间/h	温度/℃	时间/h
100	100，500，1000	150	100，500，1000
125	100，500，1000	175	100，500，1000

4.2.2 组织及性能表征

1. 组织表征

本书综合利用光学金相显微镜(OM)、扫描电子显微镜(SEM)及透射电子显微镜(TEM)等测试手段对 7085 铝合金高温环境热暴露前后及拉伸试验后的微观组织结构进行深入表征研究。

（1）光学金相显微镜

本研究中的金相试样通过 200#、400#、800#和 1500#砂纸逐级磨制后，再进行机械抛光，最后用 Keller 试剂（1%HF+1.5%HCl+2.5%HNO_3+95%H_2O）在室温下进行腐蚀，腐蚀时间为 15s。采用 Lasertec Optelics 型号为 C130 的真实色共聚焦显微镜对 7085-T7452 铝合金热暴露前后及拉伸试验后的显微组织进行观察和分析。本章通过金相显微镜分析主要观察合金组织的晶粒形貌、尺寸、再结晶程度及第二相颗粒的形貌、尺寸和分布等变化。

（2）扫描电子显微镜

采用型号为 FEI Nova 450 及 Zeiss Supra 55 场发射扫描电子显微镜对 7085-T7452 铝合金热暴露前后的微观组织、拉伸断口形貌进行观察和分析，加速电压为 20kV，并利用其所配备的能谱仪对试样中粗大第二相颗粒进行成分分析。

（3）透射电子显微镜

透射电镜样品经线切割后，机械研磨至厚度约为 80μm，随后冲成直径为 3mm 的圆形薄片，然后利用上海交通大学生产的双喷电解减薄仪上进行双喷减薄，电解液的成分为 70%CH_3OH+30%HNO_3，操作温度为-30℃，电压为 20V。

采用 FEI Tecnai F30 G2 场发射透射电子显微镜进行 TEM 观察，该透射电子显微镜加速电压为 300kV，信息分辨率为 0.14nm，点分辨率为 0.2nm。配备一体化 STEM 系统和一体化 X 射线能谱仪。通过透射电镜明暗场（Bright/Dark Field，BF/DF）、选区电子衍射（Selected Area Electron Diffraction，SAED）、能谱（Energy Dispersive Spectrum，EDS）及高分辨透射电子显微术（High Resolution Electron Microscopy，HRTEM）等技术来表征 7085-T7452 合金在高温环境中纳米析出相的类型、尺寸、分布特征的变化规律，并观察位错与析出相之间的关系，讨论该合金的强化机理。

2. 性能表征

采用硬度测试、电导率测试及拉伸试验等性能表征手段对 7085 铝合金高温环境暴露前后的性能进行测试，以分析其性能变化规律。

（1）硬度测试

维氏硬度测试采用 HMV-2 型维氏硬度计，按照标准 GB/T 4340—2009《金属材料　维氏硬度试验　第 1 部分：试验方法》进行，试验时加载载荷为 0.5kgf，保压时间为 15s，同一测试条件下测试 10 个点，取其平均值。

（2）电导率测试

试样的电导率测试在 PZ60A 涡流电导仪上按照标准 GB/T 12966—2008《铝合金电导率涡流测试方法》进行，每个条件下测试 10 个点，取其平均值。

(3) 拉伸试验

室温拉伸试验在 INSTRON-4505 型微机控制电子万能材料试验机上按照标准 ASTM：E8M-13a 进行，拉伸速率为 0.05mm/s。室温拉伸试样沿合金厚板的纵向截取，试样的形状及具体尺寸如图 4-1 所示，每个实验条件下测试 3 次，取其平均值。

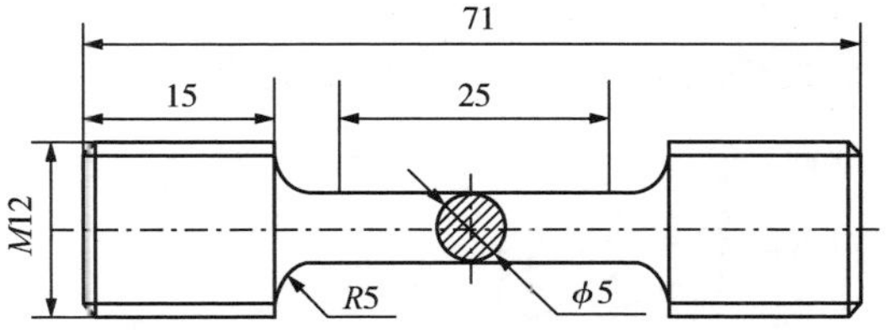

图 4-1 拉伸试样的形状和尺寸(单位：mm)

4.3 热暴露环境参数对合金硬度、电导率及拉伸性能的影响

7085-T7452 铝合金硬度随高温环境热暴露时间变化的曲线如图 4-2(a)所示，图中黑色虚线表示 T7452 状态下合金的硬度。可以看出，当热暴露温度为 100℃时，合金的硬度均高于 T7452 状态。随着高温环境热暴露时间的延长，合金的硬度均降低。结果表明：7085-T7452 铝合金的热稳定性在 100℃时最好。由图中还可以看出，在高温环境热暴露时间为 100~500h 时，合金硬度下降迅速，当时间延长至 1000h 时，硬度下降的较为缓慢。当高温环境热暴露条件为 100℃/100h 时，7085-T7452 铝合金取得最大硬度 190HV，当高温环境热暴露条件为 175℃/1000h 时，合金硬度降低至 95HV。

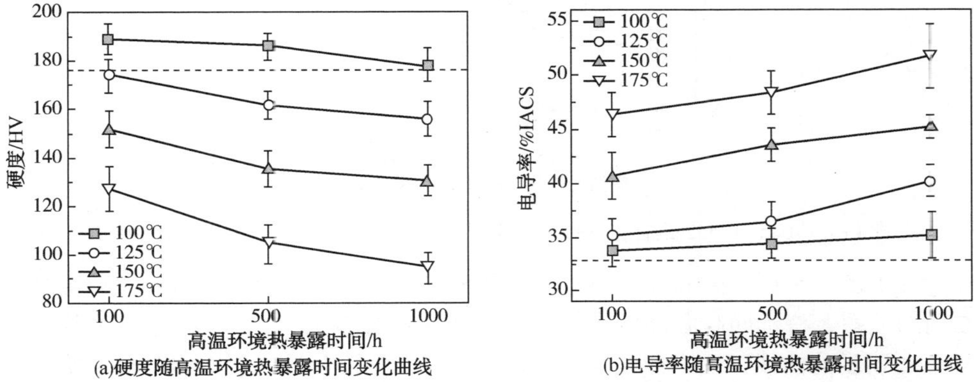

(a)硬度随高温环境热暴露时间变化曲线　(b)电导率随高温环境热暴露时间变化曲线

图 4-2 7085-T7452 铝合金厚板的硬度和电导率随高温环境热暴露时间变化的曲线

由图 4-2(b)可以看出，合金的电导率的变化趋势与图 4-2(a)中硬度的变化趋势相反，即随着高温环境热暴露时间的延长，合金的电导率呈上升趋势。

图 4-3 所示为 7085-T7452 铝合金的硬度和电导率随高温环境热暴露温度的变化。可以看出，随着高温环境热暴露温度的不断升高，合金硬度迅速下降，同时合金的电导率则迅速增加。和图 4-2 相比，图 4-3 中合金的硬度和电导率的变化趋势更为明显。由此可见，相较于高温环境热暴露时间，高温环境热暴露温度对 7085-T7452 铝合金的硬度和电导率的影响更为显著。

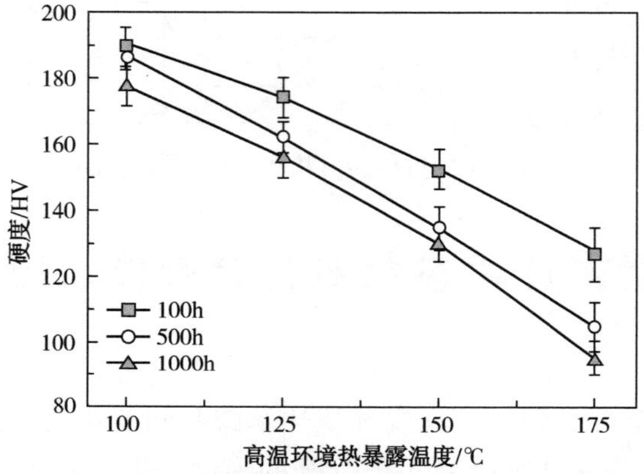

(a)热暴露温度对7085-T7452铝合金厚板硬度的影响

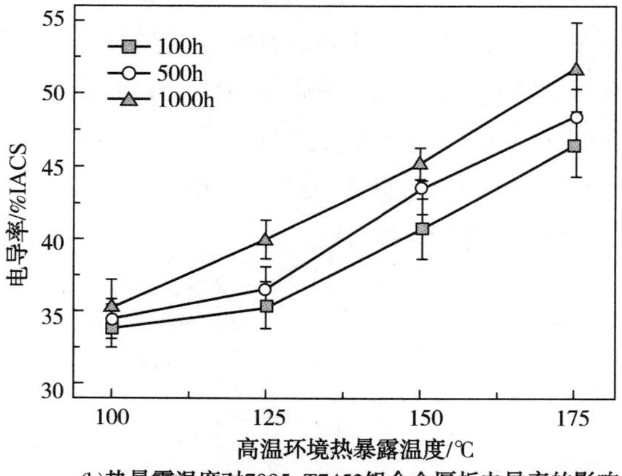

(b)热暴露温度对7085-T7452铝合金厚板电导率的影响

图 4-3　7085-T7452 铝合金的硬度和电导率随高温环境热暴露温度变化的曲线

为了进一步探究高温环境热暴露过程中 7085-T7452 铝合金的硬度和电导率之间的关系，将不同高温环境热暴露条件下的铝合金板材的硬度-电导率绘成如图 4-4 所示的曲线，图中曲线显示出随着热暴露温度的升高，合金的硬度降低而电导率升高，同时在不同高温环境热暴露时间下所得的数值更加分散。

当热暴露温度为100℃时，随着高温环境热暴露时间的延长，合金的电导率从32.5% IACS升至35%IACS(见图4-4中虚线)。随着高温环境热暴露温度的升高，电导率的变化范围逐渐增加。图4-4中右侧实线框中的线条是所对应的硬度值的拟合曲线，从拟合曲线的变化趋势可以看出当热暴露温度为100℃时，随着电导率的升高，合金的硬度值呈缓慢下降的趋势。当热暴露温度升高到125℃及以上时，拟合曲线的变化趋势接近且均为抛物线，另外，曲线的斜率变大，说明在较高温度下，随着电导率的升高，合金的硬度下降较为显著。

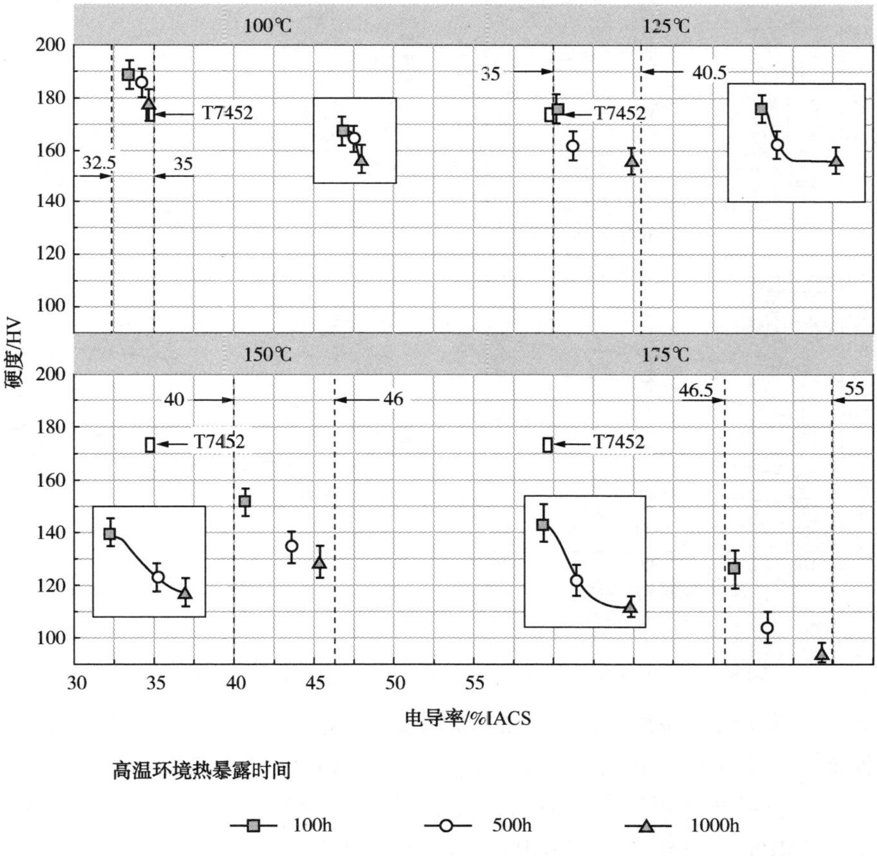

图4-4　不同高温环境热暴露条件下7085-T7452铝合金厚板的硬度-电导率变化曲线

经不同温度及时间高温环境热暴露处理后的合金的拉伸性能如图4-5所示。图中黑色虚线均表示T7452状态下合金的拉伸性能。由图中可以看出，合金的抗拉强度及屈服强度的变化趋势和硬度的变化趋势相似，即在100℃时，合金的强度较 T7452 状态下有所上升，随着温度的上升，合金的强度逐渐降低，在 175℃时，合金的强度为最低。相反，代表合金塑性的断面收缩率及伸长率均随着热暴露温度的升高及时间的延长而增加，说明在较高温度及较长时间下合金可以达到较好的塑性。

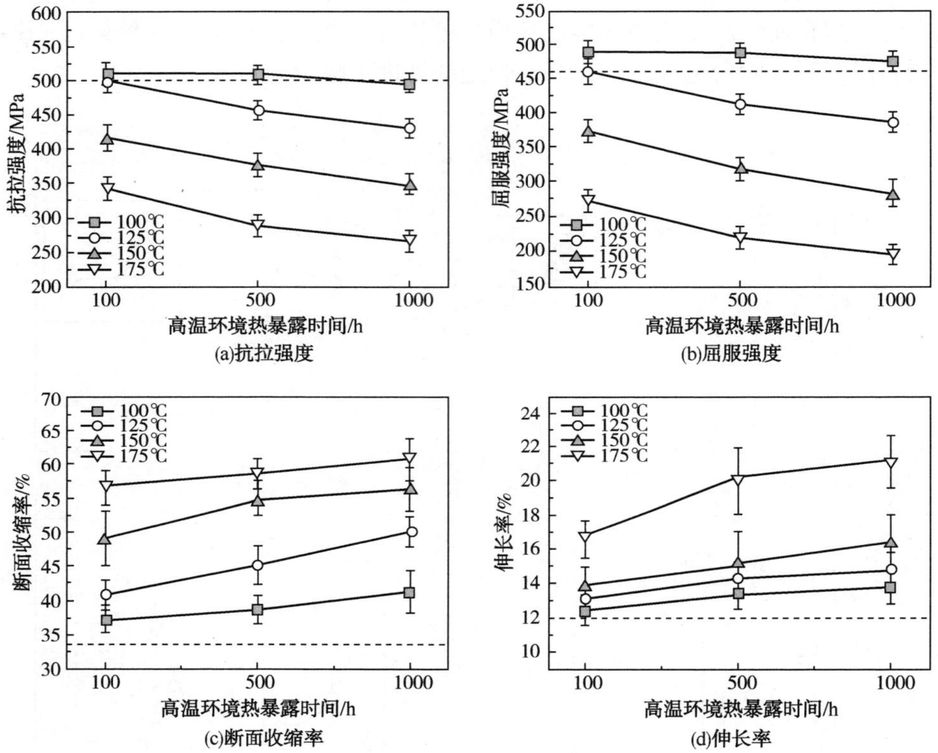

图 4-5　不同热暴露条件下 7085-T7452 铝合金板材的力学性能

表 4-3 所示为 7085 铝合金在 T7452 状态以及另外六组经过热暴露处理后的合金性能。从表中可以看出，在热暴露 100℃/100h 后，7085-T7452 铝合金的抗拉强度、屈服强度及硬度分别比 T7452 态的合金提高了 2.4%、6.7%及 9.2%，达到了 515MPa、493MPa 及 190HV。相反，在热暴露 100℃/100h 后，合金的伸长率和断面收缩率为 13.7%和 38.4%，比 T7452 状态下的数值分别降低了 0.08%和 0.04%。从图 4-5 和表 4-3 中还可以看到，7085-T7452 铝合金在 175℃/1000h 热暴露处理后，其塑性达到最好，其中伸长率和断面收缩率分别为 22.9%和 60.7%。

表 4-3　T7452 状态及不同热暴露条件下 7085 铝合金的性能

热暴露参数	硬度/HV	电导率/(%IACS)	抗拉强度/MPa	屈服强度/MPa	伸长率/%	断面收缩率/%
T7452	174	34.8	503	462	14.9	39.9
100℃/100h	190	33.4	515	493	13.7	38.4
125℃/100h	176	35.2	485	461	15.2	44.3
150℃/100h	152	40.7	416	372	16.8	49.6
175℃/100h	127	46.4	342	273	18.9	57.1
125℃/500h	163	36.2	456	412	15.8	47.6
125℃/1000h	156	39.9	431	386	16.4	48.9

图 4-6 所示为 7085-T7452 铝合金热暴露前后合金的断口形貌。可以看出，在不同的热暴露处理条件下合金的断口形貌差别较大。由图 4-6(a)可以看出，7085-T7452 铝合金厚板的拉伸断口形貌中包含韧性的穿晶韧窝和少部分的沿晶断裂裂纹。当合金经过热暴露 100℃/100h 之后，其断口形貌为穿晶断裂和沿晶断裂的混合断裂。随着温度的升高，合金的断口形貌逐渐发生改变，当热暴露 175℃/100h 后，合金断口中脆性的沿晶断裂明显减少而韧性的穿晶断裂增加。图 4-6(d)和(e)分别为热暴露 150℃/100h 和 175℃/100h 之后合金的断口形貌，可以看出合金断口中韧窝的数量增加、尺寸增大、深度增加，即其断裂机制已完全转变为韧性断裂。

图 4-6(c)和(f)分别为热暴露 125℃/100h 及 125℃/500h 之后的 7085-T7452 铝合金的断口形貌。可以看出，在热暴露温度一定的条件下，当热暴露时间从 100h 延长至 500h 时，合金中韧性的穿晶断裂成分有少量的增加，但是整体的断口形貌变化不大，但是当热暴露时间进一步延长至 1000h，如图 4-6(g)所示，合金的断口主要呈现出韧窝断裂的形式。

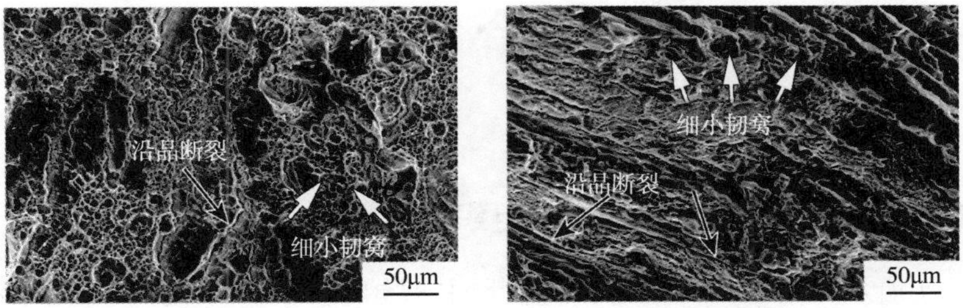

(a)T7452态　　(b)100℃/100h

图 4-6　7085-T7452 铝合金热暴露前后合金的断口形貌

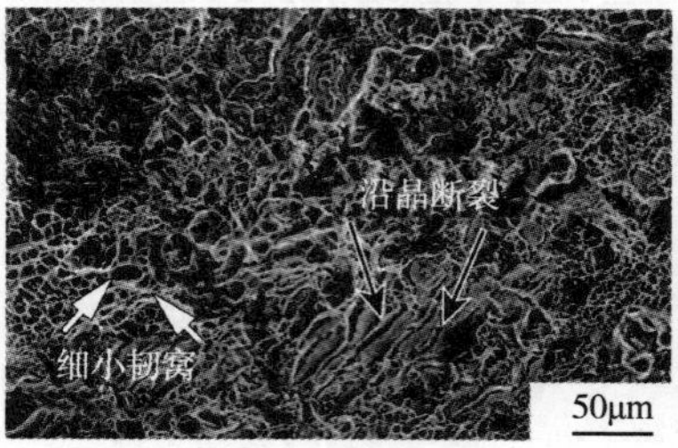

(c)125℃/100h

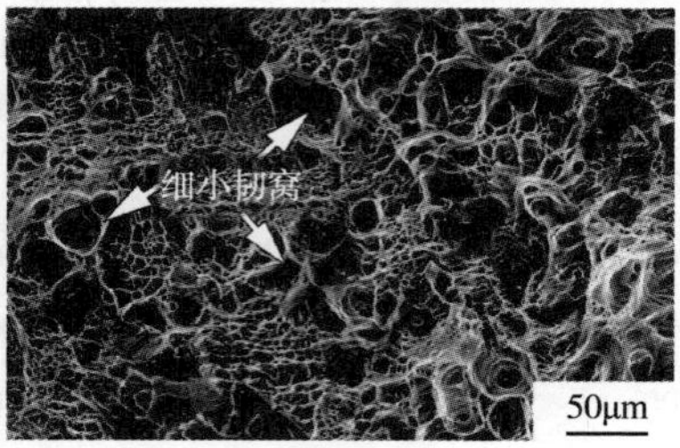

(d)150℃/100h

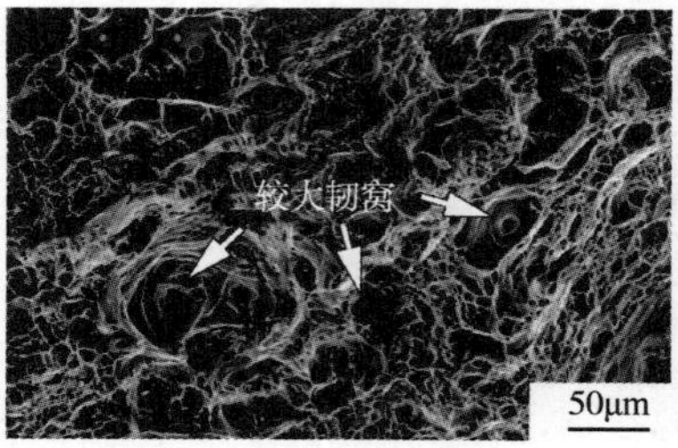

(e)175℃/100h

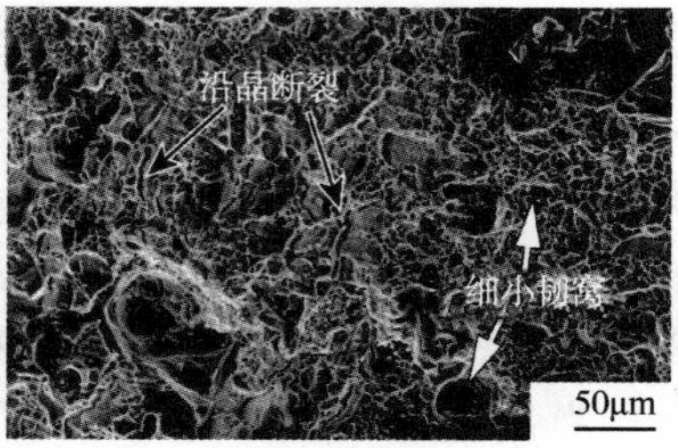

(f)125℃/500h

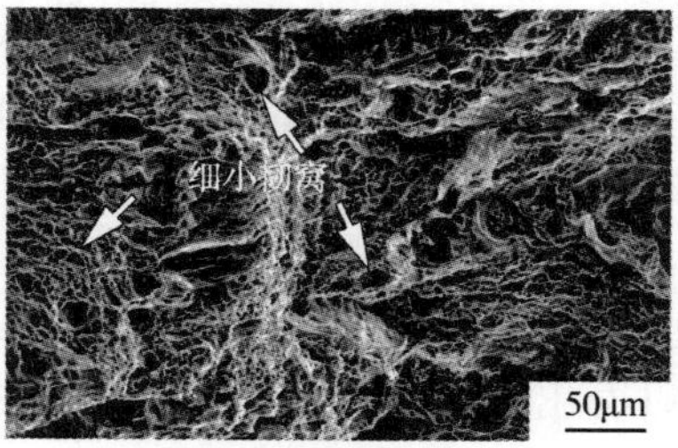

(g)125℃/1000h

图 4-6　7085-T7452 铝合金热暴露前后合金的断口形貌(续)

4.4　Al-Zn-Mg-Cu 合金板材热暴露前后的微观组织

4.4.1　热暴露前合金的微观组织

图 4-7 所示为 7085-T7452 铝合金断面的微观组织。由图中的三维金相组织可以看出，合金由沿着变形方向分布的拉长状的未再结晶晶粒和等轴的再结晶晶粒组成，说明合金中发生了部分再结晶。

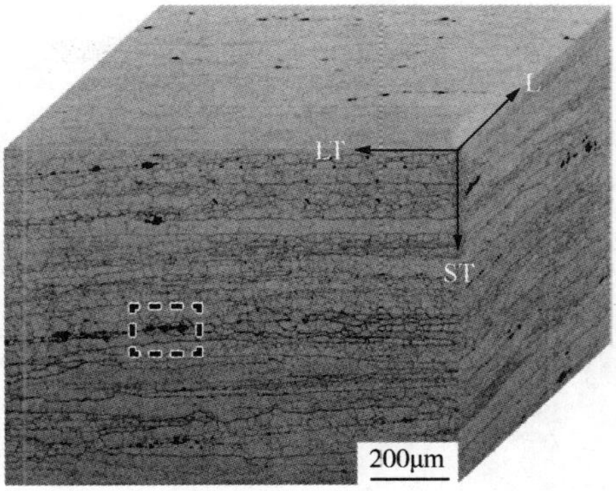

图 4-7 7085-T7452 板材的 OM 组织

图 4-8(a)所示为合金的 SEM 背散射电子图像。可以观察到合金组织中存在尺寸为 0.5~4μm 的粗大的圆棒状或者不规则形状的杂质颗粒，对图中圆形区域所标注的杂质颗粒进行能谱分析，结果如图 4-8(b)所示，表明这些杂质颗粒为液-固共晶反应所生成的 Al_7Cu_2Fe 相。

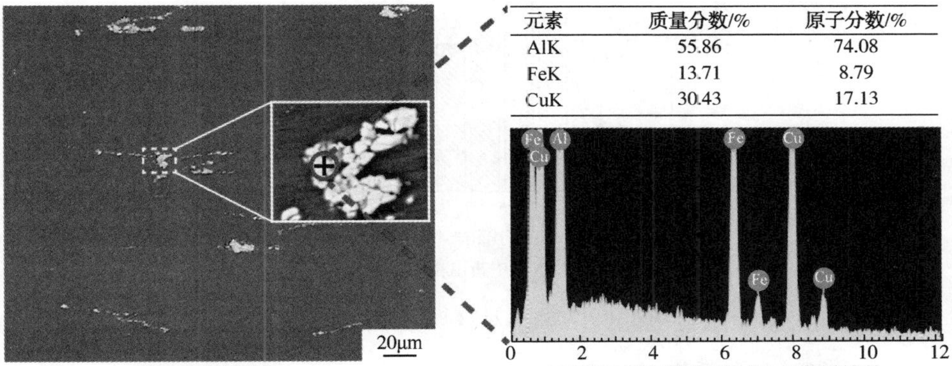

元素	质量分数/%	原子分数/%
AlK	55.86	74.08
FeK	13.71	8.79
CuK	30.43	17.13

(a)SEM背散图像

(b)对应(a)图中圆形区域的EDS能谱结果

图 4-8 7085-T7452 板材的 SEM 组织

图 4-9(a)和(b)分别为合金沿$[100]_{Al}$晶带轴的选区电子衍射花样及晶内的 BF-TEM 图。可以看出，合金中包含 Al_3Zr 颗粒及 η′和 η 相，Al_3Zr 颗粒如白色箭头所示，由于 η′和 η 相尺寸非常细小，因此在此不作区分，均用黑色箭头表示。由图中可看出，组织中白色箭头所示的均匀分布的黑色圆形颗粒为 Al_3Zr，黑色箭头所示的弥散分布的细小棒状或圆形的析出相为 η′和 η 相，对图中析出相的尺寸进一步统计得到的结果如图 4-9(c)所示，结果显示合金中析出相的平均半径约为 6.27nm，析出相的半径分布为 1~14nm，其中半径小于 7nm 的析出相数量占据总析出相的绝大部分。

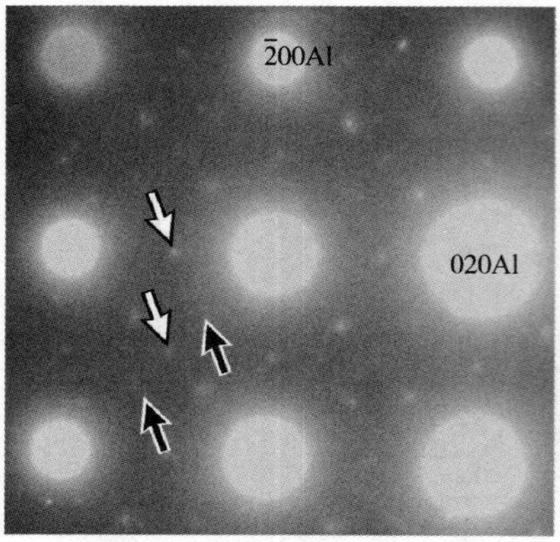

(a)SAED花样

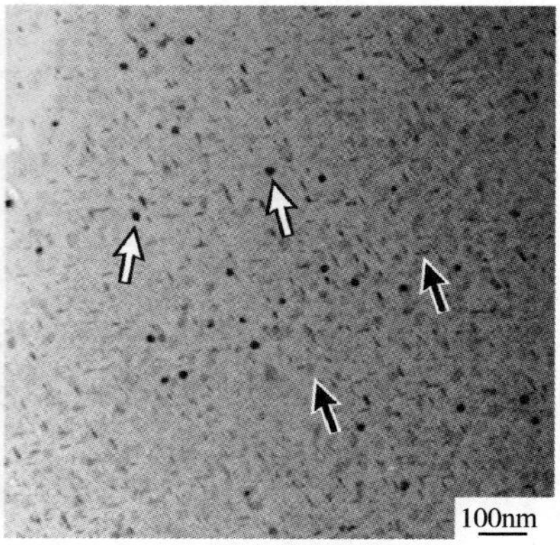

(b)BF-TEM图像

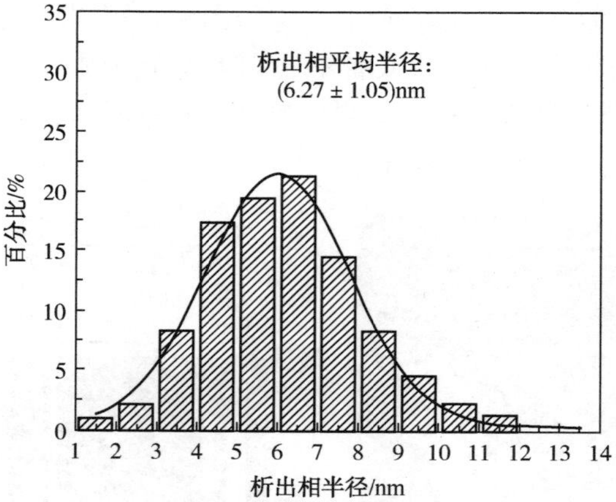

(c)对应(a)图中析出相的尺寸分布

图 4-9　7085-T7452 板材的 SEM 组织

4.4.2　热暴露后合金的微观组织

图 4-10 为 7085-T7452 铝合金在不同温度下热暴露 100h 后的三维金相组织，可见拉长状的未再结晶晶粒和细小的等轴状的再结晶晶粒。从图中可以看出热暴露 100h 后，在不同的温度下试样金相组织形态及再结晶程度均无明显变化，即热暴露 100h 后合金的晶粒组织基本保持稳定。

图 4-11 所示为 7085-T7452 铝合金在不同温度下热暴露 100h 后晶内析出相的 BF-TEM 图。可以看出，纳米级的晶内析出相弥散的分布在 α-Al 基体上，随着热暴露温度的不同，合金中析出相的数量和分散程度也有所改变，为了进一步反映析出相随着热暴露温度的改变而发生的演变，有必要统计出析出相的特征参数，如析出相的尺寸分布范围、平均析出相的尺寸及相邻析出相之间的间距等。

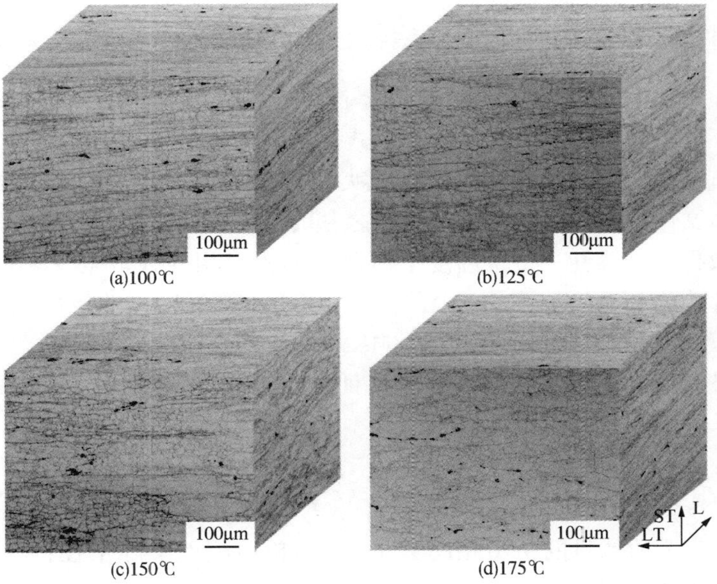

图 4-10　7085-T7452 铝合金在不同温度下热暴露 100h 后的 OM 像

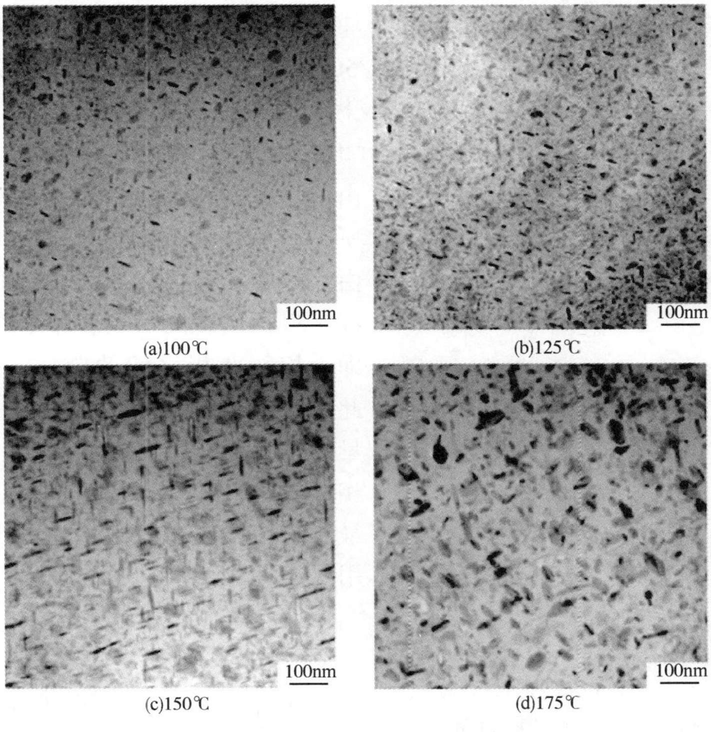

图 4-11　7085-T7452 铝合金在不同温度下热暴露 100h 后的 BF-TEM 像

4.4.3 热暴露后合金析出相特征参数的统计

由图 4-11 可以观察到，经不同热暴露处理后的试样中纳米级别的析出相根据取向的不同呈现椭圆或者板条状的形式。文献表明析出相的尺寸对合金的拉伸性能有着直接的影响，因此本文根据文献中所提出的方法来统计析出相的尺寸分布情况。本文中取析出相的长轴和短轴之和的 1/4 为所测量的析出相的半径。

为了数据的准确性，每个温度下所测量的析出相的数量至少为 1000 个，所选取的图片均为相同倍数下的 TEM 照片。由于不同温度下的析出相的尺寸差异较大，后续的数据统计由软件 Nano-Measure 处理，在数据处理时，析出相的实际尺寸会被分成若干组。为了进一步保证实验结果的准确性，标准偏差 σ 由式(4-1)计算而得：

$$\sigma = \sqrt{\frac{1}{N}\sum_{i=1}^{N}(r_i - r_{\text{mean}})^2} \tag{4-1}$$

式中，N 为所测量的析出相的数量；r_i 为析出相的实际半径；r_{mean} 为所测量的析出相的平均半径。

关于相邻析出相之间的距离的统计：另一个影响合金力学性能的重要的因素是单位面积上析出相的数量。为了定量且准确地表征目标参数（相邻析出相之间的距离），图 4-12 所示以热暴露 100℃/500h 后的 TEM 组织为例，选取任意一个析出相为中心（图中中心虚线椭圆），该析出相周围沿各个方向分布的与其距离最短的析出相均视作此析出相的相邻析出相（图中周围虚线椭圆），在该图中，由中心虚线椭圆和其周围 8 个虚线椭圆所代表的析出相所组成的花状图形中，由中心的椭圆形析出相中心到任意的周围椭圆所代表的析出相中心之间的距离即为相邻两相之间的距离，用 d_i 表示，此距离根据 TEM 图片实际的标尺经过测量计算得到。为了减小误差，中心析出相的选择应该遍布整个 TEM 图片，所以最终的相邻两个析出相之间的平均距离用式(4-2)计算得到：

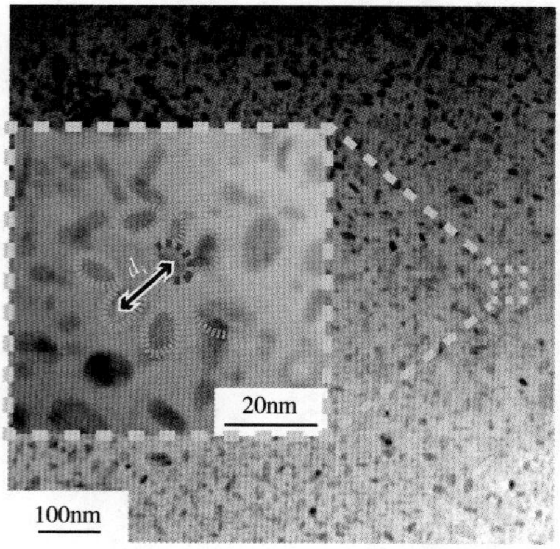

图 4-12　7085-T7452 铝合金经 100℃/500h 热暴露后的 BF-TEM 像

$$d_{\text{mean}} = \frac{1}{N}\sum_{i=1}^{N} d_i \tag{4-2}$$

式中，N 为所测量的析出相的数量。关于 7085 铝合金中析出相体积分数的计算：合金中析出相体积分数可根据如下的公式计算获得，其中区域样品厚度的测量也是根据文献中所提供的方法进行测试：

$$V_p = V_{sphere} + 2V_{platelet} - V_{cor} \tag{4-3}$$

其中

$$V_{sphere} = V_{platelet} = tD^2\pi/4 \tag{4-4}$$

$$V_{cor}(4\pi/3)R_{mean}^3 \cdot N_{platelet} \tag{4-5}$$

式中，V_{sphere}为 TEM 像中观察到的圆形颗粒；$V_{platelet}$为观察到的板条状的析出相；V_{cor}为观察到的圆形析出相实际上为板条状的析出相；t 为观察到的圆形的或者板条状析出相的厚度；D 为观察到的圆形的或者板条状析出相的直径；R_{mean}为析出相的平均半径；$N_{platelet}$为板条状析出相的数量。

对图 4-12 中热暴露 100℃/500h 后合金中相邻析出相之间的距离进行统计，其结果如图 4-13 所示。可以看出，该析出相中相邻析出相的平均间距为(10.63±0.98)nm。

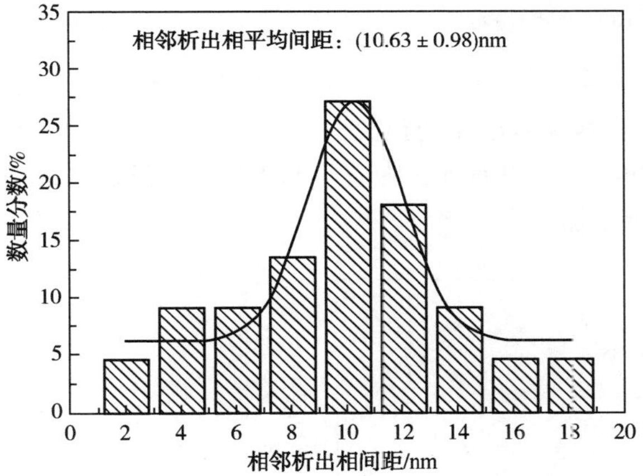

图 4-13 7085-T7452 铝合金经 100℃/500h 热暴露后相邻析出相的间距

对图 4-11 中不同温度(100℃、125℃、150℃、175℃)下热暴露 100h 后的 BF-TEM 像中析出相的尺寸分布及平均半径的统计结果如图 4-14 所示。

由图 4-14 可以看出，经过 100℃/100h 的热暴露后，析出相的平均半径很小(约 3.64nm)，析出相的半径分布在 0.5~9.5nm。大部分析出相的半径均小于 5nm，其中半径小于 3nm 的析出相数量约占总体析出相数量的 43%。随着热暴露温度的增加，即经过 125℃/100h 的热暴露后，析出相的平均半径增加至约 6.58nm，析出相的半径分布在 9.5~14.6nm，半径小于 3nm 的析出相为 9%。当合金经过 150℃/100h 的热暴露处理后，析出相的平均半径增大为 12.31nm，析出相的半径分布范围扩大为 5~23nm。当进一步提高热暴露的温度，即经过

175℃/100h 的热暴露处理后，析出相的平均半径达到 19.64nm，析出相的半径分布范围也进一步扩大，变为 5~45nm。从上述结果可以看出，随着热暴露温度的升高，合金中析出相的半径不断增大，同时析出相的半径分布范围也进一步扩大。

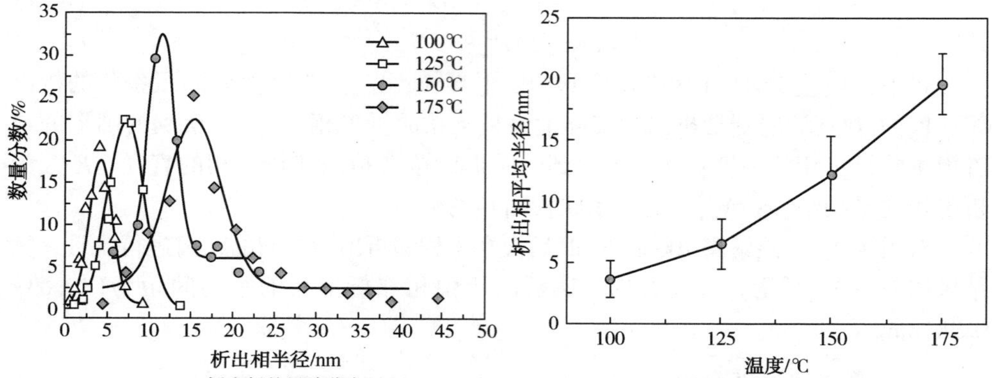

(a)析出相的尺寸分布　(b)析出相的平均半径

图 4-14　7085-T7452 铝合金在不同温度下热暴露 100h 后析出相的尺寸分布及平均半径

图 4-15 所示为相邻析出相的距离分布及其对应的平均间距随着热暴露温度的变化而变化的曲线。可以看到，随着热暴露温度的不断升高，合金中相邻析出相之间的距离逐渐增加。

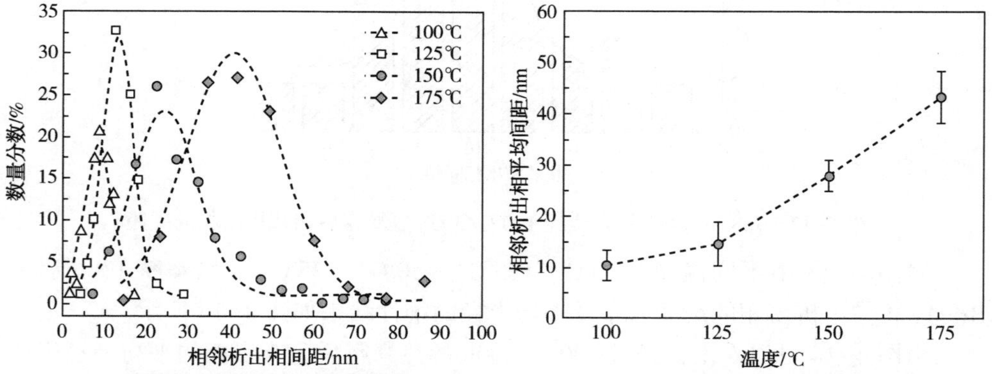

(a)相邻析出相的距离分布随着热暴露温度的变化而变化的曲线　(b)相邻析出相的平均间距随着热暴露温度的变化而变化的曲线

图 4-15　7085-T7452 铝合金的相邻析出相的距离分布与平均间距随着热暴露温度的变化而变化的曲线

当热暴露制度为 100℃/100h 时，合金中相邻析出相的平均间距约为 10.57nm，当热暴露温度升高至 175℃时，相邻析出相的平均间距达到 43.27nm

(见图 4-16)。另外，相邻析出相间距的分布范围也随着热暴露温度的升高而不断扩大(见图 4-15)。

图 4-16 所示为不同温度下热暴露 100h 后合金中析出相的体积分数变化曲线。可以看出，在 100℃热暴露后，析出相的体积分数为 3.36%，高于 T7452 状态下析出相的体积分数(2.04%)，但随着热暴露温度的升高，合金中析出相的体积分数不断减少，当热暴露温度为 175℃时，合金中析出相的体积分数降为 0.28%。

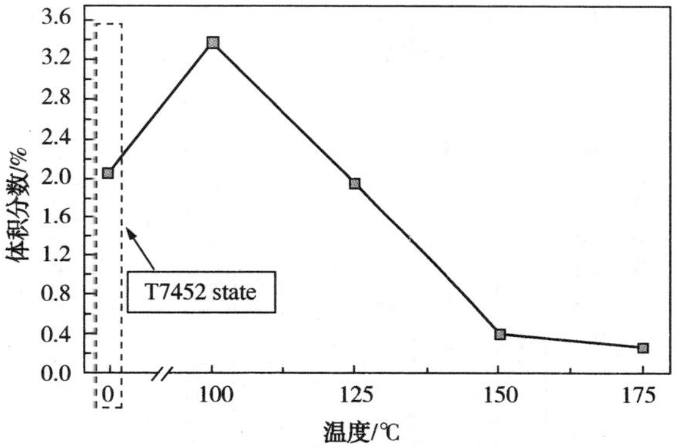

图 4-16 7085-T7452 铝合金在不同温度下热暴露 100h 后析出相的体积分数

图 4-17 所示为不同温度下热暴露 100h 后合金中晶界析出相的 TEM 组织，沿着晶界分布的短棒状的或者圆盘状的析出相为 η($MgZn_2$)平衡相。相应地，GBP 长度及 PFZ 宽度的统计结果如图 4-18 所示。

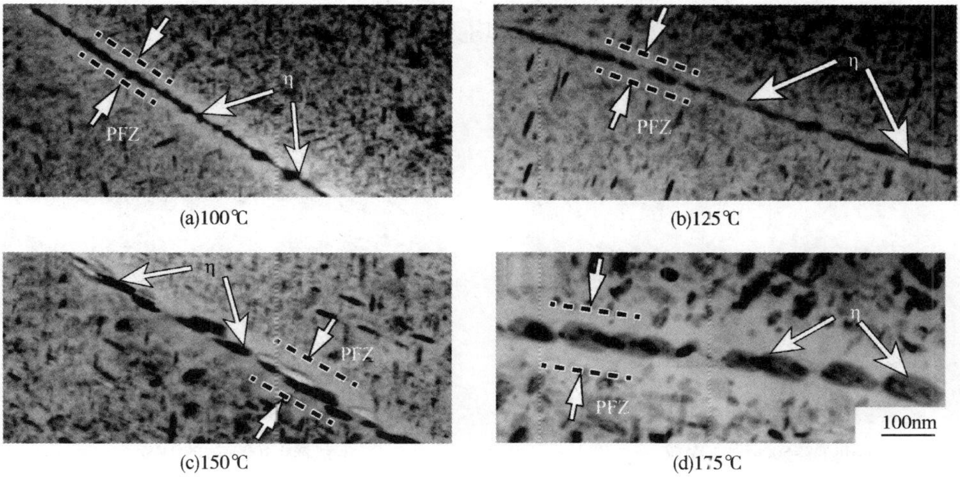

(a)100℃ (b)125℃ (c)150℃ (d)175℃

图 4-17 7085-T7452 铝合金在不同温度下热暴露 100h 后的晶界形貌图

当热暴露温度为100℃时，从图4-17(a)中可以观察到晶界上分布着平均长度为40nm的连续的GBP，同时，其PFZ宽度也较窄(64.33nm)。随着热暴露温度的升高，GBP长度不断增加，当热暴露温度为125℃、150℃和175℃时，其平均长度分别为51nm、62nm和88nm。同时，晶界上的η平衡相由连续分布逐渐转变为不连续分布，而且密度有所降低，这样的变化使得合金具有更好的抗腐蚀性能。另外，随着热暴露温度的升高，PFZ宽度也在逐渐增加，当温度为175℃时，其值为最大。

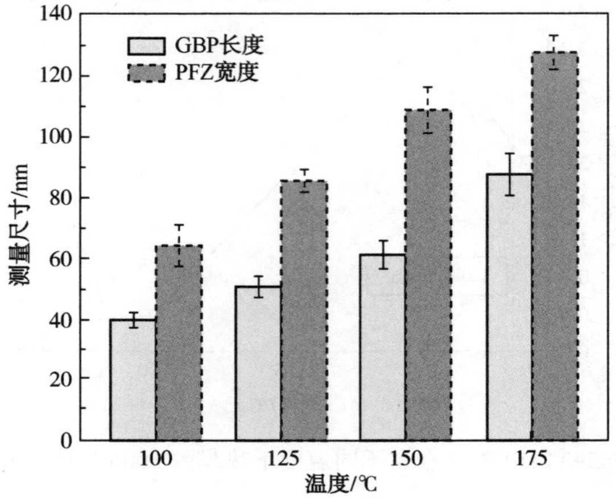

图4-18　7085-T7452铝合金在不同温度下热暴露100h后的晶界处GBP长度及PFZ宽度

图4-19所示为热暴露温度为125℃时，热暴露时间为500h和1000h时合金的三维金相组织。可以看出，当固定热暴露温度为125℃时，随着热暴露时间的延长，试样金相组织形态及再结晶程度均无明显变化。

(a)热暴露500h后的OM像

(b)热暴露1000h后的OM像

图4-19　7085-T7452铝合金在125℃时热暴露500h和1000h后的OM像

图 4-20(a)、(b)所示为固定热暴露温度为 125℃时，在不同的热暴露时间下合金晶内的 BF-TEM 像。相应的晶内析出相的半径分布及相邻析出相间距如图 4-21 所示。

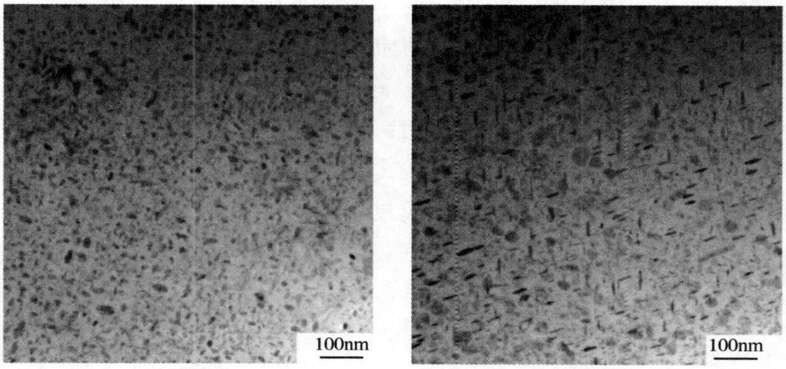

(a)500h　　(b)1000h

图 4-20　7085-T7452 铝合金在 125℃时热暴露不同时间后的晶内析出相的 BF-TEM 像

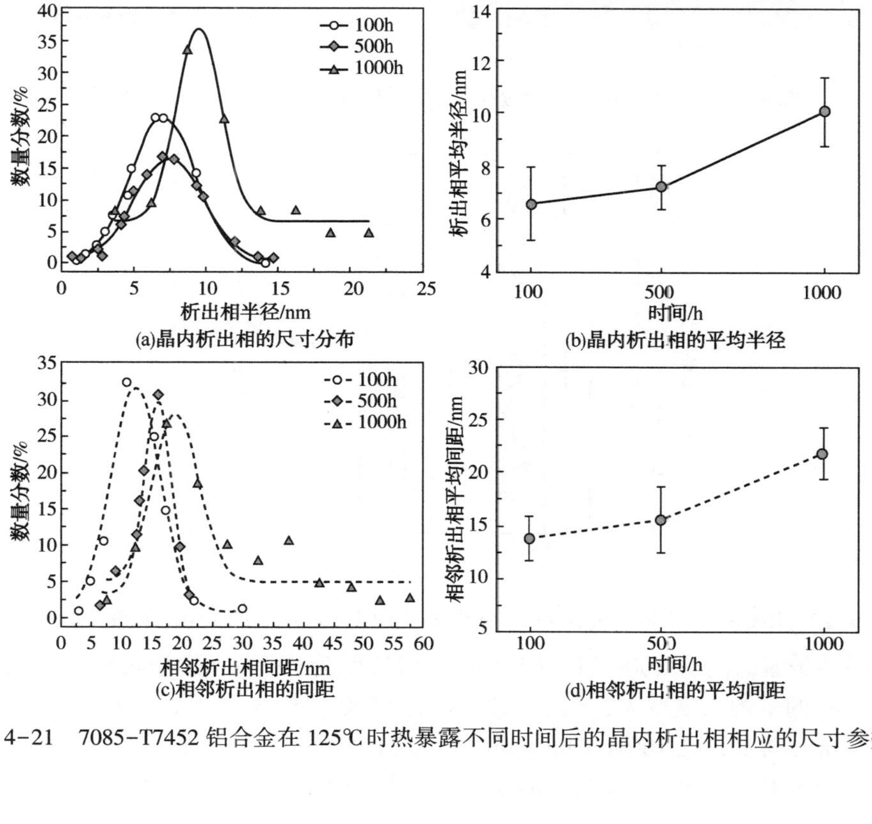

图 4-21　7085-T7452 铝合金在 125℃时热暴露不同时间后的晶内析出相相应的尺寸参数

由图 4-21(a)~(d)可以看出，随着热暴露时间从 100h 延长至 1000h，晶内析出相的平均半径从 6.58nm 增加至 10.14nm。这说明随着热暴露时间的延长，晶内析出相的尺寸逐渐增大，同时还可以看出，析出相半径的分布范围也逐渐扩大，当热暴露时间为 100h 时，析出相的半径分布在 2~14nm，而当热暴露时间为 1000h 时，析出相的半径分布范围进一步扩大至 4~22nm。

由图 4-26(c)和(d)可知：随着热暴露时间的不断延长，相邻析出相的间距逐渐增大，当热暴露时间为 1000h 时，合金中相邻析出相的间距最大(22nm)。

图 4-22 所示为 7085-T7452 铝合金在 125℃热暴露不同时间后晶界的 TEM 组织。其对应的杆状的 GBP 长度及 PFZ 宽度如图 4-23 所示。

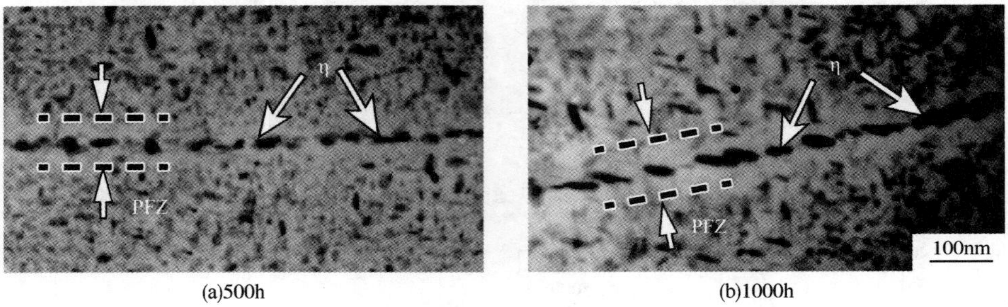

图 4-22　7085-T7452 铝合金在 125℃下热暴露不同时间后的晶界形貌

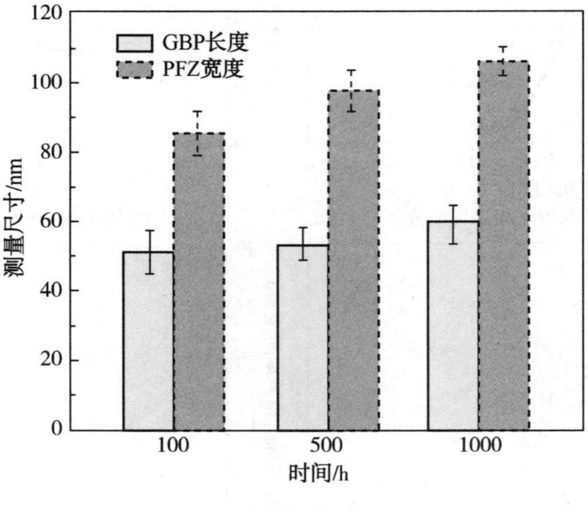

图 4-23　7085-T7452 铝合金在 125℃下热暴露不同时间后的晶界 GBP 长度及 PFZ 宽度

当热暴露时间为 100h 时，GBP 的平均长度为 51nm，随着热暴露时间的延长，GBP 的平均长度增大，当热暴露时间为 500h 时，GBP 的平均长度为 55nm，当热暴露时间延长至 1000h 时，GBP 的平均长度增大至 60nm。另外，当热暴露时间分别为 100h、500h 和 1000h 时，合金中 PFZ 的平均宽度为 85nm、91nm 和

108nm。结果表明：在热暴露温度固定时，随着热暴露时间的延长，GBP 长度不断增加且 PFZ 宽度也逐渐变宽。

图 4-24 所示为 7085-T7452 铝合金在 125℃热暴露不同时间后析出相的体积分数。可以看出，随着热暴露时间的延长，晶内析出相的体积分数逐渐减小。当热暴露时间从 100h 延长至 1000h 时，析出相的体积分数由 1.95%降为 1.14%。

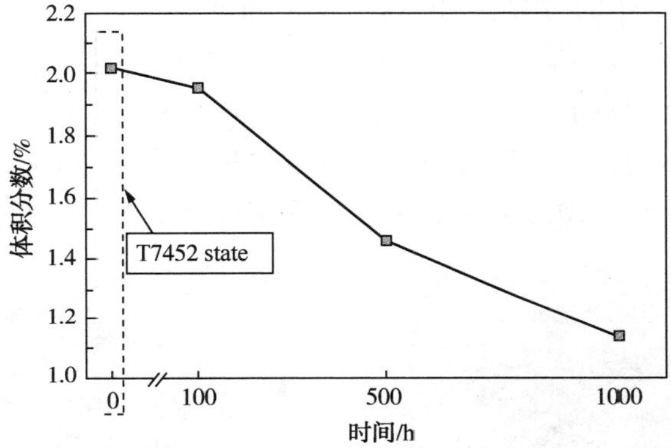

图 4-24 7085-T7452 铝合金在 125℃下热暴露不同时间后析出相的体积分数

图 4-25 所示为 Al-Zn-Mg-Cu 铝合金[001]$_{Al}$晶带轴下各个析出相的衍射花样示意。因为 η′相和 η 相同为六方晶系，根据其晶格参数的不同($a_{\eta'}=0.496$nm，$c_{\eta'}=1.402$nm，$a_\eta=0.521$nm，$c_\eta=0.86$nm)，在 1/3{220}$_{Al}$处及其附近的衍射斑分别为{$\bar{1}010$}$_{\eta'}$及{$01\bar{1}0$}$_\eta$。另外，位于 1/2{200}$_{Al}$和 1/2{220}$_{Al}$处的衍射斑为 L12 立方结构的 Al_3Zr 颗粒。

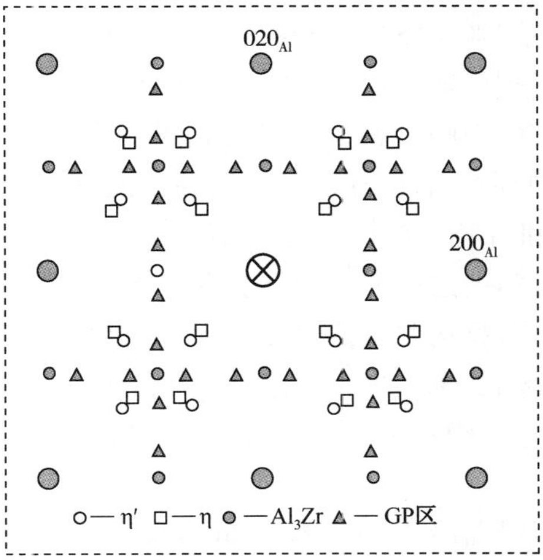

图 4-25 Al-Zn-Mg-Cu 铝合金在[001]$_{Al}$晶带轴下各个析出相的衍射花样示意

图 4-26(a)和(b)分别为 100℃/100h 和 125℃/100h 的热暴露制度下，7085-T7452 铝合金在$[001]_{Al}$晶带轴下的衍射花样。可以看出，在$\{1, (2n+1)/4, 0\}_{Al}$处存在一些明显的衍射斑点(见图中箭头及标注)，这说明在 100℃/100h 和 125℃/100h 的热暴露条件下合金中存在 GP 区。另外，在$1/3\{220\}_{Al}$和$2/3\{220\}_{Al}$处的衍射斑点说明 η′非平衡析出相的存在。当热暴露时间为 100h，热暴露温度为 100~125℃时，合金中同时存在 GP 区、η′相和 η 相的衍射斑点，这说明在两个热暴露制度下，合金中存在 GP 区、亚稳定的 η′相和平衡的 η 相三种析出相，但是，和 100℃/100h[见图 4-26(a)]下的衍射花样相对比，经过 125℃/100h 热暴露后[见图 4-26(b)]，在$1/3\{220\}_{Al}$和$2/3\{220\}_{Al}$附近处的衍射斑的亮度更加明显，这说明在 125℃/100h 热暴露后，试样中存在更多的 η 相。

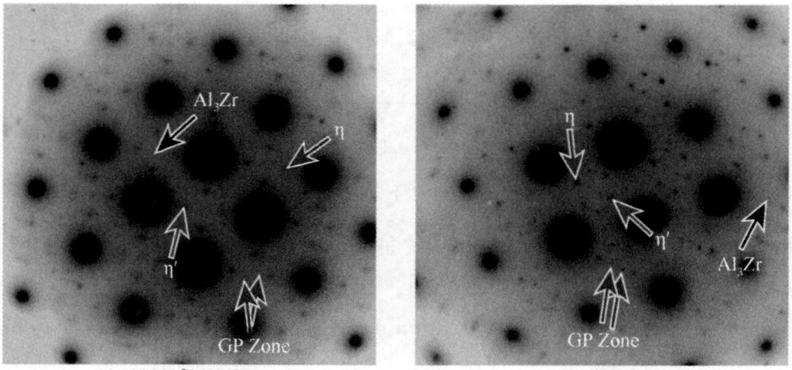

(a)100℃/100h　(b)125℃/100h

图 4-26　7085-T7452 铝合金在不同热暴露制度下$[001]_{Al}$晶带轴的衍射花样

图 4-27(a)和(b)分别为 150℃/100h 和 175℃/100h 的热暴露制度下，7085-T7452 铝合金在$[001]_{Al}$晶带轴下的衍射花样。和图 4-26 相比，随着热暴露温度进一步升高，即在 150℃/100h[见图 4-32(a)]和 175℃/100h[见图 4-32(b)]的热暴露条件下，合金中存在 η′和 η 两种析出相，说明在此热暴露制度下，合金中的强化相主要为 η′和 η 相。相较于图 4-27(a)来说，图 4-27(b)中 η 相的衍射斑更强，说明在热暴露的过程中，合金中的 η′相逐渐转变为 η 相。

图 4-28(a)和(b)分别为热暴露制度 125℃/500h 和 125℃/1000h 下铝合金的衍射花样。和热暴露 125℃/100h[见图 4-31(b)]相比，可以看出，随着热暴露时间的延长，合金组织中 GP 区和 η′相的数量减少，而 η 相的数量有所增多。

由以上的结果可以推断出 Al-Zn-Mg-Cu 合金在热暴露处理中析出相的析出顺序为过饱和固溶体 SSS→GP 区→η′析出相→η 析出相。

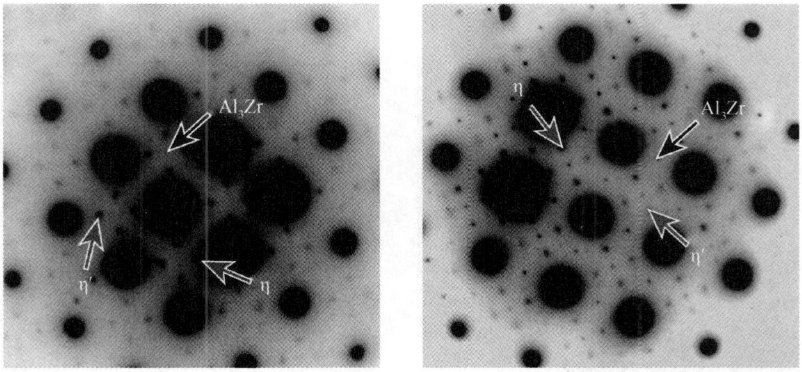

(a)150℃/100h (b)175℃/100h

图 4-27 7085-T7452 铝合金在不同热暴露制度下$[001]_{Al}$晶带轴的衍射花样

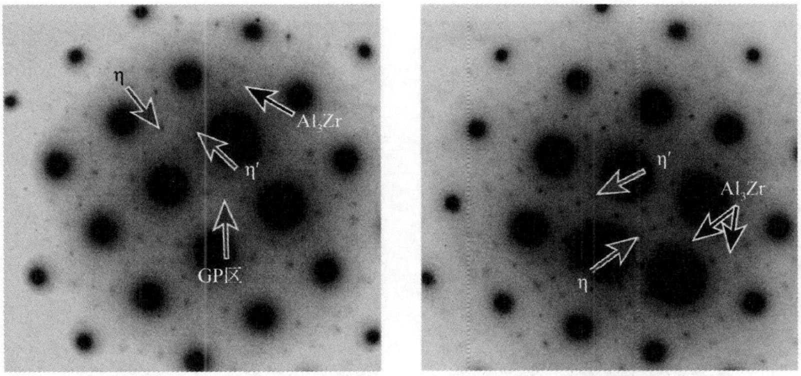

(a)125℃/500h (b)125℃/1000h

图 4-28 7085-T7452 铝合金在不同热暴露制度下的衍射花样

图 4-29～图 4-31 所示为经过 100℃/100h 热暴露处理后的 7085-T7452 铝合金 TEM 高分辨(HRTEM)图像。图 4-29(a)中圆圈表示在 α-Al 基体上分布较暗的圆形 GP(Ⅰ)区的平均直径约为 2.9nm，其相应的反傅里叶转变(Inverse Fast Fourier Transform，IFFT)图像如图 4-29(b)所示。可以看出，GP(Ⅰ)区与 α-Al 基体之间共格良好。

图 4-30(a)中矩形虚线框表示具有较深对比度的区域为 GP(Ⅱ)区，图 4-30(b)所示为 GP(Ⅱ)区对应的 IFFT 图像。

由图 4-30 可以看到，GP(Ⅱ)区呈现宽度约为 6.2nm，厚度为 3 个原子层厚度的较薄的板条状，其平行于$(11\bar{1})_{Al}$面，且 GP(Ⅱ)区与 Al 基体之间具有共格的关系。

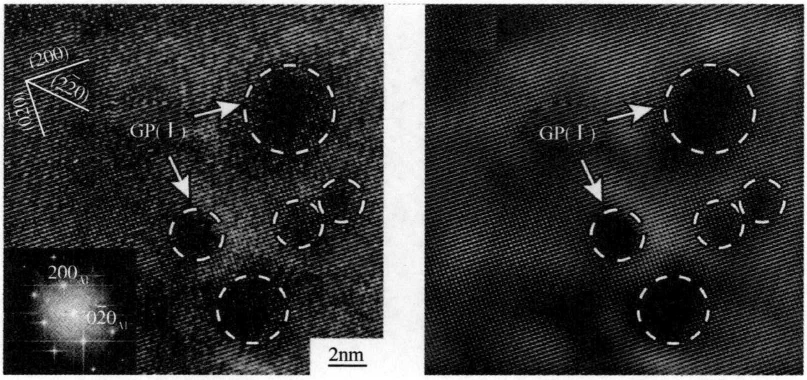

(a)$[100]_{Al}$晶带轴下的GP(Ⅰ)区　　(b)图(a)所对应的IFFT图像

图 4-29　7085-T7452 铝合金经过 100℃/100h 热暴露后 HRTEM 图像

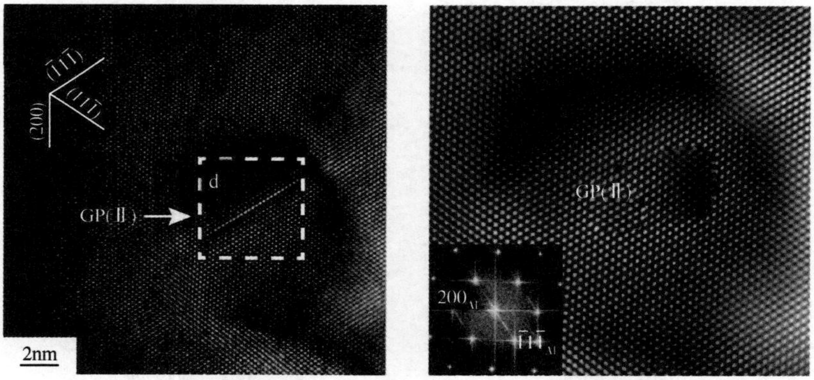

(a)$[100]_{Al}$晶带轴下的GP(Ⅱ)区　　(b)图(a)所对应的IFFT图像

图 4-30　7085-T7452 铝合金经过 100℃/100h 热暴露后 HRTEM 图像

图 4-31 所示为合金中 η 和 η′析出相的 HRTEM 图像。由图 4-31(a)可以看出，合金中存在半径为 9.5nm 圆盘状的 η 析出相，相应的 IFFT 图像如图 4-31(b)所示。图 4-31(c)为图 4-31(b)中白色实线框表示区域的放大像。可以看出，明显的晶格畸变，这主要是由于 η 相和 Al 基体之间的晶格不匹配所引起的。

图 4-31(d)中白色箭头所示区域 e 和 f 为伸长状的 η′析出相，其平均半径约为 3.5nm，厚度约为 1.4nm。图 4-31(e)和(f)所示为相应的 FFT 花样，其 IFFT 图像如图 4-31(g)和(h)所示。可以看到，析出相和 Al 基体之间存在部分晶格畸变，这进一步证明了析出相和基体之间呈半共格关系。

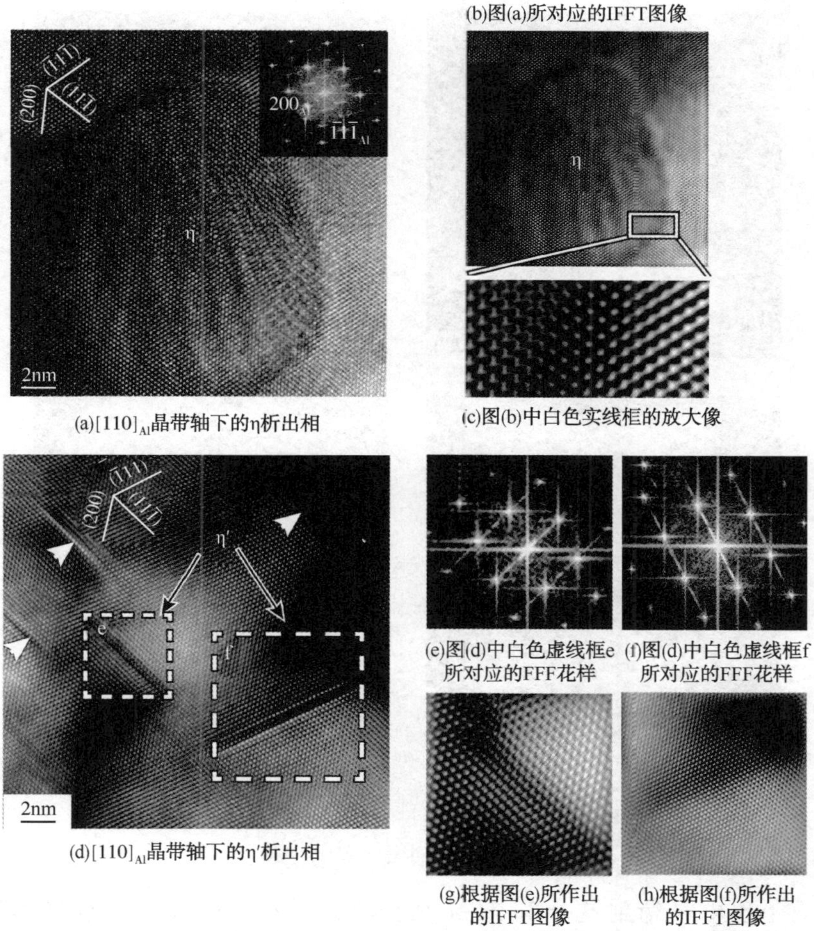

图 4-31 7085-T7452 铝合金经过 100℃/100h 热暴露后 HRTEM 图像

随着热暴露温度的升高，7085 铝合金中析出相的尺寸也逐渐增加，相反地，其数量也在不断减少(见图 4-11)。图 4-32 所示为 7085-T7452 铝合金经过 175℃/100h 热暴露处理后在[110]$_{Al}$晶带轴下的 TEM 高分辨图像。

由图 4-32 可以看出，在该热暴露处理制度下，合金中存在 η′和 η 两种析出相。和 100℃/100h(见图 4-29~图 4-31)相比，该温度下析出相的尺寸明显增大。图 4-32(a)中板条状 η 析出相的半径约为 10nm，厚度约为 8nm。图 4-32(c)中是 η′相的两种变体，根据图中标尺可得板条状 η′相的厚度和半径分别为 3~6nm 和 5~12nm。图 4-32(b)和(d)分别为 η 和 η′析出相的 IFFT 图像，图 4-31(b)中圆形区域显示 η 析出相和 Al 基体之间存在明显的晶格紊乱层，进一步说明了它们之间呈非共格关系。另外，图 4-32(d)反映了 η′析出相和基体之间呈半共格关系。

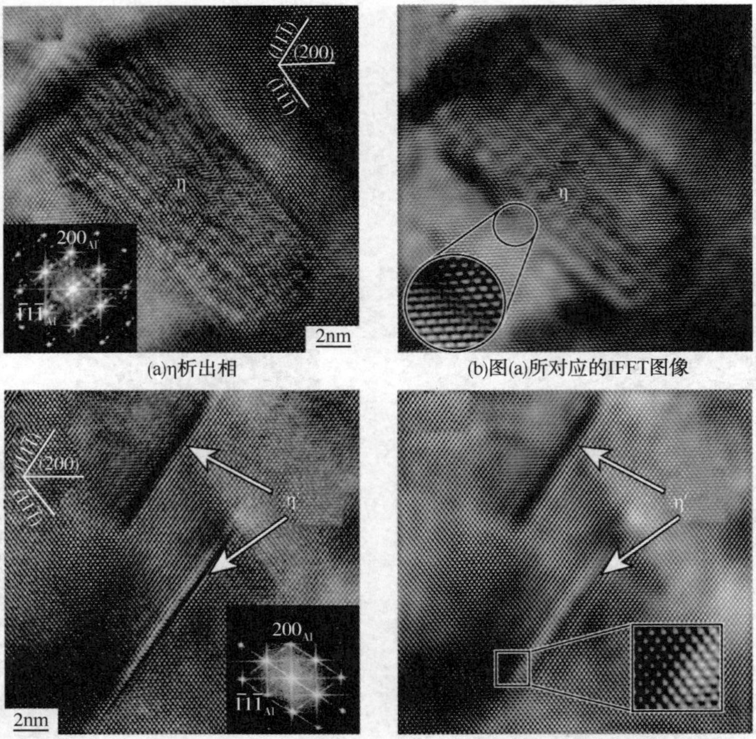

(a)η析出相　(b)图(a)所对应的IFFT图像

(c)η'析出相　(d)图(c)所对应的IFFT图像

图 4-32　7085-T7452 铝合金经过 175℃/100h 热暴露后沿 $[110]_{Al}$ 晶带轴下的 TEM 高分辨图像

结合上述电子衍射花样和 TEM 高分辨图像可以看出，当热暴露制度从 100℃/100h 转变为 175℃/100h 时，7085-T7452 铝合金中主要的析出相由细小的 GP 区和 η′相转变为尺寸较大的 η′相和 η 相。

4.5　分析及讨论

在 7XXX 系 Al-Zn-Mg-Cu 合金中，析出相及其周围的应变场均能有效地阻碍位错的运动，因此使得合金的强度得到有效提高。

关于析出相和位错之间的关系如图 4-33 所示，在 7085 铝合金中，强化机制是位错切过析出相还是绕过析出相主要取决于析出相尺寸的大小。图 4-33(a)和(c)中的板条状 η′析出相的基面平行于{111}Al 惯习面，其对应的 IFFT 图像分别如图 4-32(b)和(d)所示。

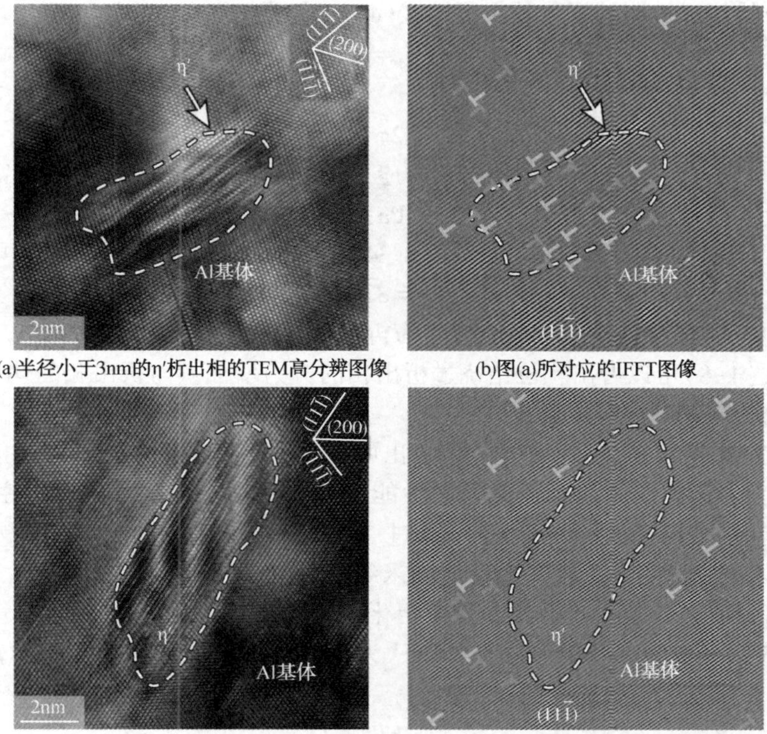

(a)半径小于3nm的η′析出相的TEM高分辨图像　　(b)图(a)所对应的IFFT图像

(c)半径大于3nm的η′析出相的TEM高分辨图像　　(d)图(c)所对应的IFFT图像

图 4-33　纳米析出相和位错之间的关系

图 4-32(a)中 η′析出相的半径约为 2.6nm(小于 3nm)，从图 4-33(b)中的 IFFT 图像中可以看出，在此 η′析出相的内部和周围存在大量的位错(用“T”表示，其中不同指向的“T”代表不同伯格斯矢量的位错)。由此可见，位错主要通过切过此析出相来达到强化合金的目的。

图 4-33(c)中 η′析出相的半径约为 3.9nm(大于 3nm)，其对应的图 IFFT 图像[见图 4-33(d)]显示此 η′析出相内部无位错通过，但是在其周围的 α-Al 基体中存在明显的位错，这说明位错是通过绕过此析出相来达到强化合金的目的。

由图 4-9(c)可以看出，在 T7452 热处理状态下，7085 铝合金中析出相的平均尺寸约为 6.27nm。图 4-32 的 TEM 高分辨结果显示在 7085 铝合金中，当析出相的半径超过 3nm 时，位错和析出相之间将会由切过机制转变为 Orowan 绕过机制。对于 T7452 状态下的 7085 铝合金来说，合金中 95%的析出相的半径均大于 3nm，而且，此状态下合金中主要析出相为与 α-Al 基体半共格的 η′析出相和非共格的 η 析出相，这就使得位错很难切过析出相。因此，在 7085-T7452 合金中，主要的强化机制为位错绕过机制，这也导致其拉伸断口中含有较大量的韧性穿晶韧窝。位错绕过机制的强化效果可用式(4-6)表示：

$$\Delta\tau_{\text{bypass}}=\alpha f^{1/2}r^{-1} \tag{4-6}$$

其中

$$\alpha(3/2\pi)^{1/2}\mu\boldsymbol{b} \tag{4-7}$$

式中，$\Delta\tau_{\text{bypass}}$为位错绕过析出相的应力增加量；$\mu$为Al基体和析出相之间的剪切模量不匹配值，一般取$\mu=42.5\text{GPa}$；$\boldsymbol{b}$为基体的伯格斯矢量，一般取$\boldsymbol{b}=0.284\text{nm}$。因此，经计算可得，$\alpha$约为$8.34\times10^3\text{MPa}\cdot\text{nm}$。方程(4-6)还可以写为：

$$\Delta\tau_{\text{bypass}}=8340f^{1/2}r^{-1} \tag{4-8}$$

式中，f为析出相的体积分数；r为析出相的平均半径。

从式(4-8)可以看出，位错绕过析出相的应力增加量与析出相的体积分数成正比，与析出相的半径成反比。

在7XXX系铝合金中，析出相的析出序列为过饱和固溶体SSS→GP区[GP(Ⅰ)和GP(Ⅱ)]→η′相→η相。合金力学性能的变化和纳米尺度的析出相密切相关。在本研究中，热暴露过程相当于一个进一步时效的过程，即在此过程中不断从α-Al基体中残留的溶质原子中析出纳米级别的GP区和η′相，同时已经存在的η′相和η相在此过程中也会不断发生粗化。

7085铝合金的晶内析出过程可以认为是均匀扩散形核，其析出驱动力可用式(4-9)表示：

$$\Delta g=-\frac{kT}{v_{\text{at}}}\ln\left(\frac{C}{C_{\text{eq}}}\right) \tag{4-9}$$

式中，k为玻尔兹曼常数；T为时效时的绝对温度；v_{at}为合金中的原子体积，通常认为是一个常数；C为α-Al基体中当前的溶质浓度；C_{eq}为α-Al基体的平衡溶质浓度。

由方程(4-9)可以看出，合金中的析出驱动力随着α-Al基体中当前的溶质浓度的增加而提高。T7452的双级时效工艺包含120℃的初级时效及160℃的二级时效。当合金处于T7452状态时，合金基本上达到该温度下的平衡状态，继续析出的驱动力已经非常微弱，但是此时合金中除了已经析出的η′相和η相外，其基体中依然残余固溶了相当溶度的合金元素，一旦热暴露温度降为100℃和125℃，合金元素的固溶度也随之下降，使得原本已经接近饱和的合金又重新转变为过饱和状态，因此，其析出行为又重新获得析出驱动力，合金中继而发生二次析出，但是由于热暴露温度较低，合金中残余固溶的合金元素浓度也较低，导致二次析出的析出相尺寸较小且二次析出速度也较缓慢。随着热暴露时间的进一步延长，α-Al基体中残余固溶的溶质原子浓度进一步降低，导致析出驱动力的减小，即一定的时间后不再有粒子析出，因此，在长时间的热暴露处理过程中，7085铝合金中的析出相密度不会持续增加。

当热暴露温度为150℃和175℃时，此时的热暴露温度接近或者超过该合金的二次时效温度。与较低的热暴露温度不同的是，在此热暴露温度下，析出相中主要的变化机制是析出相的回溶和长大。此时析出相的临界半径 R^* 如式(4-10)所示：

$$R^* = \frac{2\gamma v_{at}}{kT(C/C_{eq})} \tag{4-10}$$

式中，γ 为单位面积的表面能。

当析出相的半径小于临界半径 R^* 时，析出相会发生回溶。相反地，当析出相的半径大于临界半径 R^* 时，析出相将进入粗化阶段，即析出相会继续长大，其长大的速率如式(4-11)所示：

$$\left.\frac{dR}{dt}\right|_{growth} = \frac{D}{R}\frac{C-C_{eq}\exp(R_0/R)}{1-C_{eq}\exp(R_0/R)} \tag{4-11}$$

式中，D 为扩散系数；R_0 为析出相的临界形核半径；R 为析出相的半径。众所周知，随着热暴露温度的不断升高，其扩散系数也不断增加。因此，析出相的长大速率也随着逐渐增加。

图4-14~图4-17中展示了在不同的热暴露温度下，合金中析出相的半径分布及相邻析出相之间的间距。可以看到，随着热暴露温度的升高，析出相的平均半径及相邻析出相之间的平均间距几乎呈直线增长。同时，由表3-1也可以看出，合金强度也随着热暴露温度的升高而迅速增加。还可以看到，当析出相的尺寸较大且其相邻析出相之间的间距也较大时，合金对应的电导率也较高。

当合金在不同的热暴露制度下处理后，根据析出相的尺寸分布，可以将试样分为两个部分，即析出相半径小于3nm的部分记为Part(Ⅰ)，同时将析出相半径大于3nm的部分记为Part(Ⅱ)。当热暴露制度为100℃/100h时，析出相的平均半径为3.64nm，Part(Ⅰ)所占的数量为43%(见图4-8)，另外，由图4-15(a)的电子衍射花样可以看出，合金中的析出相主要有GP区、亚稳定的η′相和平衡的η相。同时，由图3-16的TEM高分辨分析可推断合金中细小的析出相主要是较软且易变形的GP区。根据图4-18中分析的析出相和位错之间的关系可以看出，针对这种细小且易变形的析出相，位错主要通过切过机制来达到强化合金的目的。此时，位错切过析出相的应力增加量可以表示为：

$$\Delta\tau_{cut} = \beta f^{1/2} r^{1/2} \tag{4-12}$$

其中，

$$\beta = k^{3/2}\mu\varepsilon^{3/2}(1/b)^{1/2}(3/2\pi)^{1/2} \tag{4-13}$$

式中，$\Delta\tau_{cut}$ 为位错切过析出相的应力增加量；k 为常数，一般取值4；μ = 42.5GPa；ε 为Al中析出相的约束晶格参数不匹配值，一般取 $\varepsilon \approx 0.88\%$；$b$ =

0.284nm。因此，经计算可得，β 的值约为 364.4MPa · $nm^{-1/2}$。因此方程(4-12)也可写为：

$$\Delta\tau_{cut}=364.4f^{1/2}r^{1/2} \tag{4-14}$$

另外，在热暴露 100℃/100h 后，合金中 Part(Ⅱ)所占的比例为 57%(见图 4-14)，位错将通过绕过这些析出相来达到强化合金的目的，相应的强化效果用式(4-8)表示。在该热暴露参数下合金的强化效果用式(4-8)和式(4-14)计算获得。因此，当 7085-T7452 铝合金经过 100℃/100h 的热暴露后，其最终的拉伸性能高于其在 T7452 状态下的性能。

当位错切过细小的 GP 区和亚稳定的 η′相后，其将会在晶界上发生塞积，因此合金中很容易产生应力集中，从而导致合金呈现沿晶脆性断裂的断口形貌。同时，当位错绕过较粗的析出相时，变形会在这些析出相周围积累，从而使得这些析出相从周围的 Al 基体中剥落，形成微裂纹，由于位错滑移的结果，这些微裂纹会不断长大然后相互连接在一起，使得合金的断口呈现韧性穿晶断裂的特征。综上，当 7085-T7452 铝合金经过 100℃/100h 的热暴露后，合金的断口呈现沿晶断裂和穿晶断裂的混合断裂特征。

由式(4-8)和式(4-14)可以看出，析出相的平均尺寸及其体积分数对合金的强化效果有直接影响。当合金经过 125℃/100h 热暴露后，由图 4-26(b)中的电子衍射花样可以看出，合金中的析出相主要有 GP 区、亚稳定的 η′相和平衡的 η 相。图 4-13 中显示了合金中析出相的平均半径约为 6.58nm，Part(Ⅰ)和 Part(Ⅱ)所占比例各为 9%和 91%。由于 Part(Ⅰ)所占的数量很少，所以合金最终的强化效果主要由式(4-8)决定。因此，在此热暴露状态下合金的拉伸强度低于 T7452 状态下合金的抗拉强度，而且拉伸断口形貌呈现大量韧性的穿晶韧窝及少量的沿晶裂纹组成的混合断裂特征。

当进一步增加合金的热暴露程度时，合金中主要析出相的半径变大而且相邻析出相的间距也随之增加。当热暴露温度升至 150℃及以上时，由图 4-12 可以看出，析出相的尺寸和相邻析出相的间距都有所增大。由图 4-14 和图 4-15 可以看出，当合金经过 150℃/100h 和 175℃/100h 热暴露后，合金中析出相的平均半径分别为 12.31nm 和 19.64nm。结合图 4-26 的电子衍射花样及图 4-31 的 TEM 高分辨图像可知，合金中的析出相主要有 η′相和 η 相，因此，其强化效果可用式(4-8)表示。随着热暴露温度的升高，合金的强度随之降低。同时合金的断口呈现典型的穿晶断裂的特征。另外，图 4-17(c)和(d)中晶界处的 η 相显示断续排列的特征，这种特点使得合金具有更高的电导率及抗腐蚀性能。

图 4-21 所示为合金中析出相的尺寸分布及相邻析出相之间的间距随着热暴露时间的延长而变化的规律。可以看出，当热暴露制度为 125℃/100h 和 125℃/

500h 时，合金中析出相的平均半径分别为 6. 58nm 和 7. 27nm。同时，Part(Ⅰ)的数量在热暴露 125℃/100h 和 125℃/500h 后分别为 9% 和 6%。图 4-26(b) 和 4-28(a)中的电子衍射花样显示在这两种热暴露制度下，合金中主要的析出相为 GP 区、η′相和 η 相。因此其强化效果可由式(4-14)结合式(4-8)来计算获得。但是由于细小析出相的数量较少，因此位错主要通过绕过较粗大的析出相来强化合金。相较于热暴露 500h，当热暴露时间为 100h 时，合金的拉伸强度更高。当合金热暴露 125℃/1000h 后，图 4-28(b)显示合金中主要的析出相为 η′相和 η 相，同时，图 4-20 显示合金中的析出相尺寸较大而且相邻析出相的间距也较大，使得位错很难切过析出相，因此此时 Orowan 绕过机制起主要作用。因此，在此状态下 7085-T7452 铝合金的抗拉强度较 100h 和 500h 的低。

在不同热暴露制度下，合金中析出相的特征参数及断口特征如表 4-4 所示，另外，在不同热暴露制度下，合金的屈服强度的增量如图 4-34 所示。由图 4-34(a)可以看出，当热暴露温度为 100℃ 时合金的强化效果增加，但是当热暴露温度超过 100℃ 后，随着热暴露温度的升高，合金的强化效果迅速降低。由图 4-34(b)可以看出，当热暴露温度固定时，随着热暴露时间的延长，合金的强化效果逐渐降低。

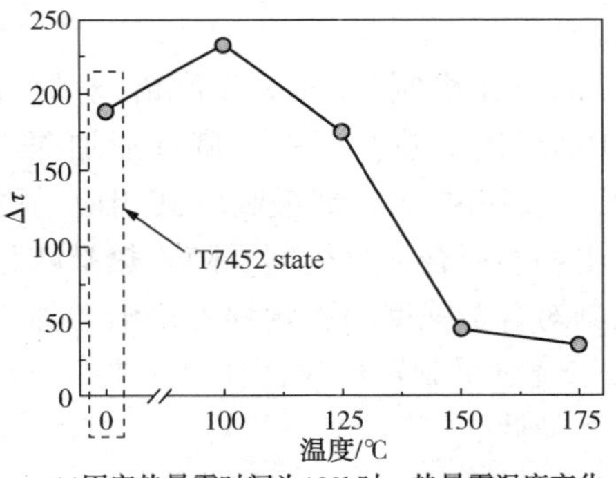

(a)固定热暴露时间为100h时，热暴露温度变化

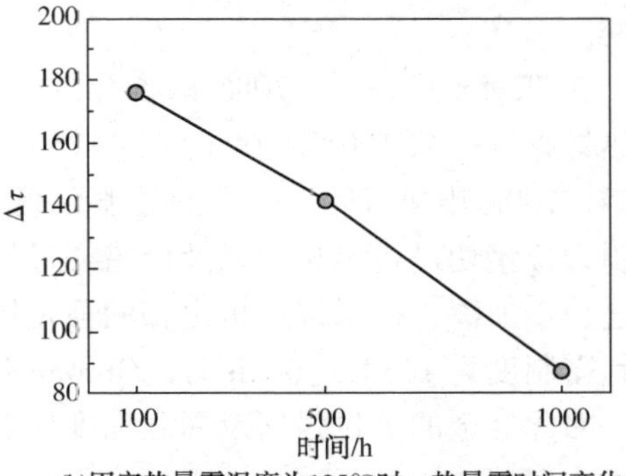

(b)固定热暴露温度为125℃时，热暴露时间变化

图 4-34　在不同热暴露制度下 7085-T7452 铝合金的屈服强度的增量

表 4-4　不同热暴露制度下的合金中的析出相的特征参数及断口特征

热暴露处理	析出相平均尺寸/nm	析出相类型	位错强化机制	断裂类型
T7452	6. 27±1. 05	η+η′	95%位错绕过+5%位错切过	韧-脆混合
100℃/100h	3. 64±0. 79	GP 区+η+η′	57%位错绕过+43%位错切过	韧-脆混合
125℃/100h	6. 58±1. 31	GP 区+η+η′	91%位错绕过+9%位错切过	韧-脆混合
150℃/100h	12. 31±1. 40	η+η′	位错绕过	韧型

续表

热暴露处理	析出相平均尺寸/nm	析出相类型	位错强化机制	断裂类型
175℃/100h	19.64±1.98	η+η′	位错绕过	韧型
125℃/500h	7.27±1.03	η+η′	94%位错绕过+6%位错切过	韧-脆混合
125℃/1000h	10.14±1.29	η+η′	位错绕过	韧型

综上，当热暴露的温度低于160℃（合金的二级时效温度）时，合金会重新转变为过饱和的状态，使得析出相的析出过程重新获得析出驱动力，从而发生二次析出。在热暴露的过程中，溶质原子逐渐从过饱和固溶体中析出，从而降低晶格畸变，合金的内应力下降，使得电子运动更容易，从而提高合金的电导率。当合金处于更高的热暴露温度或者更长的热暴露时间时，从 Al 基体中发生的析出过程更充分，因此使得合金具有更高的电导率。

由图 4-11、图 4-14、图 4-15 及图 4-19 可以看出，随着热暴露温度的升高及时间的延长，合金中析出相的尺寸不断增大，同时析出相的数量逐渐减少，这种现象导致晶格缺陷散射电子的减少，因此，合金的电导率也进一步增加。在经过较长时间的热暴露处理后，析出相的数量趋于稳定，因此合金的电导率也保持不变。

在 T7452 状态下，7085 铝合金的主要的强化机制为 Orowan 位错绕过机制。当热暴露制度从 100℃/100h 变为 175℃/1000h 时，热暴露的程度逐渐加深。在 100℃/100h 热暴露后，合金的屈服强度及抗拉强度均达到最高，其相应的强化机制为位错切过析出相，以及位错绕过析出相的混合强化机制。随着热暴露程度的进一步加深，位错绕过析出相的强化机制对合金强度的影响程度逐渐增加，当热暴露制度为 175℃/1000h 时，Orowan 位错绕过机制转变为合金中主要的强化机制，因此合金的抗拉强度及屈服强度均有所降低。

4.6 小结

本章采用 OM、TEM 和 SEM 等分析测试手段，通过系统的研究不同热暴露制度下 7085-T7452 铝合金中纳米尺度析出相的演变，以及其相应的硬度、电导率、强度等性能的变化规律，分析了热暴露对合金拉伸断裂行为的影响，讨论了 7085-T7452 铝合金在不同热暴露条件下的强化机制，定量地计算出在不同的热暴露制度下合金中屈服强度的增加量，得到如下结论：

（1）和热暴露时间相比，热暴露温度对合金性能的影响更为显著。

（2）当析出相的半径小于 3nm 时，位错通过切过析出相来达到强化合金的目的。当析出相的半径大于 3nm 时，位错则通过绕过析出相来达到强化合金的目的。该结果与文献报道的理论数值高度吻合。

(3) 随着热暴露温度的升高，7085-T7452 铝合金的硬度和强度先升高后降低；但是随着热暴露时间的延长，该合金的硬度和强度逐渐降低。合金在 100℃/100h 热暴露后取得硬度和强度的最大值。

(4) 析出相的尺寸和体积分数是影响合金强度的两个重要因素。通过计算获得在不同热暴露制度下 7085-T7452 铝合金屈服强度的增量与实验结果吻合较好。

(5) 随着热暴露程度的加深，合金的拉伸断口形貌由沿晶裂纹和穿晶韧窝组成的混合断裂特征转变为韧性的穿晶韧窝的断裂模式。

(6) 随着热暴露温度的升高及时间的延长，合金中析出相的尺寸不断增大，同时析出相的数量逐渐减少导致晶格缺陷散射电子减少，因此，合金的电导率也进一步增加。在经过较长时间的热暴露处理后，析出相的数量趋于稳定，因此合金的电导率也保持不变。

第5章　基于瞬时高温条件的Al-Zn-Mg-Cu铝合金性能及组织调控

5.1　引言

由于7085铝合金具有高强度、高韧性、低的淬火敏感性及良好的热加工性等优异的综合性能，自从2002年被美国铝业研发出来后就在航空航天等领域得到了广泛的应用。为了进一步提高7085高强铝合金的耐腐蚀性能和断裂韧性，在实际应用中，该合金通常经过T7452的双级过时效处理。近年来，7085-T7452铝合金厚板主要应用于制造先进飞机的大型结构组件。

在实际应用中，7085-T7452铝合金不可避免地要随着飞机一起承受高温高湿等严酷恶劣的应用环境，其中温度对其性能有着重要的影响，第5章研究了长时间热暴露后7085-T7452铝合金析出相的演变，及相应的力学性能的变化规律。研究表明：当7085-T7452铝合金用于飞机机体结构部分时，其经常会经受一些瞬时高温的环境，温度变化在83～177℃，作为对温度较为敏感的合金来说，在这种瞬时高温的状态下，7085-T7452铝合金的组织和性能的稳定性对飞机结构整体的稳定性有着重要的影响，因此，为了保证合金能在瞬时高温下依然保持较高的力学性能及组织的稳定性，对其高温力学性能的研究具有十分重要的意义。

本章通过单轴拉伸试验，研究不同温度(100℃、125℃、150℃、175℃)对7085-T7452铝合金厚板的高温拉伸变形行为和断裂特征的影响，和室温下该合金的拉伸行为相比较，建立了关于峰值应力与变形温度之间的本构模型，并且通过OM、SEM、TEM等测试手段系统地分析在不同温度下拉伸后合金中的微观组织(析出相的种类、尺寸等)的演变规律，对合金的断口特征进行观察，对微观组织和力学性能之间的联系进行讨论，以期为该合金的高温实际应用提供理论依据。

5.2　材料制备及表征

本章所选用的试验材料为厚度220mm的7085铝合金厚板，该厚板经过半连续铸造制备的铸锭经锻造而成，其成分及相应的 T7452 过时效处理均与第 4 章相同。

本章针对 7085-T7452 铝合金进行高温拉伸测试，具体测试条件如下：

7085-T7452 铝合金的高温拉伸温度分别为 100℃、125℃、150℃及 175℃。高温拉伸试验在 INSTRON-3382 型微机控制电子万能材料试验机上按照 ISO 6892：2000《金属材料 拉伸试验 第 1 部分：室温试验方法》进行，实验过程中的温差控制在±5℃。为了保证高温拉伸实验中加热的均匀性，将试样以 4℃/min 的速度加热至拉伸温度，然后保温 10min，高温拉伸速率为 0.03mm/s。高温拉伸试样沿合金厚板的纵向截取，每种温度下取 3 个平行试样。狗骨状试样高温拉伸试样的形状及尺寸与图 4-1 相同。

试样后续的组织及性能分析方法和第 4 章相同。

5.3 高温拉伸性能及断口形貌

图 5-1 所示为 7085-T7452 铝合金在不同温度下的高温拉伸应力-应变曲线。可以看出，在不同拉伸温度下，合金的应力应变曲线差别较大。图中各条曲线上的实心圆形代表合金在该拉伸温度下的均匀伸长率，此均匀伸长率表示合金发生局部变形的开始，其可用 Considère 准则计算得到[182]：

$$\left(\frac{\partial S}{\partial \varepsilon}\right)_{\dot{\varepsilon}} = S \tag{5-1}$$

式中，S 和 ε 分别为合金的真应力和真应变。

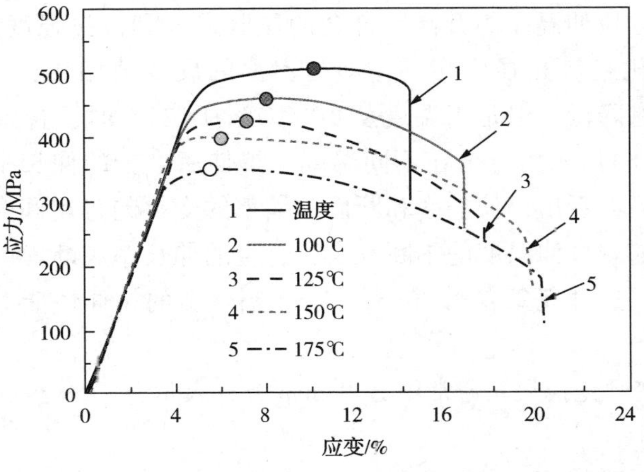

图 5-1 7085-T7452 铝合金的工程应力-应变曲线

由图 5-1 可以看出，当合金在室温下进行拉伸时，其均匀伸长率为 10.13%，随着拉伸温度的升高，合金的均匀伸长率不断降低。当拉伸温度为 175℃时，合金的均匀伸长率降为 5.97%，其约为室温下合金均匀伸长率的 1/2。

图 5-2 所示为合金拉伸应力-应变曲线的三个典型阶段。可以看出，应力-应变曲线可分为三个阶段，即弹性变形阶段、均匀塑性变形阶段及局部塑性变形阶段。在弹性变形阶段，随着应变的增加，合金的应力呈线性增加的趋势。随后，塑性变形发生，在此阶段中，位错不断累积使合金在均匀塑性变形阶段产生加工硬化，当应变进一步增大时，合金达到最大应力值后随之会发生颈缩。

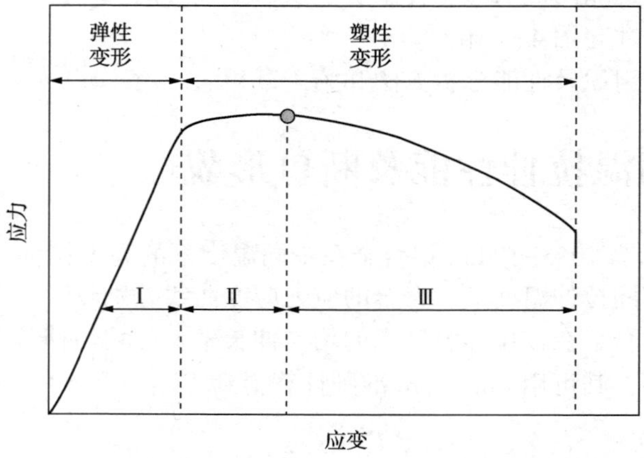

图 5-2　工程应力-应变曲线的三个典型阶段

7085-T7452 铝合金在不同温度下的拉伸性能如图 5-3 所示。由图 5-3(a)可以看出，随着拉伸温度的升高，合金的屈服强度和抗拉强度均呈降低趋势，合金硬度的变化趋势和强度相同，即与室温的硬度值相比，当温度为 100℃时，硬度值稍有降低，但是当温度从 100℃变为 175℃时，合金的硬度值明显降低。图 5-3(b)所示为合金在不同温度下拉伸后合金的伸长率和断面收缩率的变化趋势。可以看出，伸长率和断面收缩率的变化趋势均和合金强度的变化趋势相反，即随着拉伸温度的不断升高，合金的伸长率和断面收缩率均呈现不同程度的增加。这种现象表明 7085-T7452 铝合金的拉伸性能对温度的变化相当敏感。

合金的应变硬化指数 n 通常用 Hollomon 方程表示：

$$S = K\varepsilon^{n} \tag{5-2}$$

式中，K 为常数，应变硬化指数 n 反映了 7085-T7452 铝合金的应变硬化能力，即 n 值越大，则合金的应变硬化能力越强，通常也表示在变形过程中合金的强度或者硬度升高的能力越大。

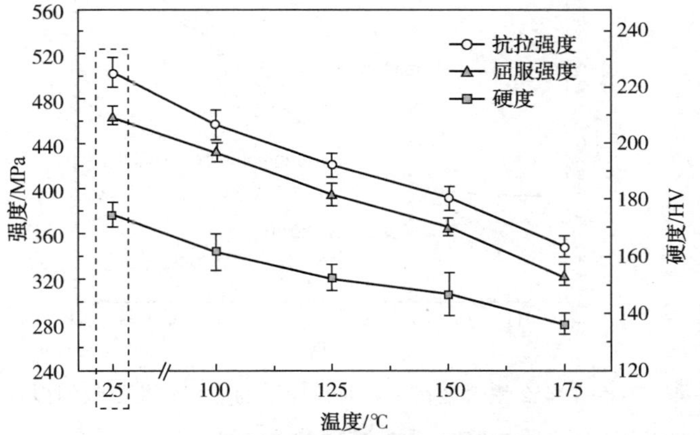

(a)7085-T7452铝合金的硬度及强度随着拉伸温度的不同而变化的规律

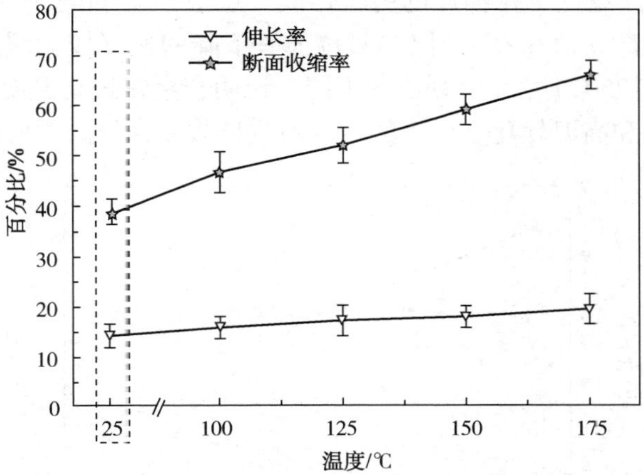

(b)7085-T7452铝合金在不同拉伸温度下的伸长率及断面收缩率的变化曲线

图 5-3 7085-T7542 铝合金在不同温度下的拉伸性能

根据式(5-2)，合金的硬化指数 n 值如式(5-3)所示：

$$n=\frac{\partial \ln S}{\partial \ln \varepsilon} \tag{5-3}$$

图 5-4 所示为通过式(5-3)得到的 7085-T7452 合金室温下拉伸后的 $\ln S$-$\ln\varepsilon$ 曲线图，图中另一条直线为其线性拟合结果，根据该拟合直线的斜率可得到 7085-T7452 铝合金在室温下拉伸后的应变硬化指数为 0.642。

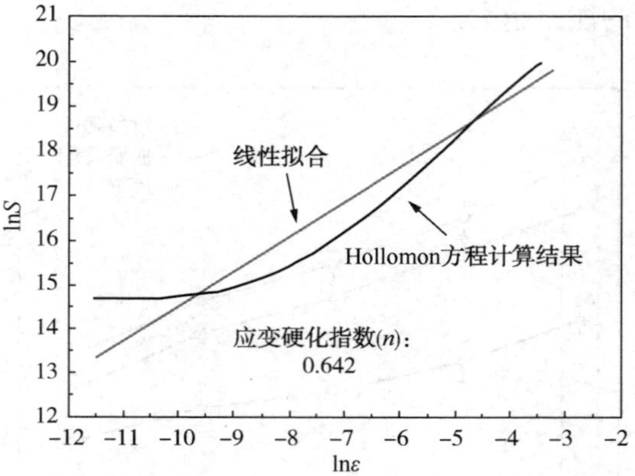

图 5-4　7085-T7452 铝合金在室温时拉伸后的应变硬化指数的拟合结果

根据合金的真应力-应变曲线计算得到的 7085-T7452 铝合金，在不同温度下拉伸后的试样的应变硬化指数 n 的变化曲线如图 5-5 所示。表 5-1 所示为 7085-T7452 铝合金在不同温度下拉伸后的力学性能。从图 5-5 和表 5-1 中可以看出，合金的应变硬化指数 n 值在室温到 125℃拉伸时下降的速度较为缓慢，但当拉伸温度由 125℃变为 175℃时，n 值则迅速下降。说明合金在较高温度下发生了应变软化。应变硬化率和高温软化是合金的应变硬化指数 n 降低的主要原因。

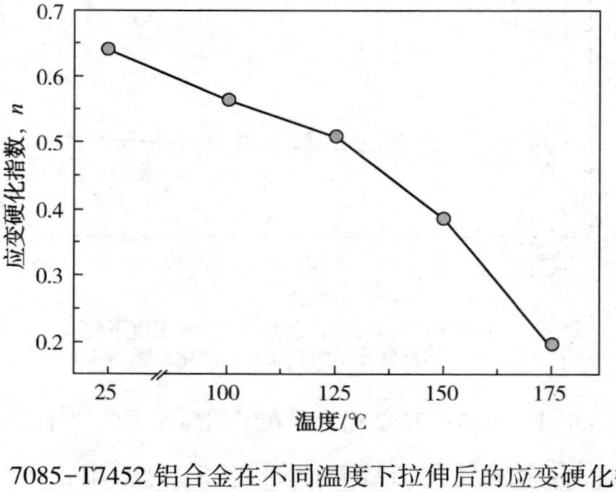

图 5-5　7085-T7452 铝合金在不同温度下拉伸后的应变硬化指数值

表 5-1　7085-T7452 铝合金在不同温度下拉伸后的力学性能

温度/℃	硬度/HV	抗拉强度/MPa	屈服强度/MPa	伸长率/%	断面收缩率/%	应变硬化指数 n
RT	174	503	462	14. 9	39. 9	0. 642
100	161	455	432	15. 3	45. 7	0. 566

续表

温度/℃	硬度/HV	抗拉强度/MPa	屈服强度/MPa	伸长率/%	断面收缩率/%	应变硬化指数 n
125	152	421	394	16.4	52.1	0.508
150	146	391	364	17.5	59.3	0.385
175	136	347	322	19.2	66.4	0.197

图5-6所示为7085-T7452铝合金在室温下拉伸后断口的SEM形貌，图中白色虚线箭头和白色实线箭头分别表示沿晶裂纹及大小不一的韧窝。从图中可以看出，在室温下拉伸时，合金的断口呈现韧-脆混合断裂的形貌特征，其中脆性的沿晶裂纹的数量较多，而韧窝的数量则较少。

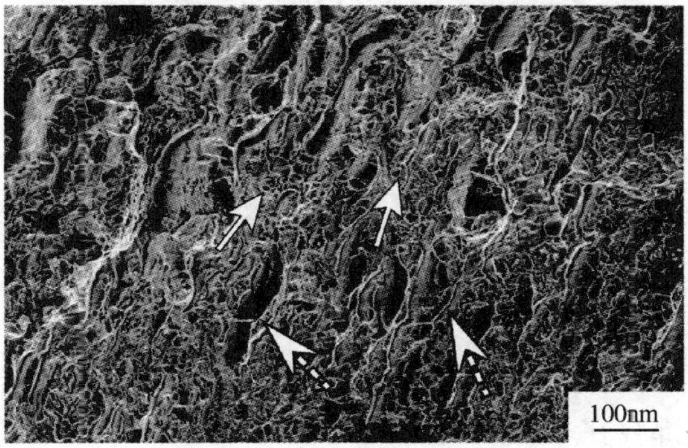

图5-6 7085-T7452铝合金在室温下拉伸后断口的SEM形貌

图5-7(a)(b)所示分别为7085-T7452铝合金在100℃及125℃时拉伸后断口的SEM形貌，图中黑色实线箭头表示断口中的二次裂纹。和图5-6中室温拉伸断口形貌相比，当拉伸温度为100℃时，图5-7(a)试样断口中沿晶裂纹数量有所降低，同时细小的韧窝数量有所增加。在此温度下，还可以观察到断口中存在少量的二次裂纹，说明在100℃的温度拉伸后，合金的塑性比室温拉伸后有所提高。

(a)100℃

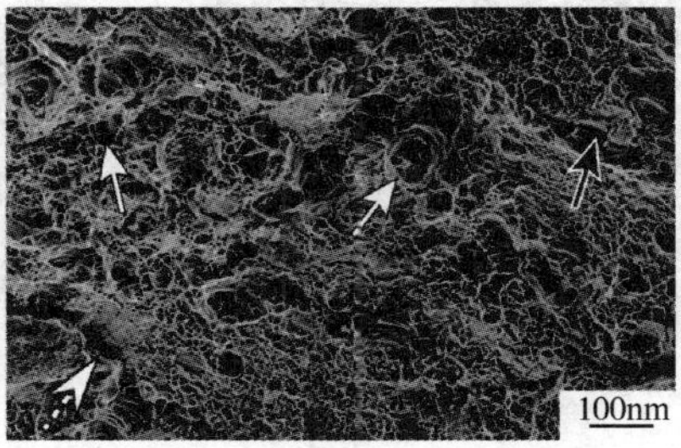

(b)125℃

图5-7 7085-T7452铝合金在不同温度下拉伸后断口的SEM形貌

当拉伸温度变为125℃时，图5-7(b)所示的合金断口依然显示沿晶和穿晶的混合断裂特征，但是穿晶韧窝的数量占多数。

当拉伸温度提高为150℃时，图5-8所示的试样断口中包含尺寸较大的韧窝及二次裂纹，表明在此温度下拉伸时，合金的断口转变为韧性的穿晶断裂特征。

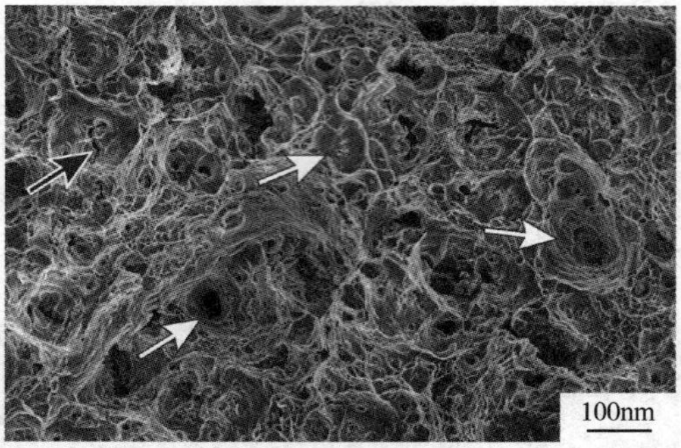

图5-8　7085-T7452铝合金在150℃时拉伸后断口的SEM形貌

图5-9所示为合金在温度为175℃时，合金拉伸后的断口形貌图。可以看出，合金断口中呈现尺寸较大且深度也较大的韧窝，说明相比150℃拉伸时，合金的塑性明显提高。

图5-9(a)所示的白色实线框为该图中一个韧窝的放大图，从白色实线框可以看到，在韧窝底部存在一些较为粗大的颗粒，其中有一些颗粒破碎成几部分，圆形标注颗粒的EDS分析结果如图5-9(b)所示，Al的质量分数为47.58%，Fe的质量分数为52.42%，结果表明这些颗粒均为含铁的相。这些粗大的金属间化合物颗粒本身脆性较大，因此在拉伸的过程中非常容易产生应力集中从而发生断裂，这些断裂后的碎片会作为微裂纹的形核点而导致二次裂纹的萌生。

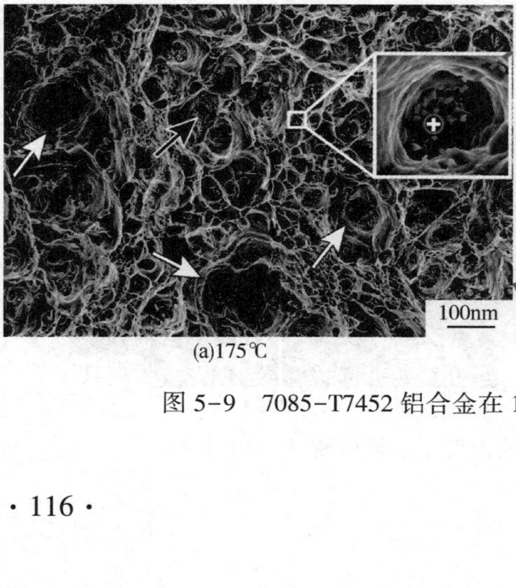

(a)175℃

元素	质量分数/%	原子分数/%
AlK	47.58	65.23
FeK	52.42	34.77

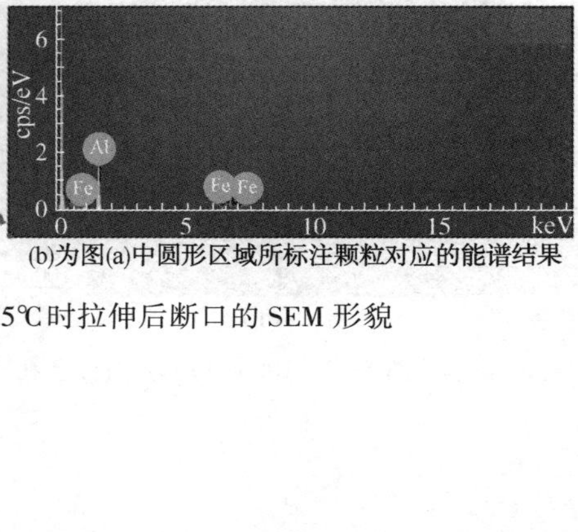

(b)为图(a)中圆形区域所标注颗粒对应的能谱结果

图5-9　7085-T7452铝合金在175℃时拉伸后断口的SEM形貌

另外，对图5-6~图5-9中显示的不同温度下合金拉伸断口中韧窝的尺寸进行统计，结果如表5-2所示。

表5-2 7085-T7452铝合金在不同温度拉伸后断口中的韧窝尺寸

拉伸温度/℃	韧窝尺寸/nm	拉伸温度/℃	韧窝尺寸/nm
RT	9.72±2.13	150	34.07±4.13
100	15.32±3.21	175	39.29±4.54
125	22.54±3.97		

由表5-2中可以看出，随着拉伸温度的升高，合金断口中的韧窝尺寸不断增大，进一步说明合金的塑性随着拉伸温度的升高而提高。

5.4 高温拉伸后的微观组织特征

图5-10所示为7085-T7452铝合金在室温时拉伸后的三维金相组织。可以看出，合金金相组织中包含尺寸较大的拉长状未再结晶晶粒和细小等轴状的再结晶晶粒。

图5-10 7085-T7452铝合金在室温时拉伸后的CM图像

图5-11为7085-T7452铝合金在不同温度进行高温拉伸后试样的三维金相组织，与室温下的金相组织相比，高温拉伸后的试样金相组织形态及再结晶程度均无明显变化，这表明在高温拉伸的过程中合金的晶粒组织保持稳定。

图5-12所示为7085-T7452铝合金室温拉伸后的BF-TEM像。可以看出，纳米级别的析出相均匀地分布在α-Al基体上。

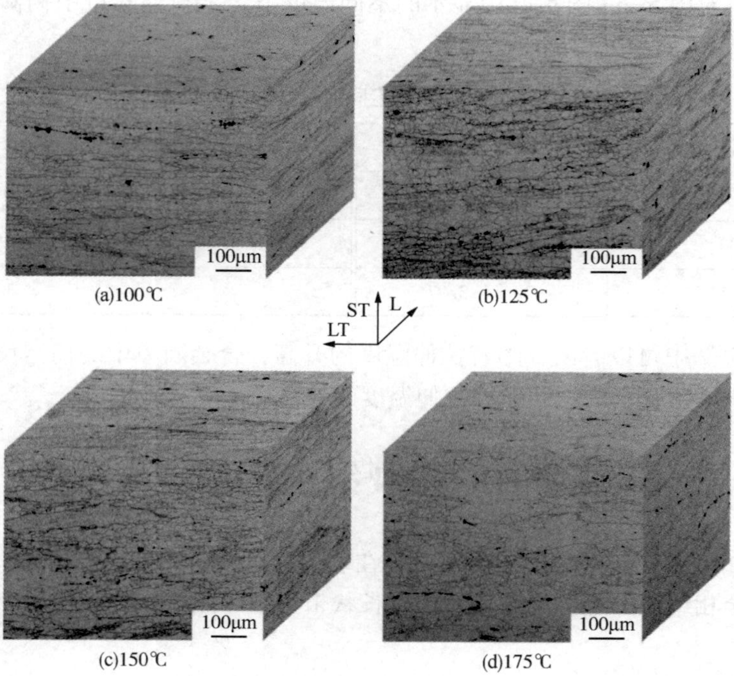

图 5-11　7085-T7452 铝合金在不同温度下拉伸后的 OM 图像

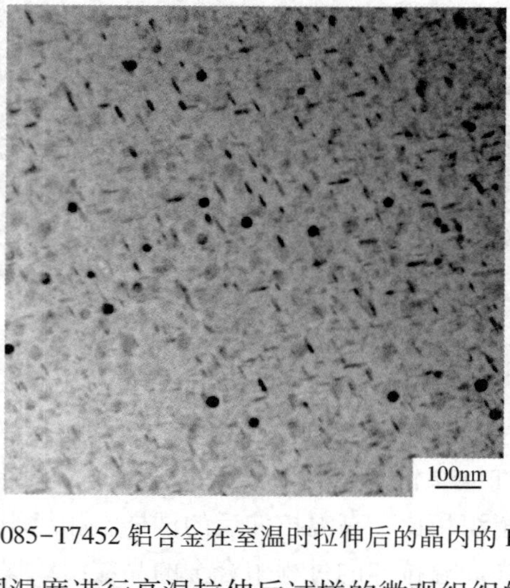

图 5-12　7085-T7452 铝合金在室温时拉伸后的晶内的 BF-TEM 像

图 5-13 为在不同温度进行高温拉伸后试样的微观组织的 TEM 明场像。可以看出，当拉伸温度为 100℃时[见图 5-13(a)]，α-Al 基体上分布高密度的纳米级别析出相。随着拉伸温度的升高，合金晶内析出相不断发生粗化，同时析出相

的数量不断降低。

当拉伸温度增加到175℃时，如图5-13(d)所示，合金中晶内析出相发生明显粗化，具有较大尺寸的析出相数量也明显增多。

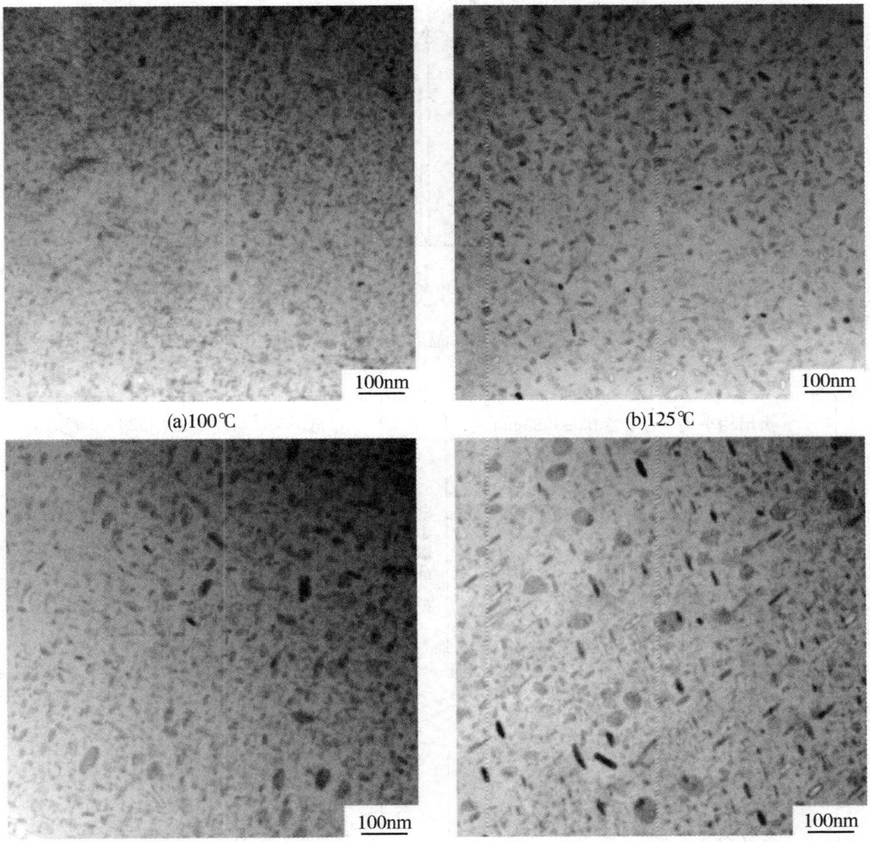

(a)100℃　(b)125℃　(c)150℃　(d)175℃

图5-13　7085-T7452铝合金在不同温度下拉伸后晶内的BF-TEM像

根据试样的TEM明场像，可以统计出不同温度下拉伸后试样中纳米级析出相的尺寸分布及析出相的平均半径，其结果如图5-14和图5-15所示。在统计过程中，为了减小误差保证统计的准确性，析出相均取自同一倍数下的多张TEM明场像，对于每个拉伸温度下所统计的析出相数量至少为1000个。

图5-14所示为拉伸温度为室温时，7085-T7452铝合金晶内析出相的尺寸分布。可以看出，此温度下拉伸后合金中析出相的半径较小，其分布在1～14nm，其中半径小于7nm的析出相数量超过总数的50%，其平均半径尺寸约为(6.27±1.05)nm。

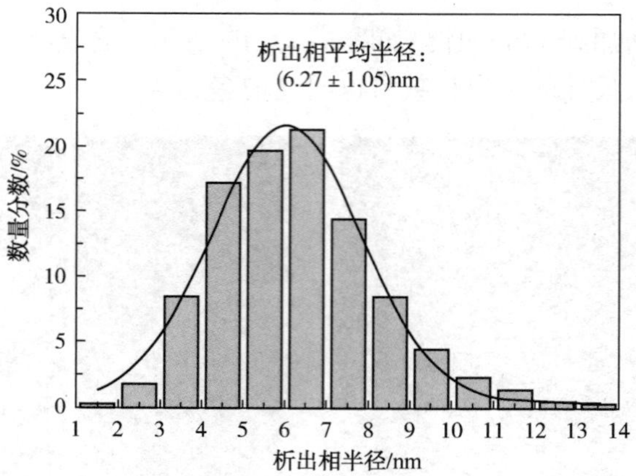

图 5-14　7085-T7452 铝合金在室温时拉伸后的晶内析出相的尺寸分布

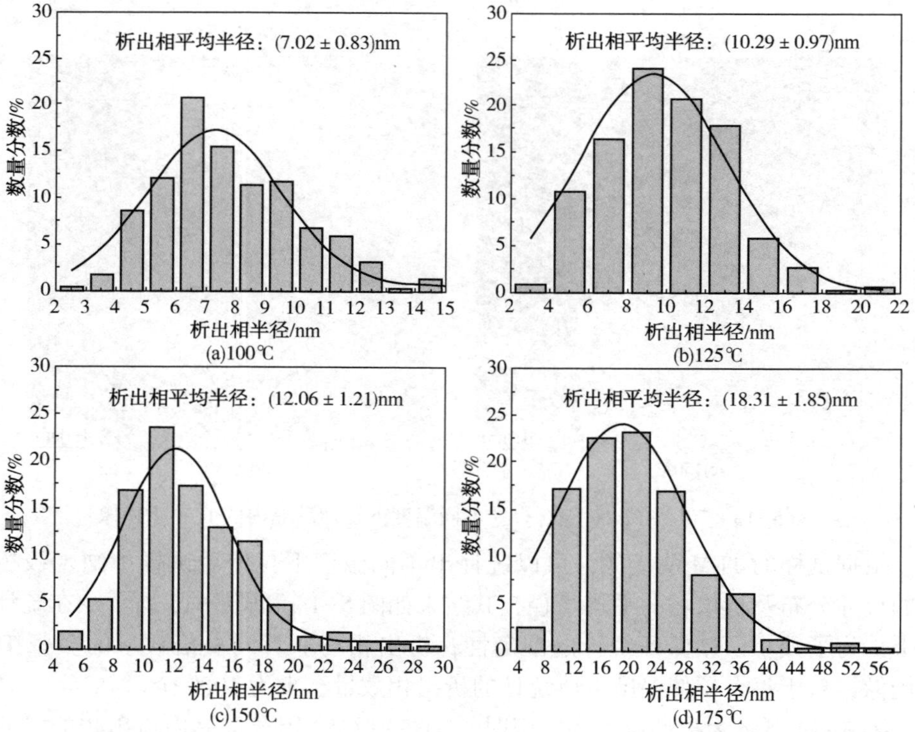

图 5-15　7085-T7452 铝合金在不同温度下拉伸后的晶内析出相的尺寸分布

当拉伸温度为 100℃时[见图 5-15(a)]，试样中约为 60%的析出相的半径分布在 6~10nm，半径超过 10nm 的析出相约占总数的 17%，另外半径小于 6nm 的析出相数量约为 23%。析出相的半径分布在 2～15nm，同时其平均半径约为(7.02±0.83)nm。

当拉伸温度为 125℃时[见图 5-15(b)]，析出相的尺寸较 100℃时有所增大，其中半径大于 14nm 的析出相约占总数的 10%，半径小于 6nm 的析出相数量降为约 11%。析出相的平均尺寸增大为(10.29±0.97)nm，同时其晶内析出相的半径分布在 2～22nm。

图 5-15(c)所示为当拉伸温度为 150℃时，7085-T7452 铝合金晶内析出相的尺寸分布。可以看出，约 82%析出相的半径分布在 8～18nm，同时半径小于 6nm 的析出相约为 2%，半径大于 22nm 的析出相约占总数的 5%。在此温度下拉伸后所得的析出相半径分布在 4～30nm，其平均半径为(12.06±1.21)nm。

由图 5-15 可以看出，随着拉伸温度的不断升高，析出相的尺寸不断增大。当拉伸温度升高到 175℃时，其晶内析出相的尺寸分布如图 5-15(d)所示，可以看出，晶内析出相发生了明显的粗化，其半径分布在 4～56nm，其中半径大于 24nm 的析出相数量约占总析出相的 35%，析出相的平均半径增加至(18.31±1.85)nm。

另外，根据第 3 章采用的计算析出相体积分数的方法对不同拉伸温度下的 7085-T7452 铝合金的晶内析出相体积分数进行统计计算，结果如图 5-16 所示。可以看出，7085-T7452 铝合金中晶内析出相的体积分数为 2.04%，随着拉伸温度的不断升高，合金中晶内析出相的体积分数不断降低，当拉伸温度升至 150℃和 175℃时，合金中析出相的体积分数分别降为 0.43%和 0.17%。

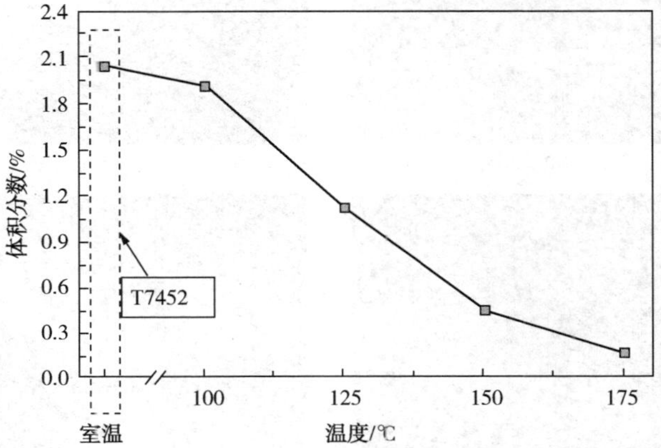

图 5-16　7085-T7452 铝合金在不同温度下拉伸后晶内析出相的体积分数

图 5-17 所示为不同温度下拉伸后试样晶界的 TEM 组织，由图可以看到，宽度不等的 PFZ 及沿着晶界 GB 分布的棒状的 η($MgZn_2$)析出相。

图 5-17(a)为 7085-T7452 铝合金在室温下拉伸后其晶界的 TEM 组织，由图可以看到，η 析出相沿着晶界呈现不连续分布的状态，经测量可得此状态下合金中 PFZ 宽度为(36.75±2.76)nm。

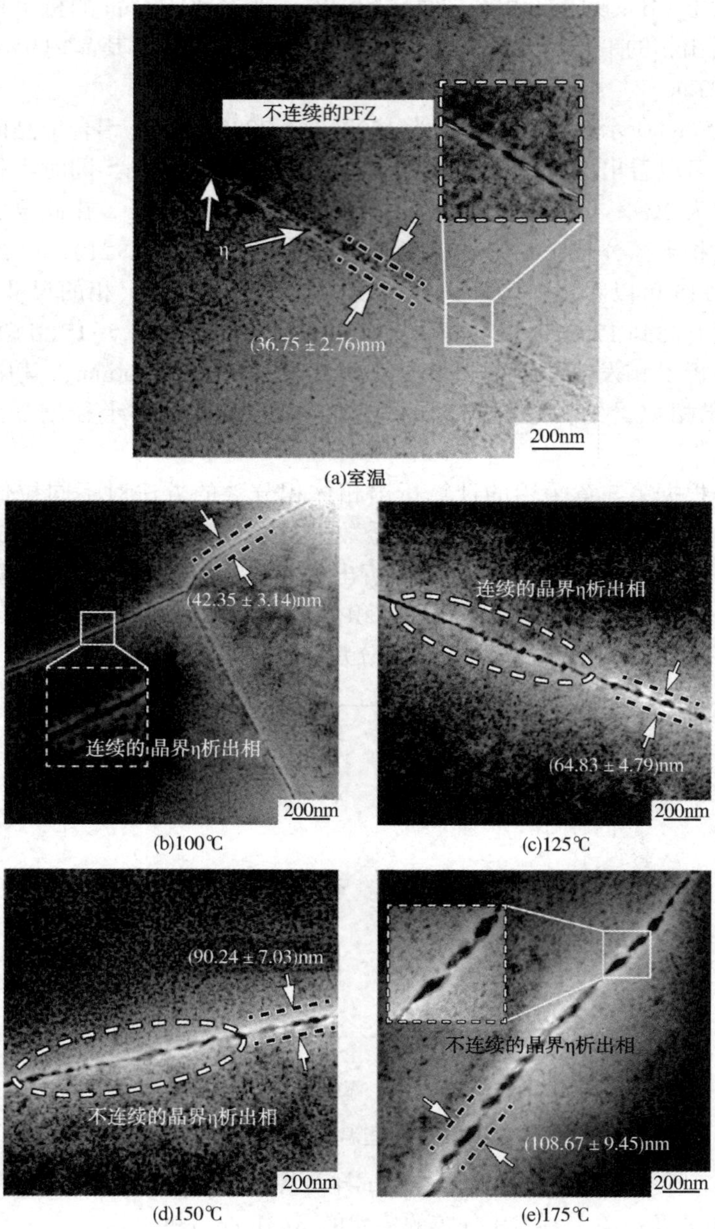

图 5-17　7085-T7452 铝合金在不同温度下拉伸后晶界处的 BF-TEM 像

当拉伸温度为100℃时，7085-T7452合金晶界TEM形貌如图5-17(b)所示。可以看到，棒状的析出相沿着晶界呈均匀且连续地分布，其PFZ宽度为(42.35±3.14)nm。当拉伸温度为125℃时[见图5-17(c)]，晶界上连续分布状态的η析出相发生粗化，同时PFZ宽度增大为(64.83±4.79)nm。随着拉伸温度的进一步升高，晶界析出相的分布状态发生改变。

图5-17(d)所示为当拉伸温度为150℃时，合金晶界处的TEM组织形貌。可以看出，晶界析出相呈现不连续分布的状态，同时PFZ宽度进一步增大为(90.24±7.03)nm。由图5-17(e)可以看出，当拉伸温度达到175℃时，晶界析出相η的尺寸明显变大，图中白色实线框的放大图如图中白色的虚线框所示，可以明显看出粗大的晶界析出相呈现断续分布的形态，还可以明显看到宽化的PFZ，其尺寸达到(108.67±9.45)nm。

5-18(a)所示为室温拉伸后晶内析出相TEM形貌图[见图5-17(a)]中晶界处棒状析出相η的尺寸统计。可以看出，7085-T7452铝合金在室温拉伸后其晶界析出相较细小，其平均长度为(20.12±2.03)nm，同时晶界析出相长度的分布在10~32nm。

图5-18(b)~(e)所示分别为图5-17(b)~(e)中合金在不同温度下拉伸后的试样晶界处棒状析出相η的尺寸分布。由图5-18(b)可以看到，当拉伸温度为100℃时，晶界析出相的尺寸有所增加，其长度分布在14~38nm，析出相的平均长度为(24.28±1.35)nm。由图5-18(c)和(d)可以看出，随着拉伸温度的进一步增加，合金中晶界析出相的尺寸也不断增加。当拉伸温度从125℃升至150℃时，晶界析出相的平均长度从(34.45±1.82)nm增至(44.21±1.63)nm，同时其长度分布范围也变宽。

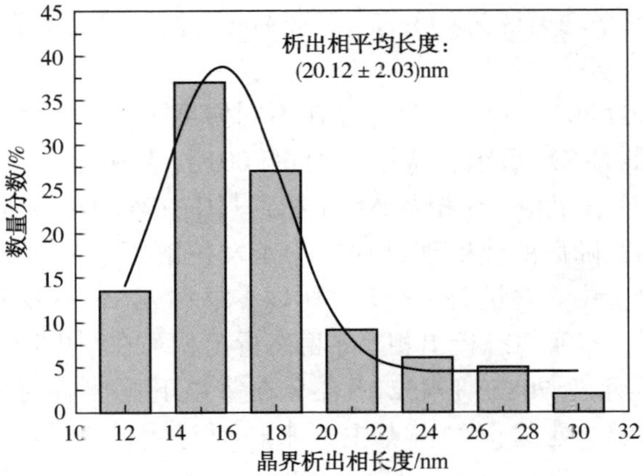

(a)室温

图5-18 7085-T7452铝合金在不同温度下拉伸后晶界析出相的尺寸分布

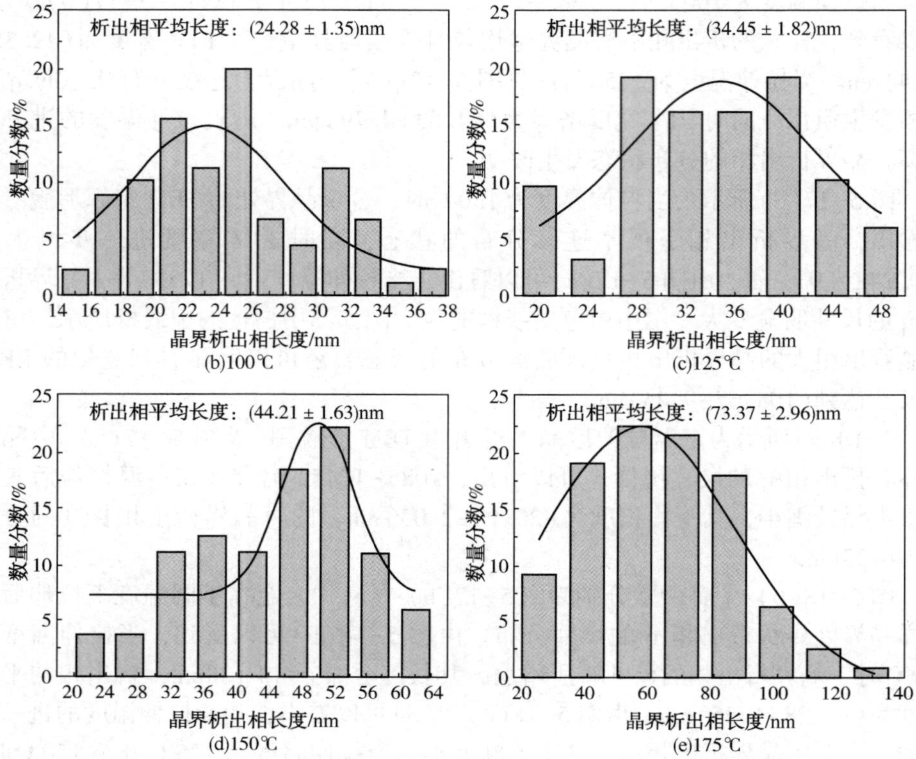

图 5-18　7085-T7452 铝合金在不同温度下拉伸后晶界析出相的尺寸分布(续)

由图 5-18(e)可以看出，当拉伸温度进一步升至 175℃时，合金中晶界处棒状 η 析出相长度的平均值变为(73.37±2.96)nm，同时其分布范围也进一步扩大为 20～140nm。

图 5-19 所示为 7085-T7452 铝合金在不同温度下拉伸后沿[001]$_{Al}$晶带轴的电子衍射花样。在 7XXX 系铝合金中，通过[001]$_{Al}$晶带轴，可以观察到析出相的类型：GP(Ⅰ)区、η′相、η 相及 Al_3Zr 相，其中在均匀化过程中形成的 L12 结构的 Al_3Zr 弥散相在随后的热处理过程中均未发生溶解，从而被保留下来，因此在不同状态下的合金中其含量变化不大，所以本章对 Al_3Zr 不做进一步的研究。合金中的 GP(Ⅰ)区、η′亚稳态析出相、η 稳态析出相均在图中用箭头表示。

图 5-19(a)所示为 7085-T7452 铝合金在室温下拉伸后的 SAED 谱，在 1/3{220}$_{Al}$和 2/3{220}$_{Al}$处的衍射斑点主要来自亚稳定的 η′析出相，同时在 1/3{220}$_{Al}$和 2/3{220}$_{Al}$附近处的衍射斑点表明合金中存在平衡的 η 析出相。因此，在室温下拉伸后 7085-T7452 铝合金中的析出相主要为 η′和 η。

当拉伸温度为 100℃时，合金的 SAED 谱如图 5-19(b)所示。可以看到，在

{1，(2*n*+1)/4，0}$_{Al}$处存在较明显的衍射斑，这些衍射斑来自与基体完全共格的GP(Ⅰ)区。另外在此晶带轴下还可以观察到在{220}$_{Al}$附近处存在一些较明亮的衍射斑点，这些衍射斑点来自η析出相(见图中箭头标注)。除此之外，合金中也可以观察到来自η′析出相的衍射斑点(见图箭头标注)。

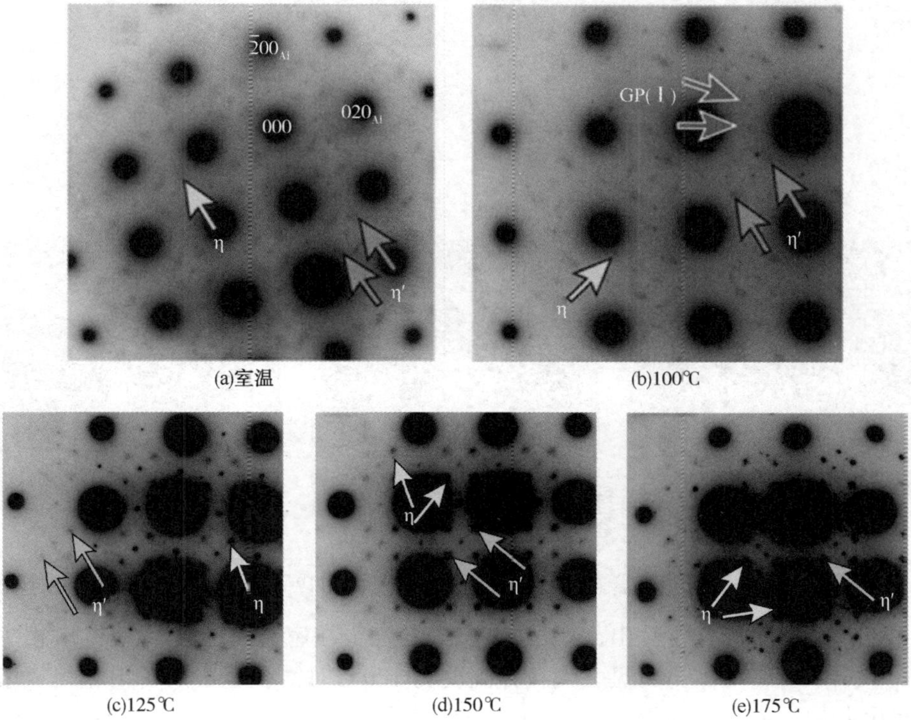

图5-19 7085-T7452铝合金在不同温度下拉伸后沿[001]$_{Al}$晶带轴的电子衍射花样

由图5-19(c)~(e)可以看出，随着拉伸温度的进一步升高，在拉伸温度为125~175℃的范围时，合金中的析出相种类保持不变，均为η′相和η相。从图中还可以观察到，η析出相的衍射斑逐渐变得锐利且强度也不断增大，这说明在高温拉伸的过程中，合金中η析出相的数量逐渐增多，也进一步说明在拉伸的过程中，合金中非平衡的η′析出相逐渐转化为平衡的η析出相。

在7XXX系铝合金中，通过[112]$_{Al}$晶带轴可以观察到的析出相类型有：GP(Ⅱ)区、η′相、η相及Al_3Zr。

因此，为了更全面地表征7085-T7452铝合金在不同拉伸温度下析出相的演变规律，图5-20所示为该合金在不同拉伸温度下沿[112]$_{Al}$晶带轴的电子衍射花样，图中GP(Ⅱ)区、η′析出相和η析出相在图中分别如箭头标注所示。

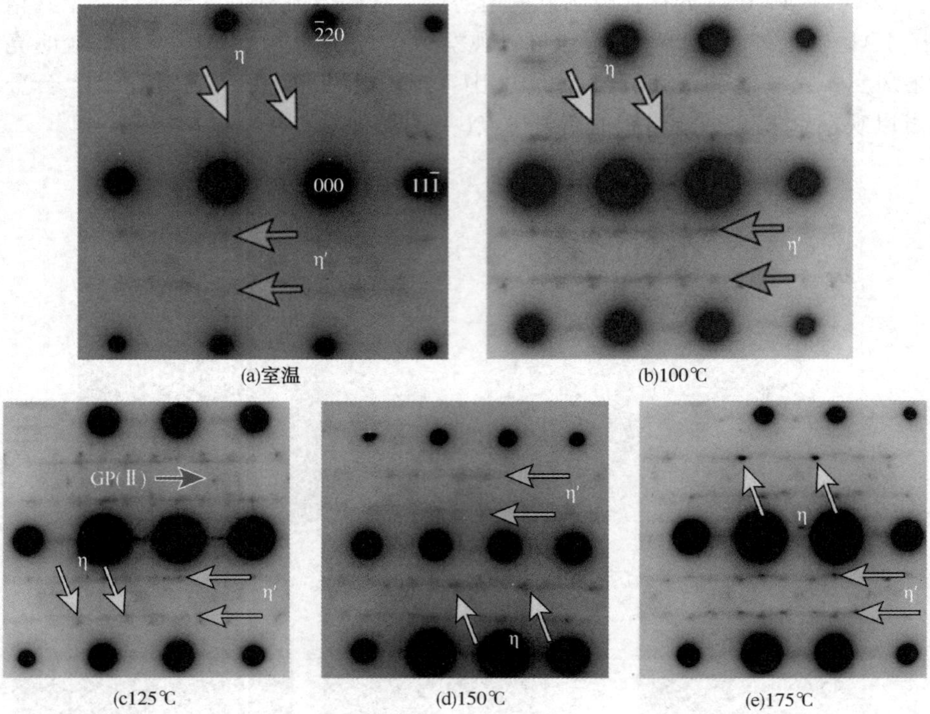

图 5-20　7085-T7452 铝合金在不同温度下拉伸后沿[112]$_{Al}$晶带轴的电子衍射花样

由图 5-20(a)可以看出，7085-T7452 铝合金在室温下拉伸后其析出相主要为 η′和 η。由 5-20(b)可见，当拉伸温度为 100℃时，合金中的析出相组成未发生变化。

图 5-20(c)~(e)所示为拉伸温度变化在 125~175℃时，7085 铝合金沿[112]$_{Al}$晶带轴的电子衍射花样。可以看出，随着温度的升高，即当拉伸温度为 125℃时，在 1/2{311}$_{Al}$处可见一些较明显的衍射斑点，表明合金中存在一定量的 GP(Ⅱ)区，如图中箭头及标注所示。除此之外，合金中还存在 η′和 η 析出相。

当合金的拉伸温度进一步升高，由图 5-20(d)和(e)可以观察到，合金中的析出相组成未发生变化，但是在随着拉伸温度由 150℃增至 175℃时，电子衍射花样中的 η 析出相的衍射斑点强度明显增大，该现象进一步说明在拉伸的过程中，合金中的 η′析出相逐渐转化为 η 析出相。

图 5-21 所示为 7085-T7452 铝合金在室温下拉伸后沿[110]$_{Al}$晶带轴下的 TEM 高分辨图像。研究表明，在[110]$_{Al}$晶带轴下的 η′析出相四种变体中的两种呈现出板条状的相貌。图 5-21(a)中黑色虚线框所标注的区域 b 和 c 中包含了两个不同取向的 η′析出相，其厚度分别为 0.5nm 和 0.8nm，半径分别为 1.8nm 和

2. 4nm。对其进行 FFT 转换，其结果分别如图 5-21(b)和(c)所示，图中可见一些较明显的散射线，其相应的 IFFT 图像如图 5-21(d)和(e)所示。

从图 5-21(d)中可以清楚地看到位错的存在，但是图 5-21(e)中未发现位错的存在。对于板条状的 η′析出相而言，板条的宽面与$\{111\}_{Al}$面呈现共格的关系，而板条的侧面则与$\{111\}_{Al}$呈现非共格的关系。

图 5-21(f)和(g)所示为室温下拉伸后沿$[110]_{Al}$晶带轴下合金中 η 析出相的 HRTEM 图像。由图 5-21(f)可以看到，半径约为 4. 5nm 的板条状的稳态 η 析出相(见图中虚线框)，其对应的 IFFT 图像如图 5-21(g)所示。从图 5-21(g)中右下角可以看出，在 η 析出相和 Al 基体的界面处中存在明显的位错，其主要原因是平衡的 η 析出相与 Al 基体之间为非共格的关系。

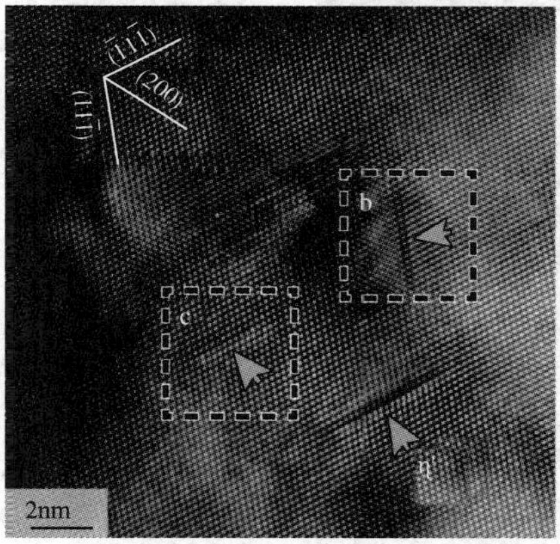

(a)η′析出相

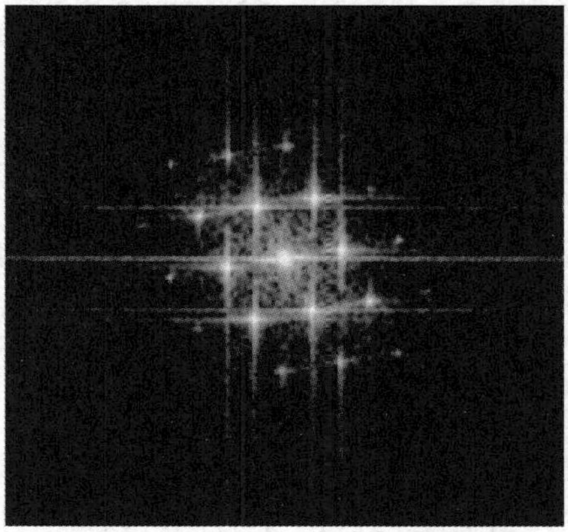
(b)图(a)中方框b标注区域所对应的FFT图像

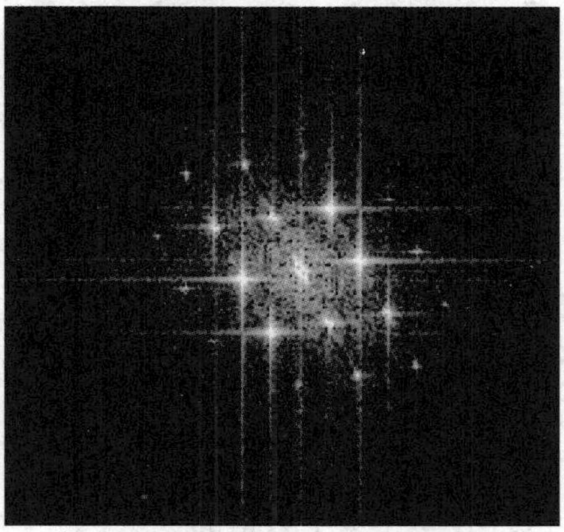
(c)图(a)中方框c标注区域所对应的FFT图像

图 5-21 7085-T7452 铝合金室温拉伸后沿$[110]_{Al}$晶带轴下的 TEM 高分辨图像

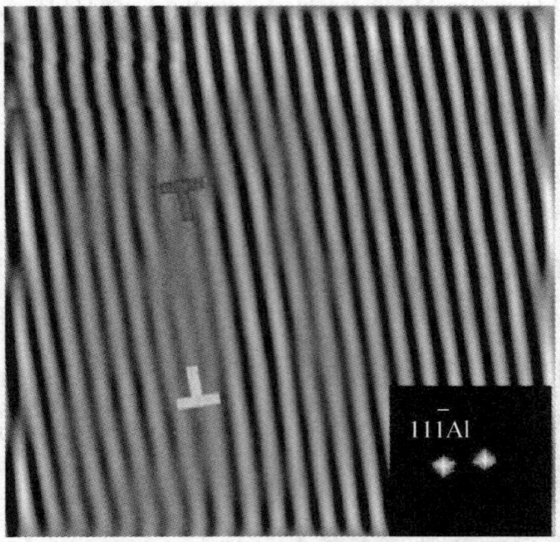

(d)图(a)中方框b标注区域所对应的IFFT图像

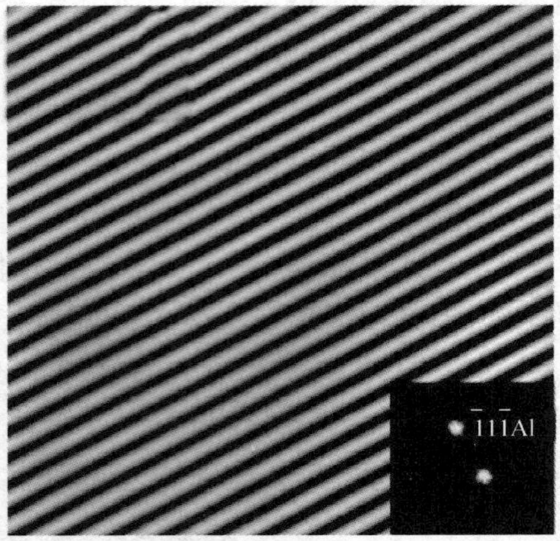

(e)图(a)中方框c标注区域所对应的IFFT图像

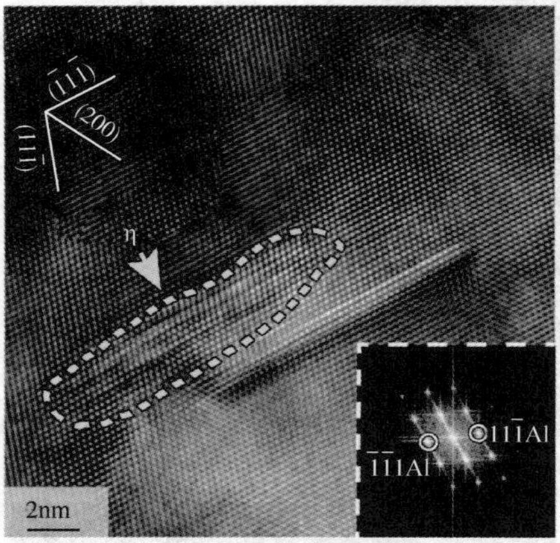

(f)η析出相

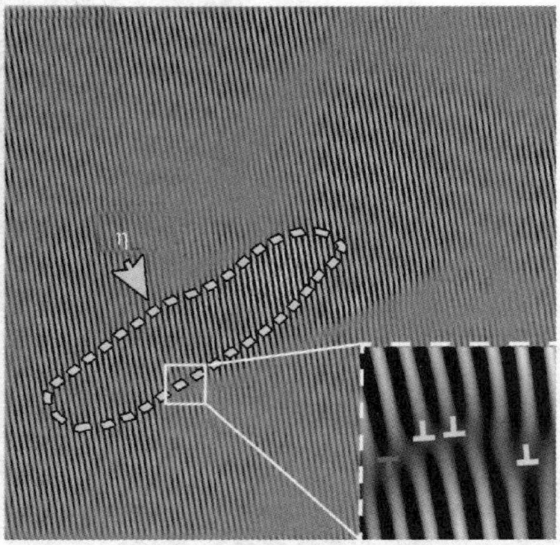

(g)图(f)所对应的IFFT图像

图 5-21　7085-T7452 铝合金室温拉伸后沿[110]$_{Al}$晶带轴下的 TEM 高分辨图像(续)

图中不同指向的“T”代表不同伯格斯矢量的位错

图 5-22 所示为 7085-T7452 铝合金在温度为 100℃时拉伸后沿着[110]$_{Al}$晶带轴下的 TEM 高分辨图像。图 5-22(a)中圆形区域所显示的(111)$_{Al}$面和(200)$_{Al}$面的晶面间距分别为 2.34Å 和 2.03Å。图 5-22(c)和(d)分别对应于图 5-22(b)中所示 c、d 区域析出相的 IFFT 图像。

由图 5-22(a)虚线框中的箭头可以看出，当拉伸温度为 100℃时，合金中包含与 α-Al 基体呈半共格的板条状 η′析出相。由图 5-22(a)中右侧可以进一步看出，该析出相与基体之间的部分不匹配。此外，由 5-22(b)中还可以看到，合金中包含 η 析出相(见条状椭圆形虚线框)，其 IFFT 图像如图 5-22(d)所示。可以看出，其与 α-Al 基体之间存在较明显的晶格畸变。另外，图 5-22(b)中虚线方框 c 还显示出合金中存在细小的 GP(Ⅰ)区，该区域所对应的 IFFT 图像如图 5-22(c)所示，GP(Ⅰ)区与 Al 基体之间晶格排列均匀规则，进一步说明 GP(Ⅰ)区与 Al 基体之间具有良好的共格关系。综上，在 100℃ 时进行高温拉伸后，7085-T7452 铝合金中包含细小的 GP(Ⅰ)区、η′析出相和 η 析出相，其半径分别为 1. 5nm、4nm 和 11nm。

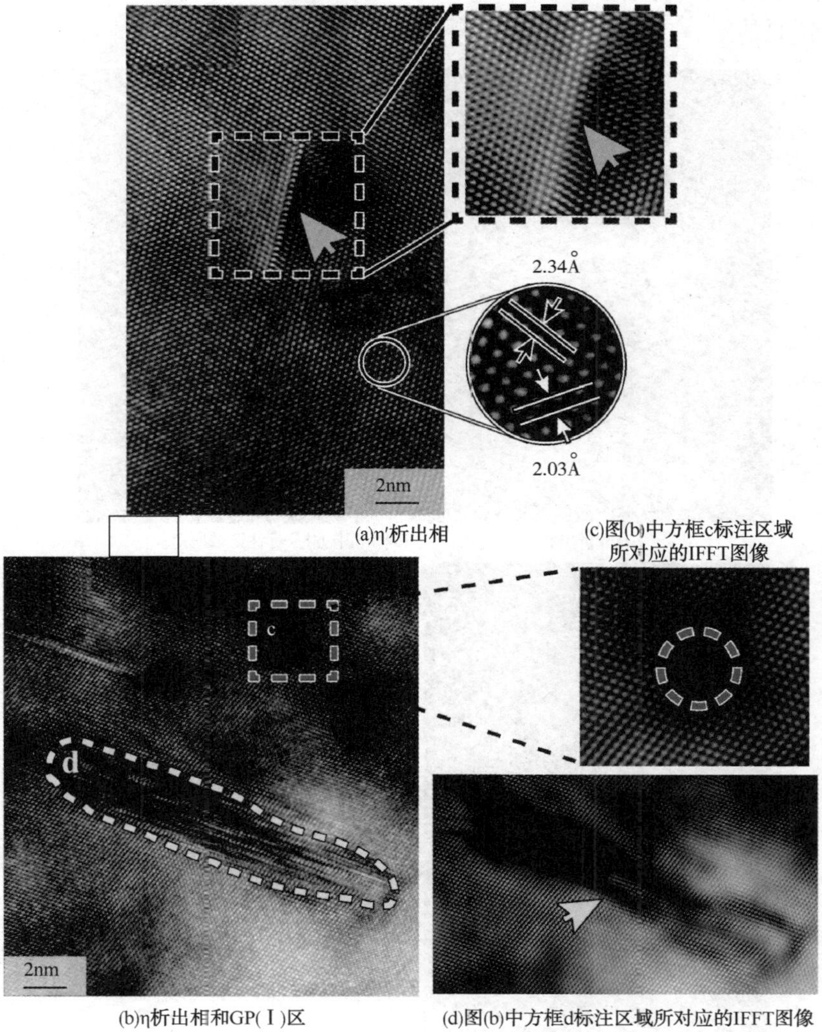

图 5-22　7C85-T7452 铝合金在温度为 100℃ 时拉伸后沿[110]$_{Al}$晶带轴下的 TEM 高分辨图像

由图 5-23(a)和(b)中可以看出，当拉伸温度为 125℃时，η′析出相[见图 5-23(a)中箭头]和 η 析出相[见图 5-23(b)中条状椭圆形]的半径相较于 100℃时明显增大，其分别达到 5.5nm 和 13nm，图 5-23(c)和(d)所示分别为 η′析出相和 η 析出相的 IFFT 图像。

由图 5-23(b)虚线方框可以看出，在该拉伸温度下合金中包含板条状的 GP(Ⅱ)区，其厚度约为 4 个原子层厚，宽度约为 5nm，该 GP(Ⅱ)区对应的 IFFT 如图 5-23(d)所示，可以看出其与 Al 基体之间共格良好。

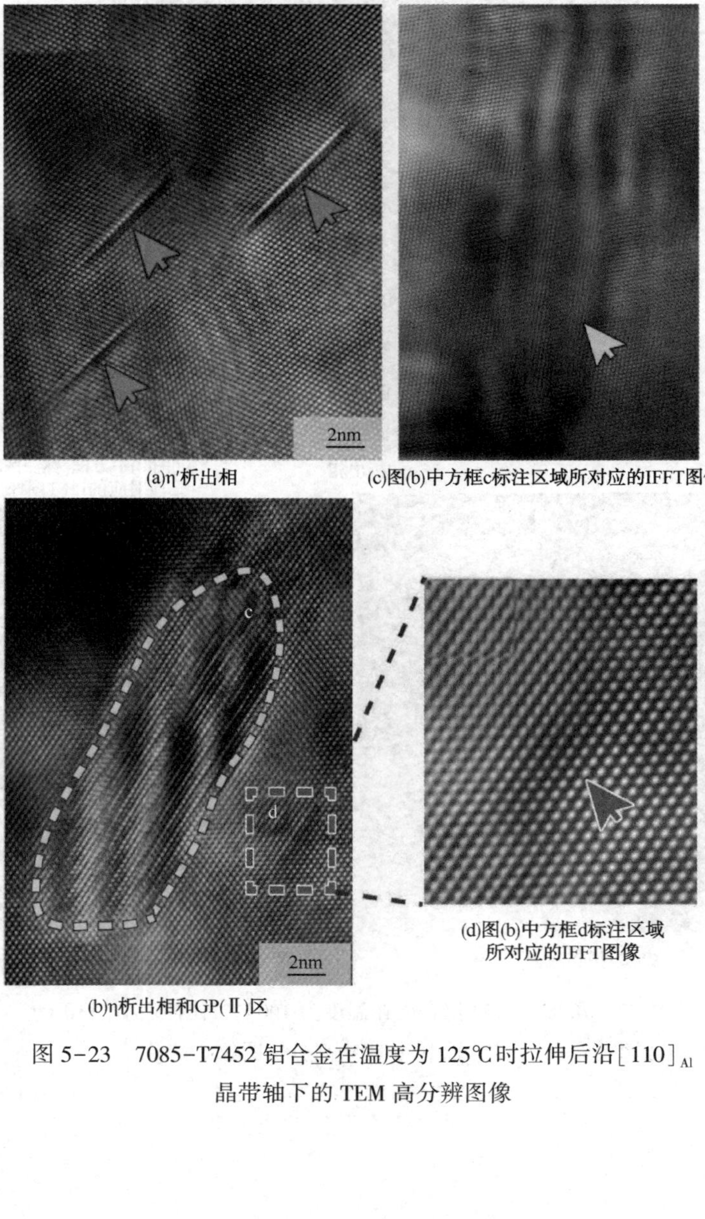

(a)η′析出相　(c)图(b)中方框c标注区域所对应的IFFT图像

(b)η析出相和GP(Ⅱ)区　(d)图(b)中方框d标注区域所对应的IFFT图像

图 5-23　7085-T7452 铝合金在温度为 125℃时拉伸后沿[110]$_{Al}$晶带轴下的 TEM 高分辨图像

随着拉伸温度的进一步升高，合金中的析出相的尺寸也发生了变化，当拉伸温度达到 150℃时，可以看出，η′析出相[见图 5-24(a)]和 η 析出相[见图 5-24(b)和(c)]的尺寸相较于 125℃时明显增大，其半径分别达到 6.5nm 和 14nm。

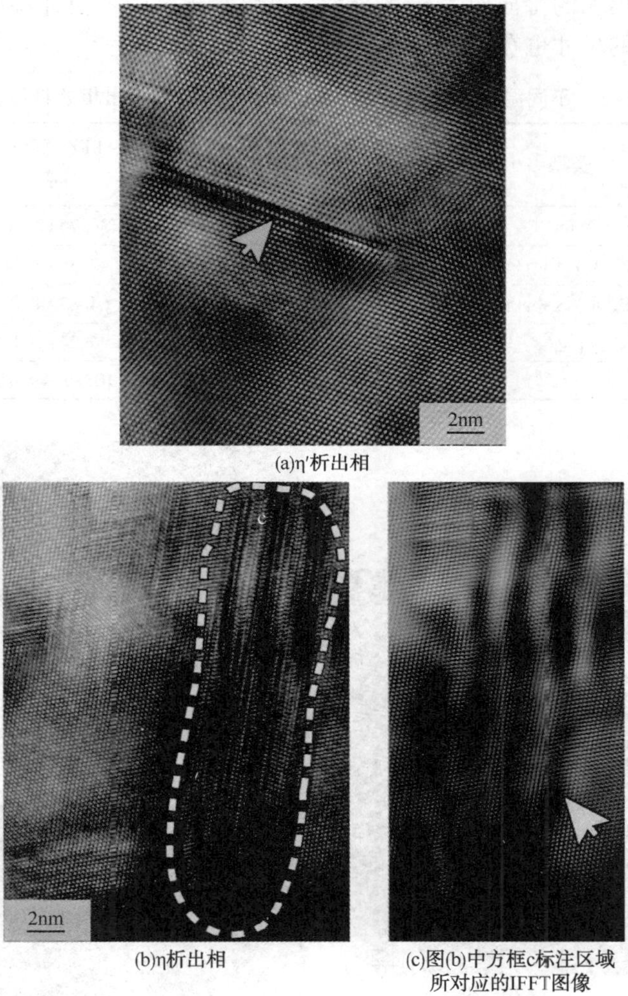

图 5-24 7035-T7452 铝合金在温度为 150℃时拉伸后沿[110]$_{Al}$晶带轴下的 TEM 高分辨图像

由图 5-25(b)可以看出，当温度进一步升高至 175℃时，合金中的 η′析出相[见图 5-25(a)]和 η 析出相[见图 5-25(b)和(c)]尺寸达到最大。由图 5-25(c)可以看出，该析出相与基体之间存在较为明显的晶格畸变。

综上，结合合金的 SAED 谱(见图 5-19、图 5-20)及高分辨图像(见图 5-

21～图 5-25）可以看出，当拉伸温度低于 150℃时，7085-T7452 铝合金中的析出相主要包含 GP 区、η′析出相和 η 析出相。当拉伸温度达到或者超过 150℃时，合金中的析出相为 η′和 η，且主要为 η 析出相。另外，合金经过不同温度的高温拉伸后，其析出相的特征如表 5-3 所示。可以看出，随着拉伸温度的不断升高，合金中析出相的尺寸也在不断增加。

表 5-3　不同温度下拉伸后 7085-T7452 铝合金中析出相的特征参数

温度/℃	类型	平均析出相半径/nm	析出相体积分数/%	PFZ 宽度/nm	平均 GBP 长度/nm
25	η+η′	6.27±1.05	2.04	36.75±2.76	20.12±2.03
100	GP（Ⅰ）区+η+η′	7.02±1.24	1.91	42.35±3.14	24.28±1.35
125	GP（Ⅱ）区+η+η′	10.29±1.35	1.12	64.83±4.79	34.45±1.82
150	η+η′	12.06±1.19	0.43	90.24±7.03	44.21±1.63
175	η+η′	18.31±1.51	0.17	108.67±9.45	73.37±2.96

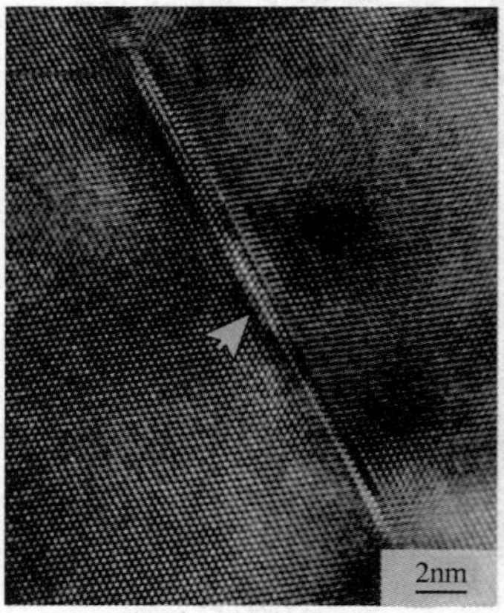

(a)η′析出相

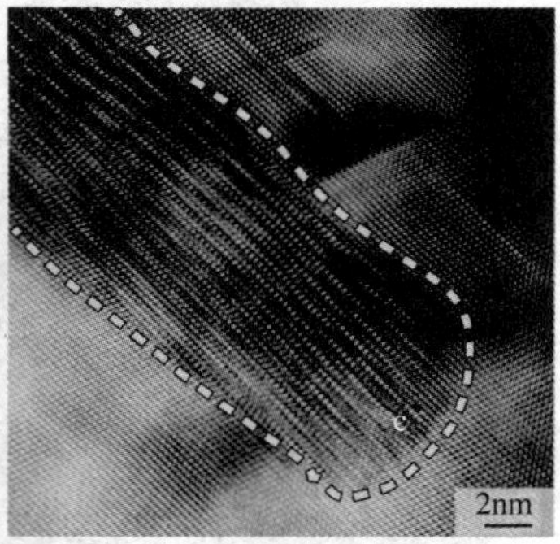

(b)η析出相

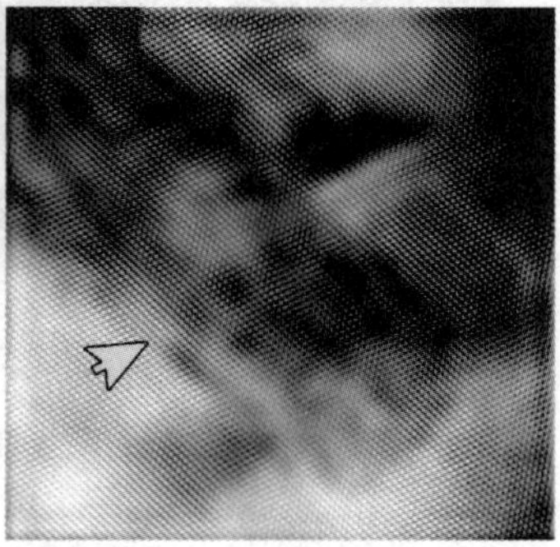

(c)图(b)中方框c标注区域所对应的IFFT图像

图 5-25　7085-T7452 铝合金在温度为 175℃时拉伸后沿$[110]_{Al}$晶带轴下的 TEM 高分辨图像

5.5　分析及讨论

5.5.1　拉伸温度对合金中析出相演变的影响

在7XXX系铝合金中，析出相的析出顺序为过饱和固溶体(SSS)→GP区→η′析出相→η析出相。高温拉伸的过程相当于对合金进行继续时效，在此过程中，有相当数量的纳米级的GP区及η′析出相从α-Al基体中形核和长大，同时合金中已经存在的η′析出相和η析出相也会不断发生粗化。

7085铝合金的晶内析出过程通常可以认为是均匀扩散形核，其形核驱动力如式(5-4)所示：

$$\Delta g = -\frac{kT}{v_{at}}\ln\left(\frac{C}{C_{eq}}\right) \tag{5-4}$$

式中，Δg为合金的形核驱动力；k为常数；T为温度；v_{at}为合金中的原子体积，对于固定的合金来说，其数值是一个常数；C为合金中α-Al基体实际的溶质浓度；C_{eq}为合金中α-Al基体的平衡溶质浓度。

从式(5-4)可以看出，随着合金中α-Al基体的实际溶质浓度的增加，析出相的析出驱动力也随着增加。在7085-T7452合金中，析出相主要为η′析出相和η析出相(见图5-21)。T7452的热处理工艺包含两步时效处理(120℃和160℃)。因此根据具体拉伸温度的不同，可以将合金在高温拉伸过程中析出相的演变分为两步：

(1) 当合金的拉伸温度为100℃和125℃时，由于此温度低于合金的二级时效温度，因此在T7452状态下已达到平衡状态的合金基体会进一步转变为过饱和固溶体，根据式(5-4)可知，二次析出重新获得了驱动力，因此，合金中出现了一些纳米级的GP区[GP(Ⅰ)区和GP(Ⅱ)区]及一些细小的η′析出相，如图5-22和图5-23所示。

在7085-T7452合金中，连续的GBP在一级时效(120℃)后形成，然后在更高的二级时效温度(160℃)下发生选择性回溶，因此在晶界处可见尺寸细小的呈不连续分布的晶界析出相η，如图5-17(a)所示。当合金在100℃和125℃下进行高温拉伸后，二次析出的存在使得α-Al基体中沿着晶界重新析出了细小的平衡η析出相，这些细小的η析出相重新将断续分布的晶界析出相连接起来，形成了在晶界析出相呈现连续分布的状态，如图5-17(b)和(c)所示。

(2)当合金的拉伸温度为150℃和175℃时，此温度接近或者超过T7452热处理中所包含的二级时效温度，在此过程中，合金中析出相的主要变化为发生回溶或者继续粗化。定义此时析出相的临界半径尺寸 R^* 为：

$$R^*=-\frac{2\gamma}{\Delta g} \tag{5-5}$$

式(5-5)还可以写作：

$$R^*=\frac{2\gamma v_{at}}{kT(C/C_{eq})} \tag{5-6}$$

式中，γ 为单位面积的表面能。

当合金中析出相的尺寸小于临界半径尺寸 R^* 时，在高温拉伸的过程中，这些析出相将会发生回溶，而当析出相的尺寸大于临界半径尺寸 R^* 时，析出相则会继续长大。析出相的长大速度如式(5-7)所示：

$$\left.\frac{\mathrm{d}r}{\mathrm{d}t}\right|_{\text{growth}}=\frac{D}{R}\frac{C-C_{eq}\exp(R_0/R)}{1-C_{eq}\exp(R_0/R)} \tag{5-7}$$

同时，扩散系数 D 如式(5-8)所示：

$$D(T)=D_0\exp\left(-\frac{Q}{GT}\right) \tag{5-8}$$

式中，R_0为析出相的临界形核半径；R 为析出相的半径；G 为气体常数；D_0 为频率因子；Q 为扩散激活能。

由式(5-7)可看出，析出相的长大速度和扩散系数密切相关。式(5-8)说明扩散系数随着拉伸温度的升高而提高，高的扩散系数会进一步加速扩散相变，从而使得析出相的长大速率提高。因此，当拉伸温度较高时，合金中 η′析出相和 η 析出相的长大速度变快。由于析出相的长大是通过不断消耗细小尺寸的析出相进行的，因此析出相的半径增加也较快，如图 5-9～图 5-13 所示。

另外，在较高的拉伸温度下，合金中晶界处的 η 析出相也会发生选择性回溶，当 GBP 的尺寸小于临界析出相尺寸时，析出相将会发生回溶，相反地，当 GBP 的尺寸大于临界析出相尺寸时，析出相将会发生继续长大。这种现象使得晶界处的析出相呈现不连续分布的状态，如图 5-17(d)和(e)所示。

5.5.2 拉伸温度对合金强化机制的影响

对于 7XXX 系铝合金来说，其屈服强度主要由抵抗位错运动的阻力所决定。对于 7085 铝合金来说，位错运动的激活能和析出相对位错的阻碍作用共同影响其最终的屈服强度。

图 5-14 和图 5-15 所示为 7085-T7452 铝合金在不同温度下拉伸后其晶内析出相的半径变化曲线。可知：析出相的平均尺寸随着拉伸温度的升高而不断增加。同时，合金的维氏硬度及强度也随着拉伸温度的上升而呈线性下降的趋势，如图 5-3 所示。

在 Al-Zn-Mg-Cu 合金中，主要的强化机制就是析出强化，即对于细小的析出相来说，其强化机制主要是位错切过机制，而对于较大尺寸的析出相来说，其强化机制主要是 Orowan 位错绕过机制。

结果表明：强化机制主要是位错切过机制还是 Orowan 位错绕过机制的主要判别依据是析出相半径是否超过 3nm。在图 4-7(b)和(c)中，当拉伸温度为 100℃和 125℃时，半径小于 3nm 的析出相所占的百分比分别为 1%和 0.05%。因此，对于此拉伸温度来说，Orowan 位错绕过机制就成了合金中主要的强化机制。强化效果的大小如式(5-9)所示：

$$\Delta\tau_{\text{bypass}} = \sqrt{\frac{6}{\pi}}\beta\mu\boldsymbol{b}\frac{f^{1/2}}{r} \cong 8340f^{1/2}r^{-1} \tag{5-9}$$

式中，β 为一个常数，通常取值 0.5；μ 为基体的剪切模量，对于 7XXX 系 Al-Zn-Mg-Cu 合金来说，其值约为 42.5GPa；$\boldsymbol{b}$ 为基体的伯格斯矢量，取值 2.84Å；f 为析出相的体积分数；r 为析出相的平均半径。从式(5-9)可以看出，位错绕过析出相所产生的强化效果与析出相的体积分数成正比，而与析出相的平均半径成反比。

7085-T7452 铝合金在不同温度下拉伸后的屈服强度的增量如图 5-26 所示。可以看出，随着拉伸温度的升高，合金的强化效果逐渐降低。

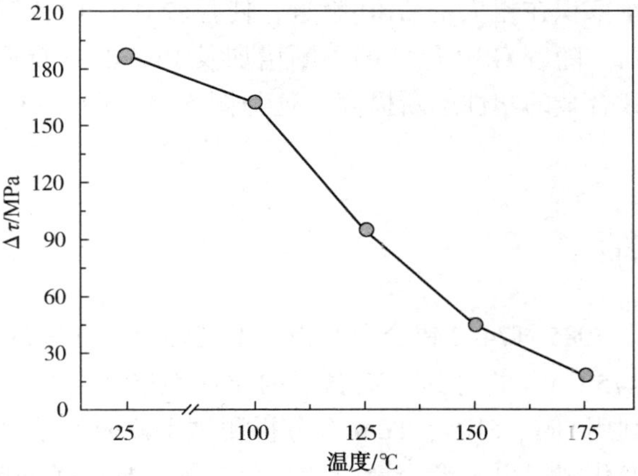

图 5-26　7085-T7452 铝合金在不同温度下拉伸后的屈服强度增量的变化规律

另外，铝合金的强化效果通常受晶界的影响也比较明显(如图 5-17)，富 Zn 的较厚的晶界可以有效提高合金的韧性。

除上述因素之外，随着拉伸温度的不断升高，7085 铝合金中的 α-Al 基体不断发生软化，使得位错运动的活化能降低，因此，合金的屈服强度也会不断降低。

5.5.3 拉伸温度对合金断裂行为的影响

对于 Al-Zn-Mg-Cu 合金来说，其断裂行为主要和拉伸温度以及微观组织的演变相关。在室温下进行拉伸时，位错首先在晶界处以及晶内粗大颗粒处发生塞积增殖，这种情况很容易产生应力集中，导致微裂纹萌生并扩展从而产生主裂纹。因此，在此温度下进行拉伸时，合金的断口呈现由沿晶裂纹以及韧窝所组成的混合断裂特征。

当拉伸温度为 100℃时，7085-T7452 铝合金中的热激活能及热软化作用同时提高。然而，晶内和晶界处的强度差依然较大，因此，沿晶断裂依旧是主要的断裂形式，另外，和室温拉伸相比，析出相和 α-Al 基体之间的热软化作用使得断口中产生一些尺寸更大的韧窝。

当拉伸温度增加为 125℃时，合金中的热激活能进一步提高。微裂纹会在夹杂物和晶界处产生并且不断长大从而形成韧窝，因此，在此温度下拉伸后的试样断口中沿晶断裂的成分有所减少，而韧窝数量相应的有所增加。

随着拉伸温度的进一步升高，当拉伸温度为 150℃和 175℃时，合金的断口主要和空位的增殖和长大相关。GBP 不断长大，同时 PFZ 也不断宽化，在高温拉伸变形的过程中，宽化的 PFZ 和粗大的 GBP 之间会产生“软/硬”耦合的作用，从而使得位错大量塞积在粗大的 GBP 附近，使得较软的 PFZ 发生明显的变形产生较大尺寸的韧窝。随着 GBP 尺寸的不断增加及 PFZ 的不断宽化，韧窝的尺寸也不断变大，导致合金的塑性不断提高，这与图 5-1、图 5-3、图 5-6~图 5-8 中的结果相吻合。

5.6 小结

在本章中，将 7085-T7452 铝合金厚板在不同的温度下进行高温拉伸(100℃、125℃、150℃及 175℃)，并将其与室温下的拉伸性能相比较，测试其强度及硬度的变化规律，利用 OM、SEM、TEM 等分析测试手段研究了合金在拉伸过程中纳米级析出相的变化规律以及合金断口的变化特征，探究了 7085-T7452 铝合金在高温拉伸过程中的强化机制，并定量计算了在不同拉伸温度下合金中屈服强度的增量。得到如下结论：

(1) 随着拉伸温度的升高，7085 铝合金应变硬化指数(n)降低，主要是由于合金的热软化行为所致。

(2) 当拉伸温度≤125℃时，合金中的析出相为 GP 区、η′相及 η 相，当拉伸高于 125℃时，合金中的析出相为 η′相及 η 相。

（3）随着拉伸温度的升高，合金的硬度及强度不断降低，伸长率及断面收缩率则不断升高，当温度为 175℃ 时，和室温时相比，硬度和强度分别降低了 21.8%和 31.0%，而伸长率和断面收缩率分别提高了 28.9%和 66.4%。

（4）在高温拉伸过程中，合金中纳米级析出相的平均半径由 6.27nm 增大至 18.31nm，且平衡相 η 的数量不断增多，这两者是导致合金强度和硬度降低的主要原因。

（5）当拉伸温度为 150℃时，7085 铝合金的断口形貌由沿晶断裂和穿晶断裂的混合特征转变为单一的穿晶断裂模式。

（6）随着拉伸温度的不断升高，不断提高的热激活能使得合金中晶界处棒状 η 析出相的长度由 20.12nm 增大为 73.37nm，同时使晶界无析出带发生宽化（由 36.75nm 增宽至 108.67nm），从而导致韧窝尺寸不断增加，因此合金的塑性得到提高。

第6章 基于高温服役环境的 Al-Zn-Mg-Cu 铝合金性能及组织调控

6.1 引言

作为航空航天领域应用广泛的铝合金之一，7085 铝合金通常用于制备大型飞机的结构件，例如 7085 铝合金已经成功用作 A380 飞机的后翼梁，在实际应用中，该合金会经历了一系列高温环境的考验，一般温度变化为 83～177℃，这些高温因素通常来自飞机的气动加热，如在高速飞行时，发动机或者辅助动力装置所产生的高温。在这种过热情况下，7085 铝合金的显微组织有可能发生改变，进而导致力学性能的恶化。因此，为了保持该合金的设计性能，研究其在长时间高温热暴露处理后的微观组织和性能变化有着重要的作用。

在本章中，以 7085-T7452 铝合金热暴露后进行室温拉伸后的性能为参照，通过不同热暴露制度及高温拉伸实验，模拟 7085-T7452 铝合金实际的应用环境，其中热暴露的温度为 100℃、125℃、150℃和 175℃，热暴露后在相同的温度进行高温拉伸试验，具体实验参数如表 6-1 所示。

表 6-1　7085-T7452 铝合金热暴露及高温拉伸的试验参数

热暴露条件		拉伸温度/℃
温度/℃	时间/h	
100	100，500，1000	100
125	100，500，1000	125
150	100，500，1000	150
175	100，500，1000	175

对试样通过力学性能测试和组织观察研究 7085 铝合金在热暴露与高温拉伸后力学性能的变化规律以及析出相的演变，讨论该合金在热暴露后的高温性能和组织之间的联系，探究其强化机制，以期为该合金在航空航天上的实际应用提供理论和实验依据。

6.2 硬度及电导率的变化

图 6-1 所示为不同温度下热暴露及拉伸对 7085-T7452 铝合金的硬度及电导率的影响。图中黑色虚线代表 7085-T7452 铝合金在室温拉伸后的硬度及电导率的取值。

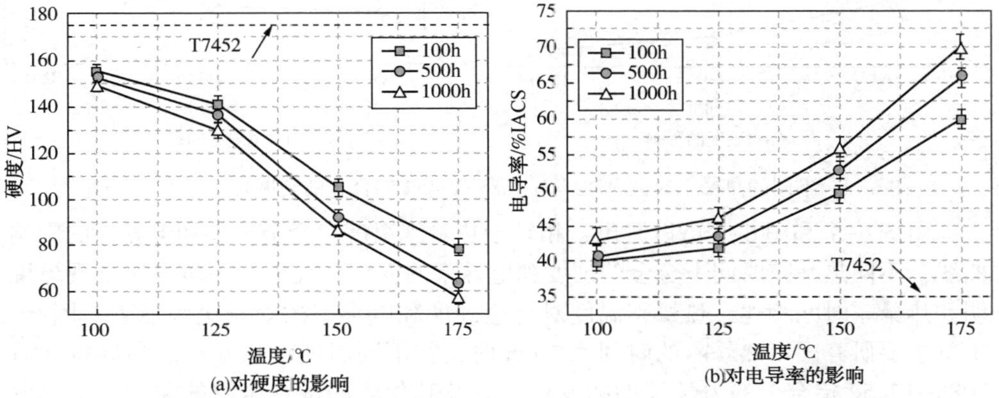

图 6-1 不同温度下热暴露及拉伸对 7085-T7452 铝合金的硬度及电导率的影响

图 6-1(a)所示为合金在热暴露及高温拉伸后(100℃、125℃、150℃和175℃)的硬度值低于其室温拉伸后的硬度值。当温度在 125℃以下时，该合金的硬度下降缓慢，但当温度大于 125℃时，合金的硬度值则迅速下降。

由图 6-1 还可以看出，随着温度的升高，合金的硬度值均呈下降趋势，与热暴露的时间无关。当合金在 175℃/1000h 热暴露后并在 175℃下高温拉伸后，其硬度值降到最低值(57HV)。图 6-1(b)所示为 7085-T7452 铝合金在不同温度下热暴露及拉伸后的电导率的变化曲线。可以看出，电导率的变化趋势与合金硬度值的变化趋势相反，即随着温度的升高，合金的电导率不断提高。当合金在175℃/1000h 热暴露后并在 175℃下高温拉伸后，其电导率的值达到最大(69.7% IACS)。

图 6-2 所示为不同时间下热暴露及拉伸对 7085-T7452 铝合金的硬度及电导率的影响。由图 6-2(a)可以看出，随着热暴露时间的延长，合金的硬度值逐渐降低，当热暴露时间小于 500h 时，合金的硬度下降缓慢，当热暴露时间大于500h 时，合金的硬度下降速度略有增加。由图 6-2(b)可以看出，随着热暴露时间的延长，合金的电导率逐渐增大。

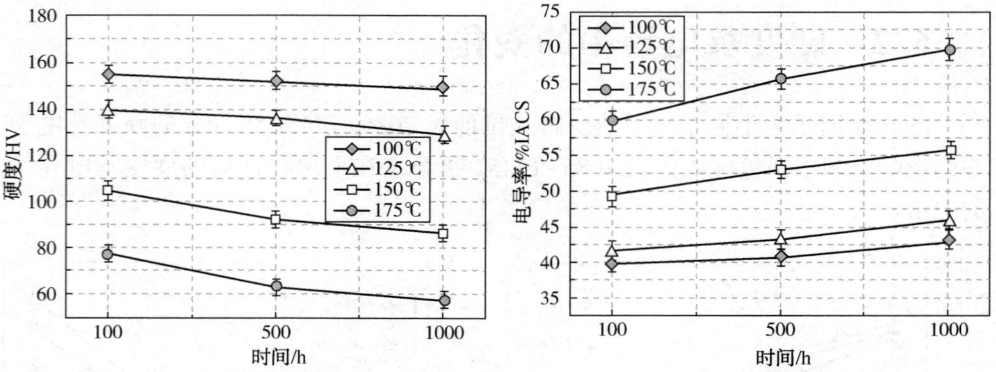

(a)对硬度的影响　　(b)对电导率的影响

图 6-2　不同的热暴露时间及拉伸对 7085-T7452 铝合金的硬度及电导率的影响

由图 6-1 和图 6-2 可以看出，相较于热暴露温度对合金硬度和电导率的影响曲线，不同热暴露时间下合金的硬度和电导率的变化曲线更为平缓，这个现象说明和热暴露时间相比，热暴露温度对合金硬度和电导率的影响更为显著。因此，本章主要研究固定热暴露的时间为 500h 时，在不同温度下热暴露及高温拉伸后 7085-T7452 铝合金的力学性能的变化，以及其相应的微观组织的演变。所选取的 5 组具有代表性的试样编号如表 6-2 所示。

表 6-2　所选取的 7085-T7452 铝合金热暴露及高温拉伸的试验参数

试样编号	热暴露条件	拉伸温度/℃
Ⅰ	—	25
Ⅱ	100℃/500h	100
Ⅲ	125℃/500h	125
Ⅳ	150℃/500h	150
Ⅴ	175℃/500h	175

图 6-3 所示为固定热暴露时间为 500h 时，在不同热暴露及拉伸条件下 7085-T7452 铝合金的拉伸性能的变化曲线。从图 6-3(a) 中曲线的变化趋势可以看出，合金的抗拉强度及屈服强度的变化趋势和图 6-1(a) 中合金的硬度变化趋势相同。

由图 6-3(a) 可知：7085-T7452 铝合金在室温拉伸后强度取得最大值，其抗拉强度及屈服强度分别为 503MPa 和 462MPa。随着温度升高，合金的强度值逐渐降低，在 175℃下热暴露及高温拉伸后，合金的抗拉强度及屈服强度分别降至 171MPa 和 158MPa。

图 6-3(b) 所示为 7085-T7452 铝合金在不同热暴露及拉伸条件下的伸长率及

断面收缩率的变化趋势。可以看出，随着温度升高，合金的伸长率及断面收缩率均升高，说明在较高温度下热暴露及拉伸后的试样呈现更高的塑性。7085-T7452铝合金在室温拉伸后其伸长率及断面收缩率分别为14.9%和39.9%，当在175℃下热暴露及高温拉伸后，合金的伸长率及断面收缩率分别达到30.7%和85%。

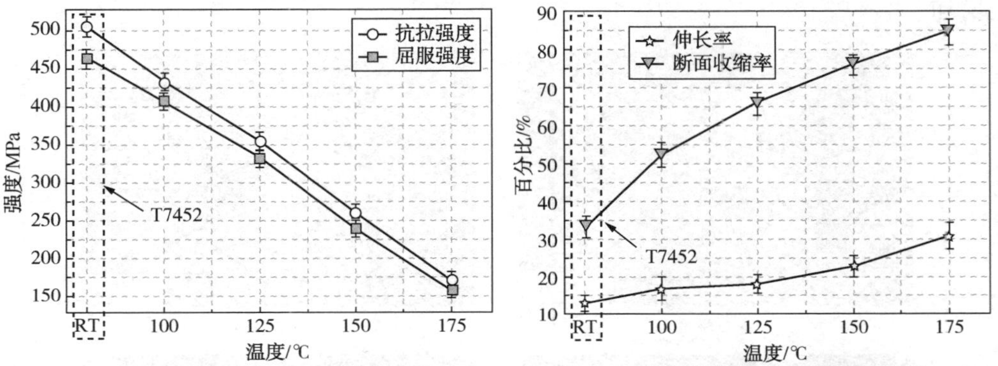

(a)抗拉强度和屈服强度的变化曲线　　(b)伸长率和断面收缩率的变化曲线

图6-3　不同热暴露及拉伸条件下7085-T7452铝合金的抗拉强度和屈服强度及伸长率和断面收缩率的变化曲线

在不同温度下进行热暴露及高温拉伸后，合金的微观组织发生不同程度的变化，因此会导致合金的硬度、电导率及抗拉强度等性能发生变化。因此，为了探究合金在不同温度下热暴露后的高温拉伸性能变化的内在原因，很有必要对其在此过程中的微观组织演变进行探究，并且进一步揭示合金的组织和力学性能之间的关系。

图6-4所示为7085-T7452铝合金(试样Ⅰ)室温拉伸断口形貌图。可以看出，7085-T7452铝合金厚板的拉伸断口形貌中包含韧性的穿晶韧窝和少部分的沿晶断裂裂纹。

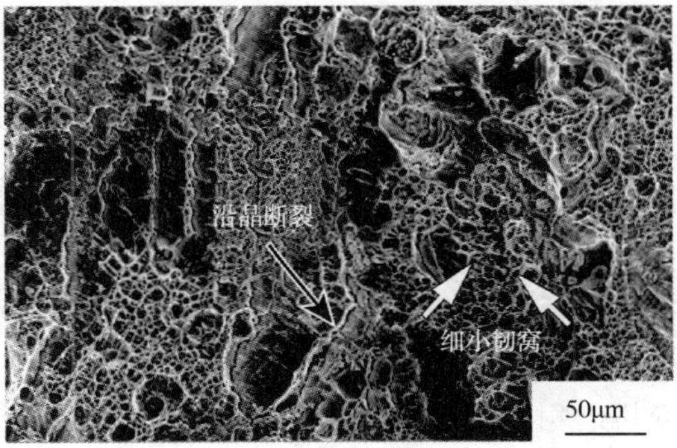

图6-4　7085-T7452铝合金(试样Ⅰ)室温拉伸断口形貌

图 6-5 所示为 7085-T7452 铝合金在不同温度热暴露及拉伸条件下的断口形貌。可以看出，在不同的热暴露及拉伸温度下合金的断口形貌也有着不同的变化。由图 6-5(a)~(d)可以看到，随着热暴露及拉伸温度的升高，合金断口中的韧窝数量不断增加，且韧窝的深度也不断变大，同时韧窝的大小也不断增加。

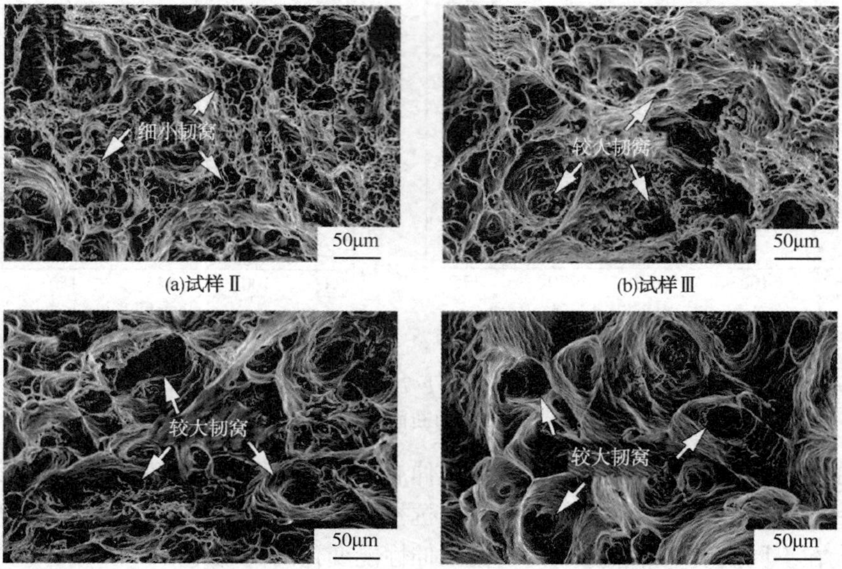

(a)试样 Ⅱ　(b)试样 Ⅲ　(c)试样 Ⅳ　(d)试样 Ⅴ

图 6-5　7085-T7452 铝合金在不同温度热暴露及拉伸条件下的断口形貌

6.3　纳米级析出相的演变

图 6-6 所示为不同温度热暴露及拉伸条件下 7085-T7452 铝合金的 TEM 明场图。可以看出，纳米尺寸的析出相均匀地分布在 α-Al 基体上，随着热暴露及拉伸温度的不同，合金中析出相的数量和分散程度也有所变化。从图中还可以看出，试样 Ⅰ 的析出相尺寸比其余试样(Ⅱ~Ⅴ)的尺寸更加细小。随着温度升高，合金中的析出相尺寸也随之增加。

铝合金中析出相的类型可通过电子衍射花样 SAED 来标定。图 6-7 所示为 $[001]_{Al}$晶带轴下铝合金的电子衍射花样的示意。可以看出，在此晶带轴下，合金中的 η′析出相、η 析出相、Al_3Zr 颗粒及 GP 区均可以被标定出。

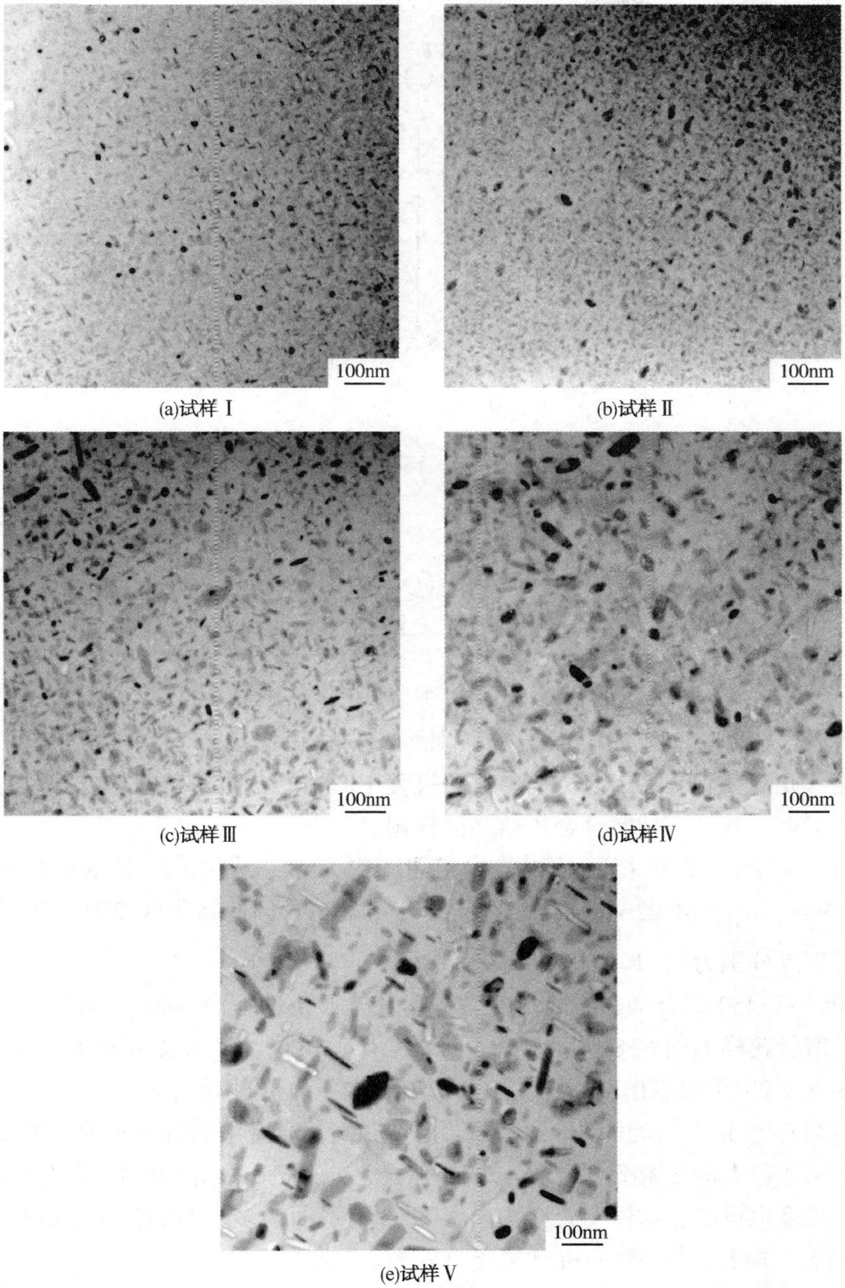

(a)试样Ⅰ (b)试样Ⅱ (c)试样Ⅲ (d)试样Ⅳ (e)试样Ⅴ

图 6-6 7085-T7452 铝合金在不同温度热暴露及拉伸条件下的 BF-TEM 像

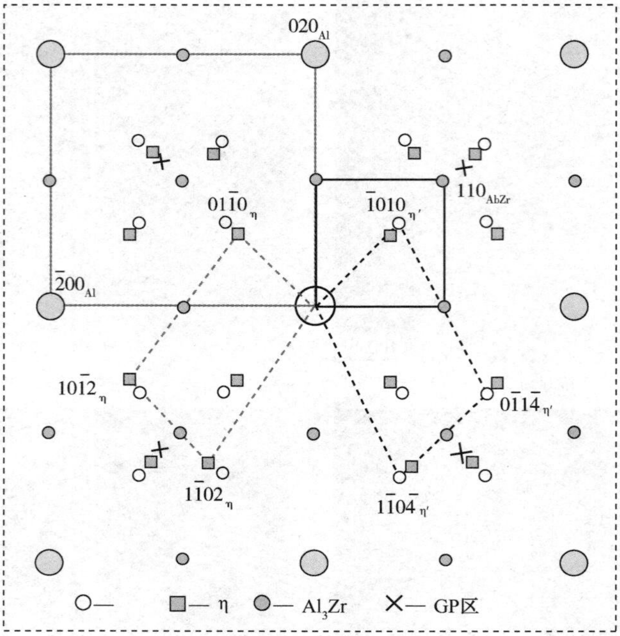

图 6-7 [001]$_{Al}$晶带轴下各个析出相的衍射花样示意

另外，图中位于{100}$_{Al}$及{110}$_{Al}$处的衍射斑可标定为 $L1_2$立方结构的 Al_3Zr 弥散相，此弥散相是在铝合金均匀化的过程中产生的，在随后的热处理过程中被保留了下来，其具有抑制合金再结晶的作用。

由于 η′和 η 析出相的晶体结构相同，均为六方结构，其晶格常数分别为 $a_{\eta'}=4.96$Å，$c_{\eta'}=14.02$Å，$a_{\eta}=5.21$Å 及 $c_{\eta}=8.6$Å，因此在 1/3{220}$_{Al}$处及附近的衍射斑点分别为{$\bar{1}010$}$_{\eta'}$及{$01\bar{1}0$}$_{\eta}$。

7085-T7452 铝合金在不同温度热暴露及拉伸条件下沿[001]$_{Al}$晶带轴下实际的电子衍射花样如图 6-8 所示。合金中的 Al_3Zr 颗粒、η′相及 η 相如图中所示。从图 6-8(a)中可以看出，试样 I 中的析出相主要为 η′相及 η 相。

由图 6-8(b)～(e)可以看到，随着温度升高，合金中的析出相种类未发生变化，均为亚稳态的 η′相及平衡的 η 相，但是在此过程中，η 相的衍射斑点变得更明锐，强度也更高，这说明合金中 η 相的含量不断增多。当温度为 175℃时[图 6-8(e)]，试样 V 中主要的析出相变为 η 相。

上述现象说明在不同温度下热暴露及高温拉伸的过程中，合金中亚稳态的 η′相逐渐转变为稳态的 η 相。

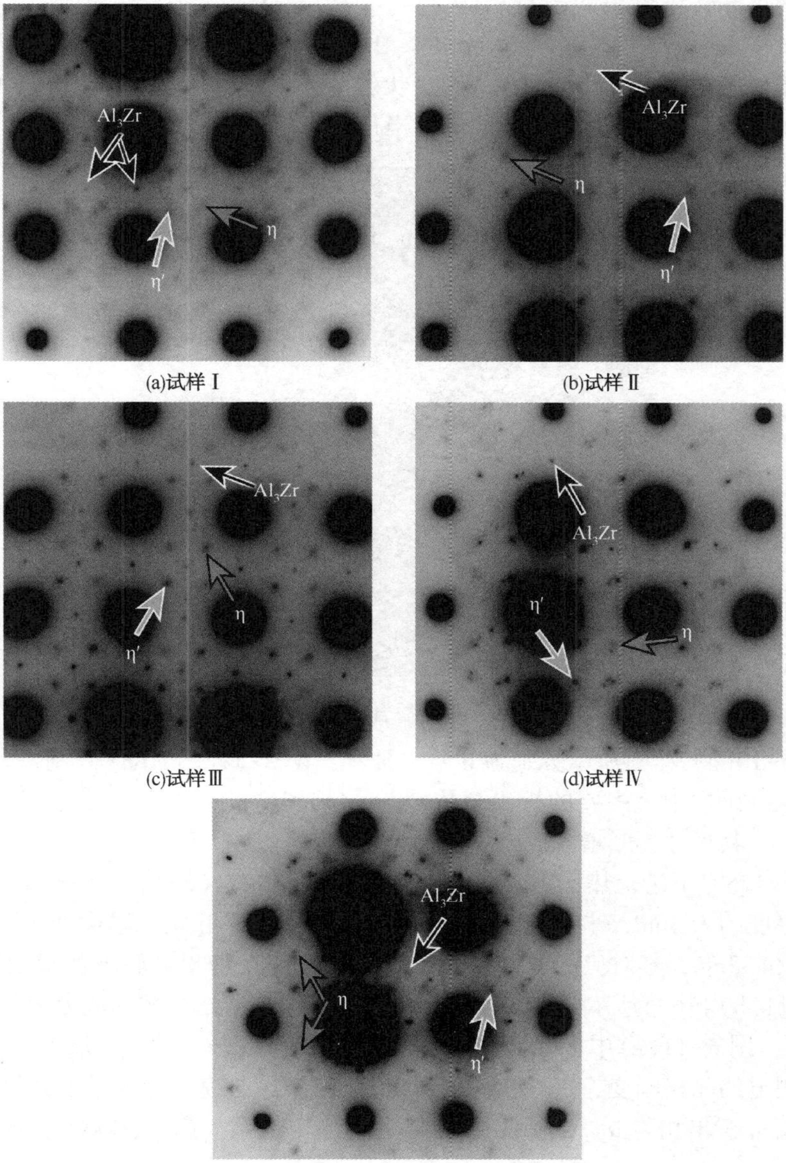

(a)试样Ⅰ　(b)试样Ⅱ

(c)试样Ⅲ　(d)试样Ⅳ

(e)试样Ⅴ

图 6-8　7085-T7452 铝合金在不同温度下热暴露及拉伸后的电子衍射花样

图 6-9 所示为试样Ⅰ热暴露前后合金的高分辨 HRTEM 图像。可以看出，试样Ⅰ中包含 η′析出相和 η 析出相，其中 η′析出相呈现 3 种不同的变体，这 3 种变体均呈现板条状分布的形态特征。图 6-9 中左上角的插图为其中一个 η′析

出相的傅里叶转变图 FFT，可以看到一些 η′析出相的轻微的漫散射斑，经过测量可得到试样Ⅰ中 η′析出相的厚度为 1.5～2nm，半径为 4～6nm。另外，从该图中还可以看出，合金中包含了细小的圆盘状的 η 析出相，其傅里叶变换图如图中右下角所示，经测量其厚度约为 4.3nm，半径约为 4.9nm。

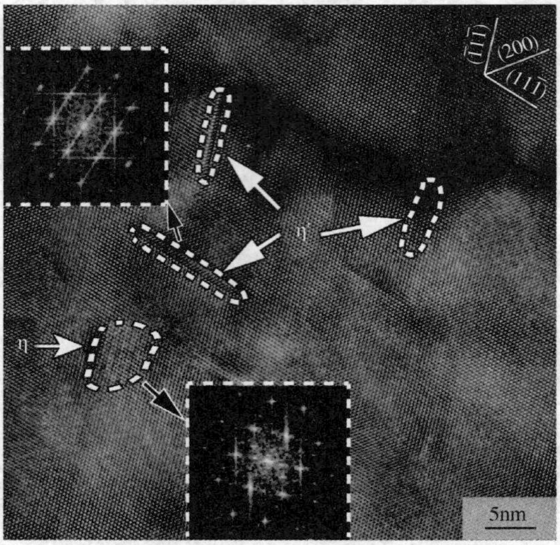

图 6-9　试样Ⅰ热暴露前后合金的高分辨 HRTEM 图像

图 6-10(a)～(c)所示分别为Ⅱ号、Ⅲ号、Ⅳ号试样的 HRTEM 图像。可以看出，在这些试样中，主要的析出相依然为 η′相和 η 相。随着温度升高，析出相逐渐长大，其尺寸不断增大。

当在 175℃下进行热暴露及高温拉伸后，如图 6-11(a)所示，试样Ⅴ中 η′析出相的厚度约为 3nm，半径约为 11.5nm。另外，平衡相 η 的厚度和半径约达到 11.8nm 和 33nm，其对应的傅里叶转变花样 FFT 和反傅里叶转变图像 IFFT 分别如图 6-11(b)和(d)所示。图 6-11(d)中白色实线框所示区域的放大图如图 6-11(e)所示，图 6-11(e)中虚线框所示区域的放大图如图 6-11(c)所示。从图中可以看到明显的晶格畸变，进一步说明析出相 η 与 α-Al 基体之间的非共格关系。

根据 η 析出相与 α-Al 基体之间典型的位相关系，如，$(0001)_{\eta}//\{111\}_{Al}$，$(10\bar{1}0)_{\eta}//\{110\}_{Al}$，因此在$\{111\}_{Al}$面上存在 4 种类型的等效 η 析出相变体，如图 6-12(a)所示，4 个厚度及半径均相同的圆盘状 η 析出相的$(0001)_{\eta}$惯习面分别与 4 个等效的$\{111\}_{Al}$面保持平行的关系，这里分别定义其为 V_1～V_4。

当观察方向为$[110]_{Al}$晶带轴时，如图 6-12(b)所示，V_1 和 V_2 的位相是 edge-on 的，而 V_3 和 V_4 则变成椭圆。

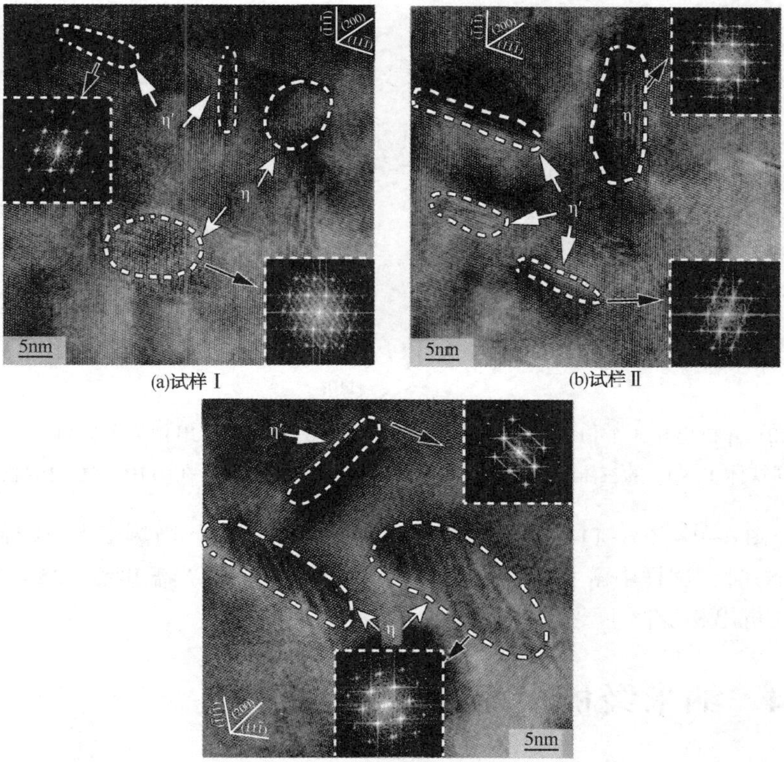

(a)试样Ⅰ　(b)试样Ⅱ　(c)试样Ⅲ

图 6-10　7085-T7452 铝合金在不同温度下热暴露及拉伸后的高分辨图像

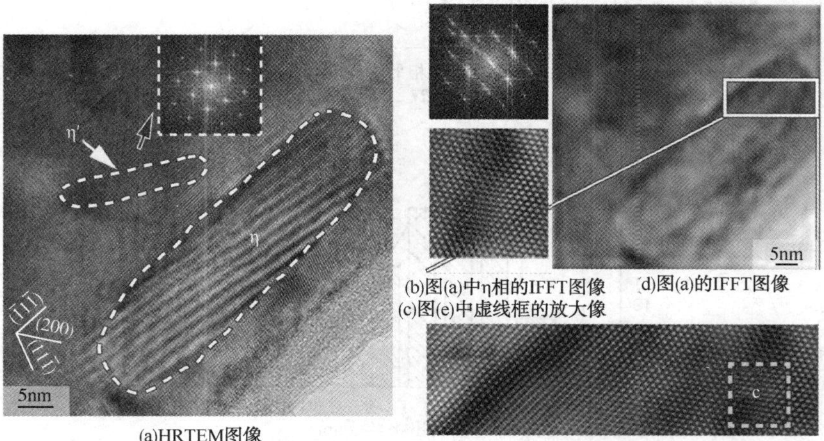

(a)HRTEM图像　(b)图(a)中η相的IFFT图像　(c)图(e)中虚线框的放大像　(d)图(a)的IFFT图像　(e)图(d)中白色实线框的放大像

图 6-11　试样Ⅴ热暴露前后合金的高分辨图像

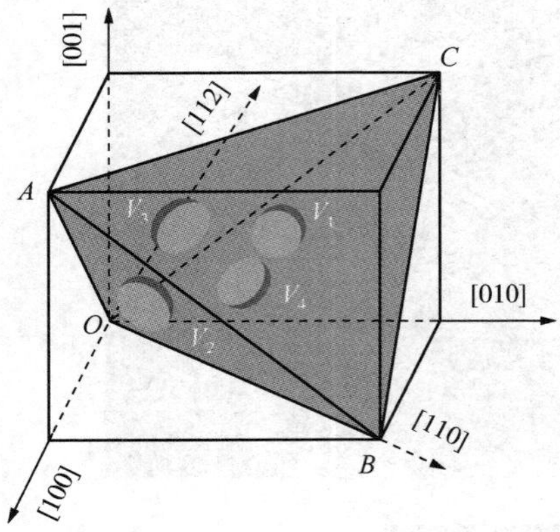

图 6-12　η 析出相 4 个$\{111\}_{Al}$晶面上不同变体 V_1 ~ V_4 的三维空间示意

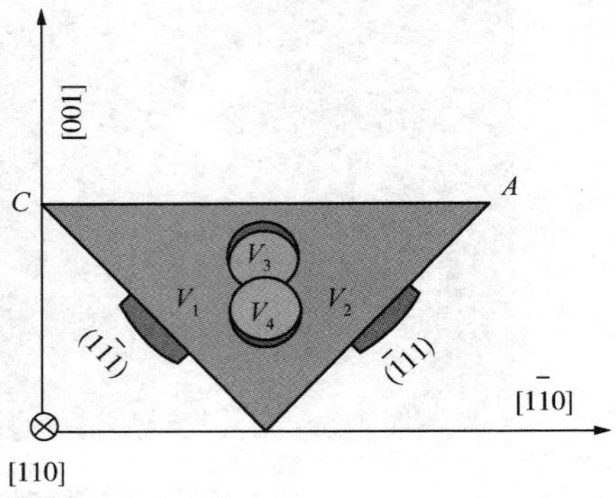

图 6-13　η 析出相 4 个$\{111\}_{Al}$晶面上不同变体 V_1 ~ V_4 在$[110]_{Al}$方向的投影示意

结合图 6-9~图 6-11 中 5 个试样的高分辨图像可知：当热暴露及拉伸温度不大于 100℃时，试样中 η 析出相变体主要为 V_3 和 V_4，而当温度在 125~175℃时，试样中 η 析出相变体主要为 V_1 和 V_2。

6.4　纳米级析出相的尺寸表征

由于析出相的尺寸对铝合金的力学性能有着重要影响，为了保证统计结果的准确性，本组实验中，针对每个试样通过对至少 1000 个析出相的尺寸进行统计。所获得的统计结果如图 6-14~图 6-19 所示。

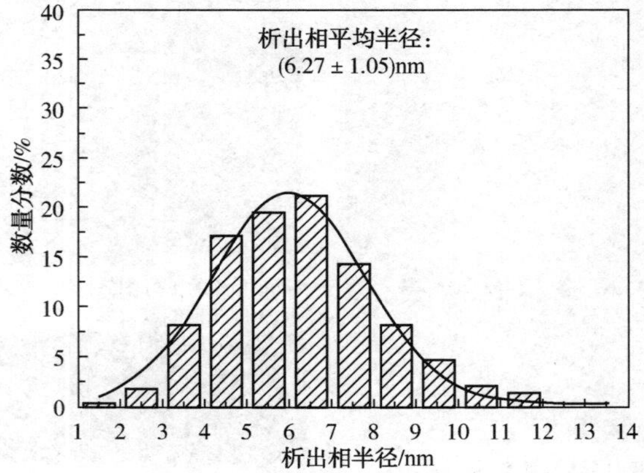

图 6-14　试样 Ⅰ 室温拉伸后的析出相尺寸分布

由图 6-14 可以看到，试样中析出相的半径分布在 1～14nm，其中约有 71%的析出相的半径在 4～8nm 的范围内，半径大于 8nm 的析出相约占总析出相的 18%，而半径小于 4nm 的析出相约为 11%，析出相的平均半径为(6. 27±1. 05)nm。

图 6-15 所示为试样Ⅱ中析出相的半径分布情况。可以看出，析出相的半径相比试样Ⅰ有所增加，其分布扩大至 0～24nm，其中半径大于 14nm 的析出相约为 10%，半径小于 8nm 的析出相降为 4. 5%。该试样中斪出相的平均半径为(9. 61±0. 94)nm。

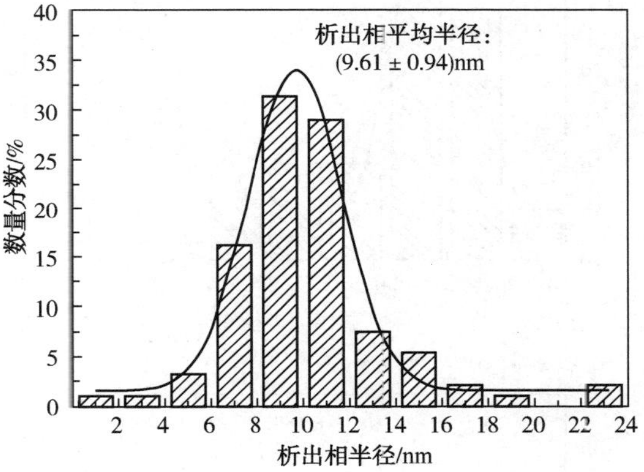

图 6-15　试样Ⅱ热暴露及拉伸后的析出相尺寸分布

试样Ⅲ中析出相的半径分布情况如图 6-16 所示。可以看出，约有 78%的析出相的半径分布在 9～24nm，而半径小于 9nm 的析出相的数量分数约为 5%，同时半径大于 24nm 的析出相约为 17%。该试样中析出相半径的分布扩大至 4. 5～48nm，其析出相的平均半径达到(17. 42±2. 18)nm。

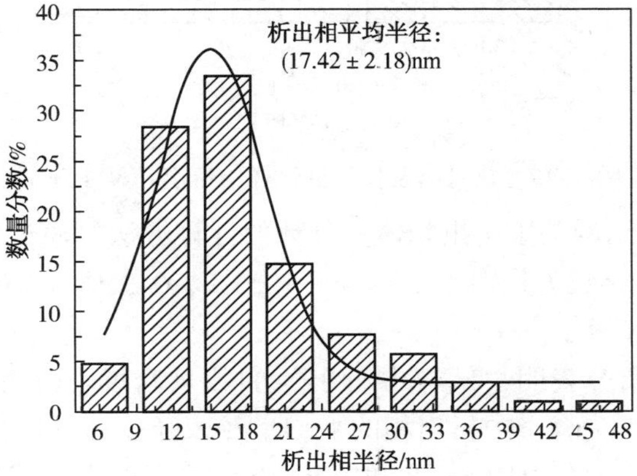

图 6-16　试样Ⅲ热暴露及拉伸后的析出相尺寸分布

当热暴露及拉伸温度达到150℃和175℃时，试样中析出相的半径分布情况分别如图6-17(a)和(b)所示。可以看出，试样中析出相的尺寸明显增大，试样Ⅳ和Ⅴ的平均析出相半径分别达到(29.58±3.79)nm，(37.29±4.76)nm。同时析出相半径的分布范围也进一步扩大，分别为15~60nm，20~100nm。

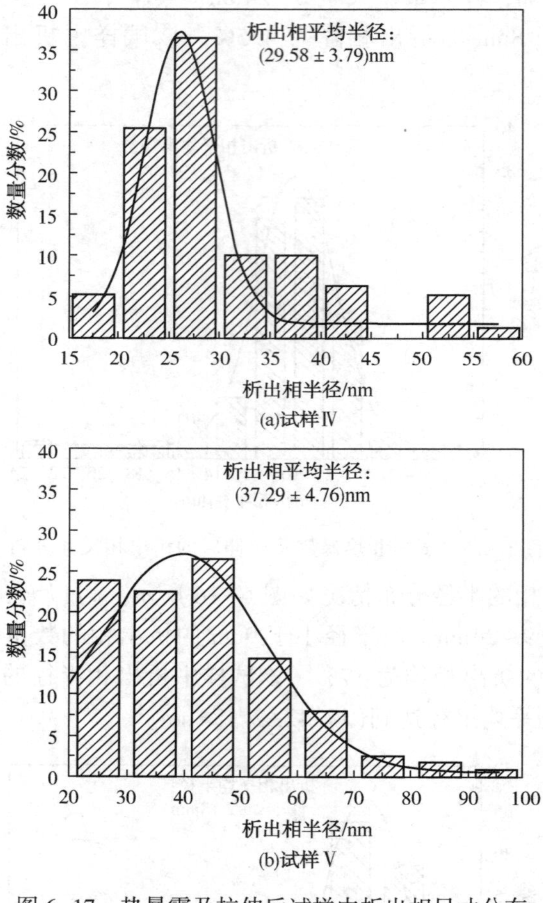

图6-17　热暴露及拉伸后试样中析出相尺寸分布

根据第3章介绍的关于析出相体积分数的计算方法，通过计算得到试样Ⅰ~Ⅴ中析出相的体积分数f分别为2.04%、1.35%、0.33%、0.08%和0.06%，其变化曲线如图6-18所示。

Deschamps等研究表明，试样中析出相的数量密度(N)可通过公式$N=3f/4\pi r^3$来计算，式中r为合金中析出相的平均半径，经过计算可得析出相的数量密度结果如图6-19所示。由图6-18和图6-19中可以看出，随着温度的升高，合金中析出相的体积分数及数量密度均呈逐渐下降趋势。

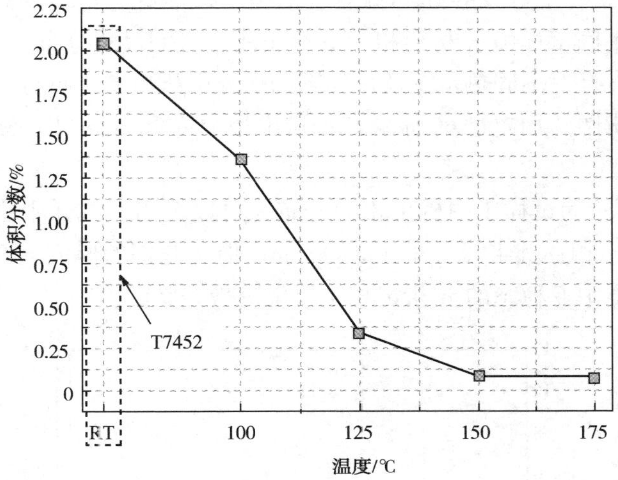

图 6-18　7085-T7452 铝合金在不同温度下热暴露及拉伸后析出相的体积分数

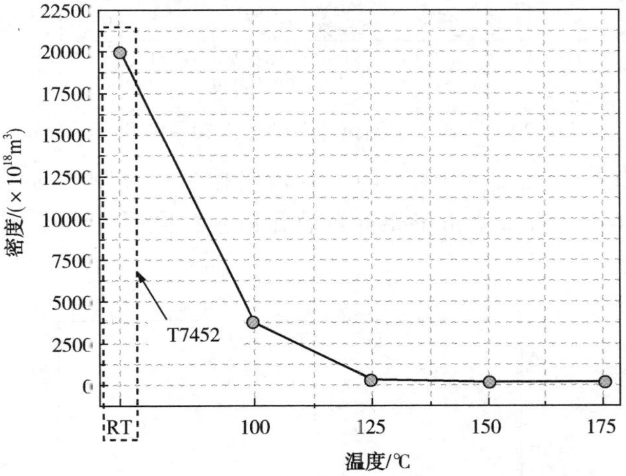

图 6-19　7085-T7452 铝合金在不同温度下热暴露及拉伸后析出相的数量密度

6.5　纳米级析出相的形貌特征

图 6-14~图 6-17 所示为 5 种试样中析出相的半径分布情况。图 6-8 所示的电子衍射花样显示 5 种试样中的析出相均为亚稳态 η′和稳态的 η 析出相，在 $[110]_{Al}$晶带轴下，亚稳态的 η′析出相主要表现为板条状的形貌特征，而平衡态的 η 析出相根据其位相的不同，主要呈现板条状或者圆盘状的形貌。试样中 η′

和 η 析出相的尺寸对 Al-Zn-Mg-Cu 合金的力学性能有着重要的影响，因此有必要进一步分析不同试样中 η′析出相和 η 析出相各自的尺寸分布。

在本章中，针对不同热暴露及拉伸下的试样中析出相进行分析时，统计的每组试样的高分辨图片均超过 60 张，获得析出相中 η′和 η 的尺寸分布如图 6-20~图 6-23 所示。

图 6-20 所示为试样 I 中析出相的分布。可以看出，试样中主要的析出相为亚稳态的 η′析出相，其半径分布在 2~13nm，但是它们的厚度通常小于 3nm，也进一步说明合金中亚稳态的 η′析出相主要呈现板条状的形貌。

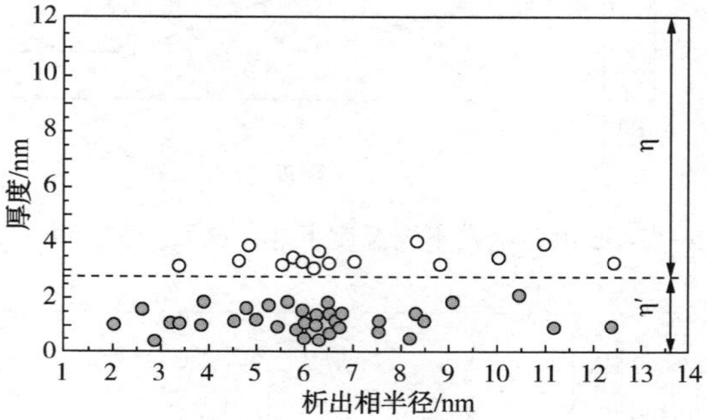

图 6-20　试样 I 室温拉伸后的析出相厚度和半径分布

当热暴露及拉伸温度为 100℃时，其析出相半径及厚度的分布如图 6-21 所示。和试样 I 相比，合金中析出相 η′的含量减少，同时其半径分布范围变大，厚度基本保持不变。

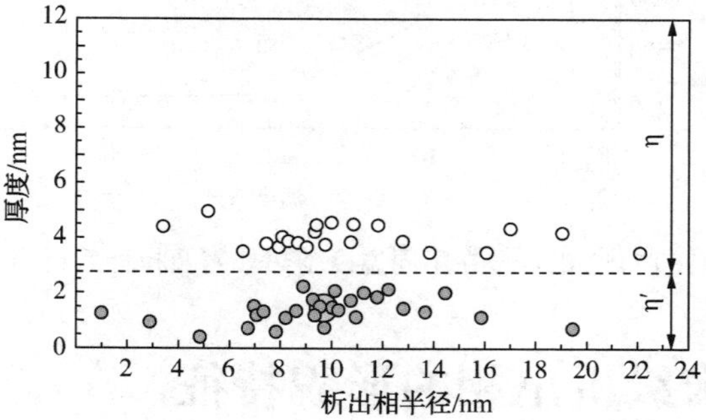

图 6-21　试样 II 热暴露及拉伸后的析出相厚度和半径分布

随着热暴露及拉伸温度的不断升高，合金中 η′析出相的数量逐渐下降，同时 η 析出相的数量则不断增多。图 6-22(a) 和 (b) 所示分别为热暴露及拉伸温度为 150℃和 150℃时，合金中析出相半径和厚度分布情况。可以看出，试样中析出相的半径及厚度随着热暴露及拉伸温度升高而逐渐增大，与图6-16和图6-17中析出相的平均尺寸分布结果一致。

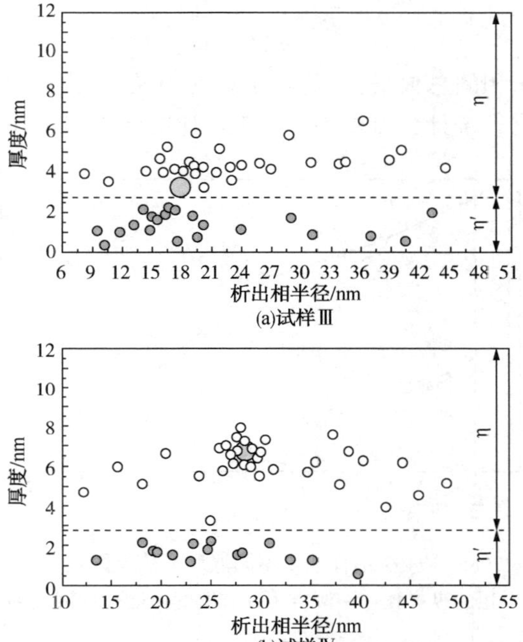

(a)试样Ⅲ

(b)试样Ⅳ

图6-22　热暴露及拉伸后的析出相厚度和半径分布

由图6-23可以看到，当热暴露及拉伸温度升至175℃时，试样中析出相的半径范围明显变大，且平衡相η析出的厚度也明显变大。以上现象也进一步证实在热暴露及拉伸的过程中，7085-T7452铝合金中的η′析出相不断转变为η析出相，且合金中的析出相也不断发生粗化。

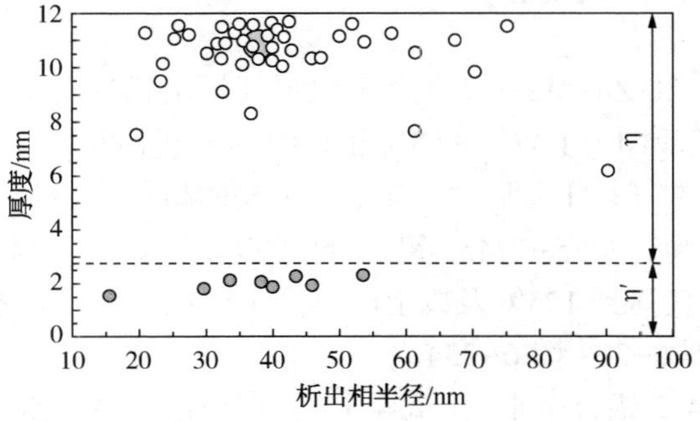

图6-23　试样Ⅴ热暴露及拉伸后的析出相厚度和半径分布

为了进一步理解合金的硬度变化和析出相形貌之间的关系，定义合金的纵横比(半径与厚度的比值)如下：

$$\overline{R}=\frac{1}{n}\sum_{1}^{n}\frac{r_{\mathrm{i}}}{t_{\mathrm{i}}} \tag{6-1}$$

式中，n 为析出相的总数量；r_{i}为析出相的半径；t_{i}为析出相的厚度。

根据式(6-1)进行统计，可得析出相纵横比的结果如图 6-24 所示。

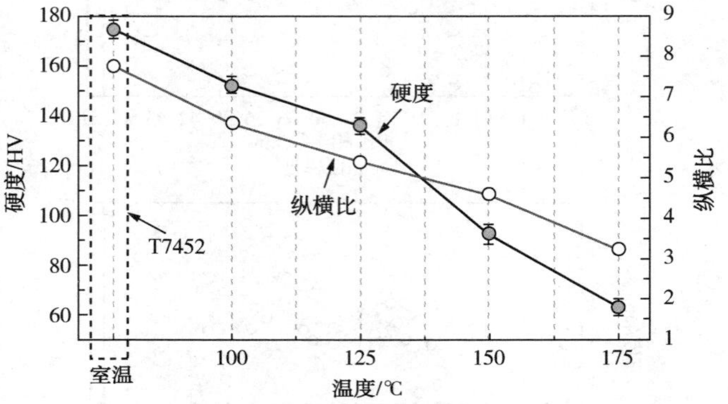

图 6-24　7085-T7452 铝合金在不同温度下热暴露及拉伸后试样中析出相的纵横比(厚度/半径)与硬度值变化曲线的对比

由图 6-24 可以看出，合金纵横比随着温度的变化与合金的硬度值随着温度的变化的趋势相同，这说明合金的硬度值随着合金中析出相纵横比的变化而变化。由于在热暴露及拉伸的过程中，合金中出现了数量更多、厚度更大的 η 析出相，而 η 析出相对合金硬度的贡献值小于亚稳态的 η′析出相，因此，合金的硬度不断降低。

6.6　分析及讨论

对于 7XXX 系 Al-Zn-Mg-Cu 合金来说，其析出相的析出顺序为：过饱和固溶体(SSSS)→GP 区[GP(Ⅰ)区和 GP(Ⅱ)区]→η′析出相→η 析出相。根据上述的实验结果可知，在试样Ⅰ~Ⅴ中，合金中主要的析出相均为 η′和 η。随着热暴露及拉伸温度的升高，7085-T7452 铝合金中纳米级别 η 析出相的数量不断增多，当热暴露及拉伸温度达到 125℃及以上时，合金中的主要析出相变为平衡的 η 析出相(见图 6-8、图 6-20~图 6-23)。

对于 7085-T7452 铝合金来说(试样Ⅰ)，在经过室温拉伸后，其包含了与 α-Al 基体之间呈现半共格的 η′析出相和非共格的 η 析出相，其析出相的平均尺寸为(6.27±1.05)nm(见图6-14)。在Al-Zn-Mg-Cu合金中，位错通过切过析出相还是绕过析出相的方式来达到强化合金的目的主要取决于析出相的尺寸，第3章研究表明：当析出相的半径大于3nm时，位错主要通过Orowan绕过析出相的方式来强化合金，当析出相的半径小于3nm时，位错则优先选择切过析出相的方式来强化合金。对于7085-T7452合金来说，其中半径大于3nm的析出相数量约占总析出相数量的95%，使得位错很难通过切过的方式来运动。因此，绕过机制变成了该合金中位错运动的主要方式，通过位错绕过析出相来强化合金所取得的增量可通过式(4-8)来计算，具体可表示如下：

$$\Delta\tau_{\text{bypass}} = 8340 f^{1/2} r^{-1} \tag{6-2}$$

式中，f为析出相的体积分数；r为析出相的平均半径。式(6-2)表示位错绕过析出相所产生的强化效果主要与析出相的体积分数和平均半径相关。

图6-25和图6-26所示为试样Ⅱ在$[110]_{Al}$晶带轴下的高分辨图像，可以看出η′析出相和η析出相与位错之间的关系。

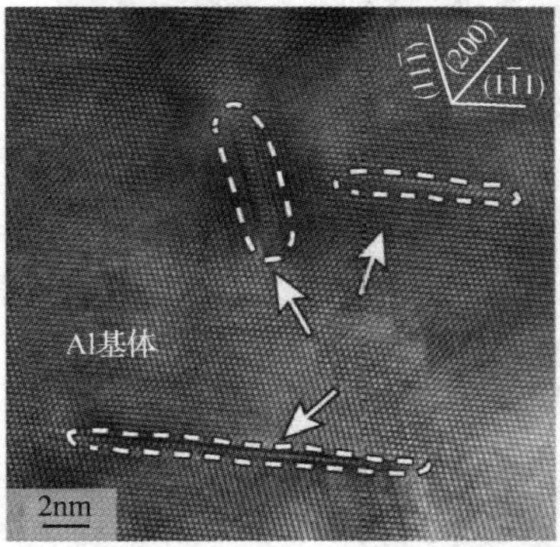

(a)η′析出相

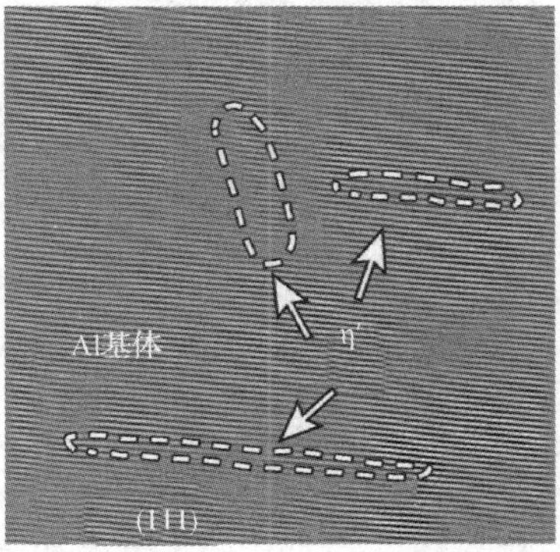

(b)图(a)沿$(1\bar{1}1)_{Al}$面的反傅里叶转变图像

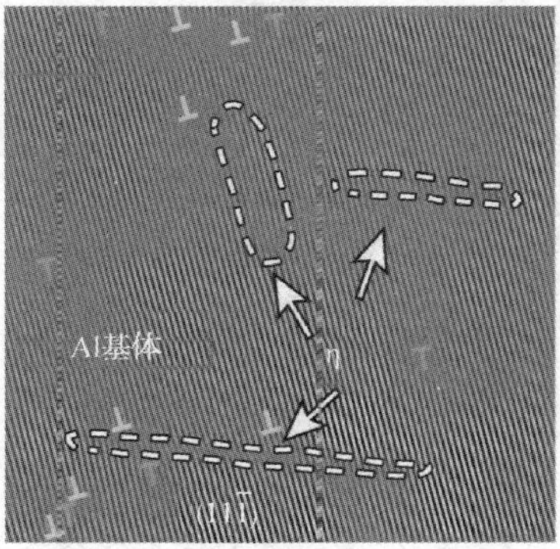

(c)图(a)沿$(11\bar{1})_{Al}$面的反傅里叶转变图像

图6-25 试样Ⅱ中的η′析出相

由图 6-25(a)可以看到，试样中存在尺寸不等的板条状的η′析出相。图 6-25(b)和(c)分别为图 6-25(a)对应的沿$(1\bar{1}1)_{Al}$面$(11\bar{1})_{Al}$面的反傅里叶变换(IFFT)图像。其中不同指向的“T”代表不同伯格斯矢量的位错，这些不同类型的位错主要是由多个滑移系的迁移和反应所得到的，图中显示了位错主要通过绕过该η′析出相来达到强化合金的目的。

图 6-26(a)所示为试样Ⅱ中尺寸不等的椭圆形的析出相的高分辨图像，根据图 6-26(a)中左下角的傅里叶变换(FFT)花样可知，该图中椭圆形的析出相为η析出相，同时根据图 6-12 和图 6-13 可知，该析出相为η析出相的V_3或者V_4变体。图 6-26(b)和(c)分别为图 6-26(a)对应的沿$(1\bar{1}1)_{Al}$面$(11\bar{1})_{Al}$面的反傅里叶转变(IFFT)图像。可以看出，位错与该η析出相之间的关系主要为 Orowan 绕过机制。

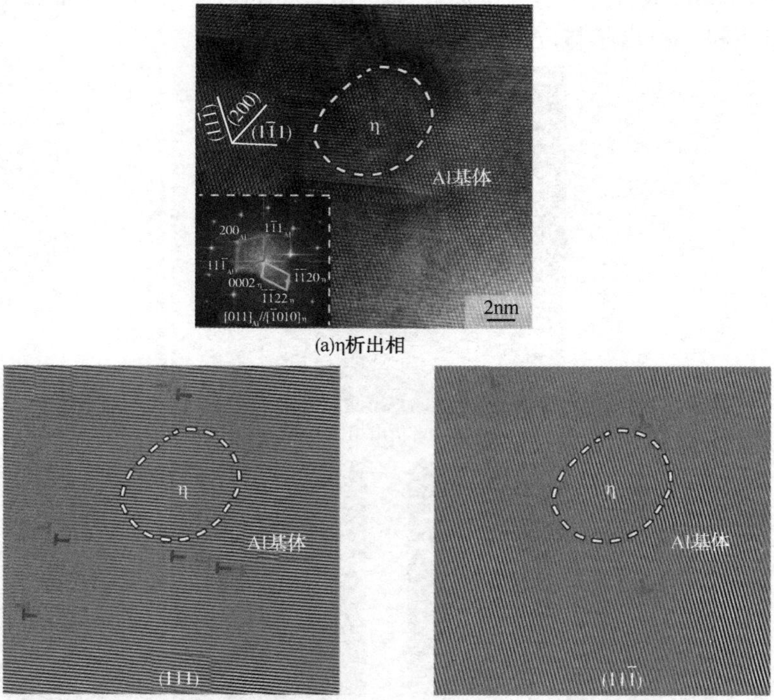

(a)η析出相

(b)图(a)沿$(1\bar{1}1)_{Al}$面的反傅里叶转变IFFT图像　(c)图(a)沿$(11\bar{1})_{Al}$面的反傅里叶转变IFFT图像

图 6-26　试样Ⅱ中的η析出相

图 6-14~图 6-17 中显示了合金在不同热暴露及拉伸温度后的析出相的尺寸分布的变化曲线，从图中可以看出，随着温度的升高，合金中析出相的平均半径增大而且半径分布范围也变宽。对于热暴露及拉伸温度为 100℃的试样Ⅱ来说，

析出相的平均半径增至(9.61±0.94)nm，析出相半径的尺寸分布在0~24nm。当热暴露及拉伸温度升高至175℃时，即对于试样V来说，其析出相的平均半径增大为(37.29±4.76)nm，同时，其半径分布扩大至20~100nm。因此对于热暴露及拉伸后的试样来说，合金中的强化机制均为Orowan绕过机制，其强化效果均可用式(6-4)来表示，该公式显示出位错绕过析出相所达到的强化效果与析出相的体积分数成正比，但是与析出相的半径成反比。

表6-3所示为7085-T7452铝合金在不同热暴露及高温拉伸温度下的试样中的析出相的特征参数。可以看出，随着热暴露温度升高，合金中析出相的体积分数不断降低。

表6-3 所选取的7085-T7452铝合金在不同热暴露及高温拉伸温度下的试样中的析出相的特征参数

试样编号	析出相类型	析出相平均半径/nm	析出相半径尺寸分布	析出相体积分数/%	析出相数量密度/$\times10^{18}$m^3	纵横比
Ⅰ	η+η′	6.27±1.05	1~14	2.04	19750	7.75
Ⅱ	η+η′	9.61±0.94	0~24	1.35	3630	6.33
Ⅲ	η+η′	17.42±2.18	6~48	0.33	149	5.38
Ⅳ	η+η′	29.58±3.79	15~60	0.08	7.37	4.58
Ⅴ	η+η′	37.29±4.76	20~100	0.06	2.76	3.20

根据式(6-4)可以计算出合金通过Orowan绕过机制所得到的屈服强度的增量，图6-27所示为经计算所得到的屈服强度的增量随着热暴露及拉伸温度变化的曲线。可以看出，随着热暴露及拉伸温度的升高，位错通过析出相达到的强化效果逐渐降低，因此，合金的屈服强度也随着温度升高而逐渐降低，如图6-3所示。

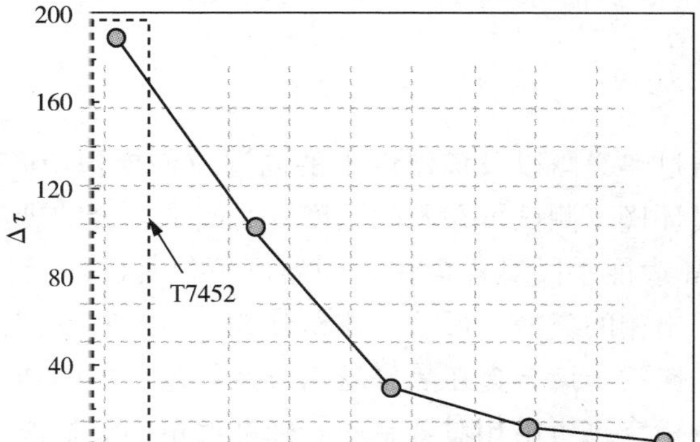

图6-27 7085-T7452铝合金在不同热暴露及高温拉伸温度下屈服强度增量的变化曲线

在 Al-Zn-Mg-Cu 合金中，其微观组织可以很大程度上影响合金的电导率，主要是由其中的电子散射决定的。在热暴露以及拉伸的过程中，纳米级析出相逐渐从 α-Al 基体析出，这种情况会导致晶格畸变以及内应力同时降低，因此，电子的运动更加容易，从而使得合金的电导率不断升高。随着热暴露温度的升高以及时间的延长，析出相从 α-Al 基体中充分析出，而且不断长大，因此合金的电导率也变得更高。由表 6-3 可知：随着温度的不断升高，析出相的半径逐渐增大，同时析出相的数量密度则降低，导致合金中晶体缺陷散射电子的减少，因此，7085-T7452 铝合金的电导率有所增加。

本章模拟了 7085-T7452 铝合金的实际应用环境，将合金经过不同制度的热暴露处理后再进行高温拉伸试验，和第 5 章高温拉伸试验相比，经过不同的热暴露处理工艺再进行高温拉伸后，7085-T7452 铝合金中析出相的尺寸增大较为明显，同时合金硬度及强度下降的幅度也较大，主要原因为在此热处理条件下合金中具有数量更多、厚度更大的 η 析出相，而 η 析出相对合金硬度的贡献值小于亚稳态的 η′析出相。

综上所述，7085-T7452 铝合金中主要的析出相为与 α-Al 基体半共格的 η′析出相和非共格的 η 析出相，析出相的平均半径为(6.27±1.05)nm，该合金中主要的强化机制为 Orowan 绕过机制。随着热暴露及拉伸温度的升高，合金中的析出相尺寸逐渐增大，且 η 析出相的数量不断增多，位错通过绕过析出相来强化合金的机制起着越来越重要的作用，当热暴露及拉伸温度为 175℃时，Orowan 绕过机制产生的效果最为显著。这种绕过机制产生的合金屈服强度的增量通过公式可以计算出来，结果表明：随着热暴露及拉伸温度的升高，屈服强度的增量不断降低，因此，合金强度也不断降低。

6.7 小结

在本章中，通过热暴露以及该温度下的高温拉伸模拟 7085-T7452 铝合金实际应用的高温服役环境，测试了在不同温度及时间下合金的硬度、电导率及拉伸性能，并通过 TEM 表征手段对合金在不同温度下热暴露以及拉伸后的析出相进行研究，统计了析出相的类型、尺寸、体积分数、数量密度，并对其半径与厚度的比值进行分析，探索了该合金在热暴露以及拉伸过程中的强化机制，计算了在不同服役条件下位错绕过析出相对合金屈服强度增量的贡献值，得到如下结论：

（1）当热暴露及拉伸温度由室温升至 175℃时，合金硬度由 174HV 降为 57HV，电导率由 34.8%IACS 升高到 69.7%IACS。随着时间的延长，合金的硬度及电导率变化不明显。

(2) 随着热暴露及拉伸温度的升高，合金的抗拉强度由 503MPa 降至 171MPa，在此过程中 η′析出相不断转变为平衡相 η，数量不断增多的 η 析出相是导致合金强度及硬度下降的主要原因。

(3) 当热暴露及拉伸温度为 125℃及以上时，合金中主要的析出相为平衡相 η，且 η 析出相的变体由 V_3 和 V_4 转变成 V_1 和 V_2。

(4) 随着热暴露及拉伸温度的升高，合金中析出相的平均半径由 6. 27nm 长大至 37. 29nm，但是其体积分数和数量密度均有所降低，因此合金的强化效果减弱。

(5) 在热暴露及拉伸后的试样中，位错主要通过绕过纳米级析出相来达到强化合金的效果，随着热暴露及拉伸温度的不断升高，其对合金屈服强度的增量不断减小。

第 7 章　高强铝合金增材制造工艺

进入 21 世纪，金属材料成形技术正在发生巨大变革，增材制造(Additive Manufacturing，AM)技术是近年来发展的新型复杂结构定制化产品成形新方法，因具有加工速度快、材料利用率高、成本低等优点，被尝试用于加工各种重要零部件。由于高强铝合金具有高比强度、良好的抗腐蚀性能、高断裂韧性等优异的性能，可以满足在航空航天、交通设施、军事设施等特殊领域的需求，但传统的制造方法应对一些具有几何复杂性的零件时，会带来不小的挑战。增材制造技术通过层层构建金属零件，提高了设计自由度和制造灵活性，从而可实现复杂几何形状的特殊零部件定制，具有高效快速、成形结构可控性高等优点。金属增材制造作为增材制造领域的一个分支，其主要通过激光、电子束、离子束、搅拌摩擦等方式，将金属粉末、丝材、棒材进行重熔并逐层堆积，实现金属零件的三维成形。

常用于高强铝合金的 AM 技术，主要分为直接能量沉积(Directed Energy Deposition，DED)和粉末床熔融(Power Bed Fusion，PBF)两种。

DED 技术是将熔化后的铝合金材料沉积在指定的位置来制造零件，可以多轴沉积和多种材料输送，善于制造出无支撑结构的复杂零部件。其示意如图 7-1 所示。在沉积过程中使用聚焦能源(电子束、激光束或电弧等)局部熔化材料(粉末或丝材)，采用惰性气体进行保护，并生产三维实体零部件。DED 技术包括电弧增材制造(WAAM)、激光技术沉积(LMD)、激光工程化成形(LENS)和电子束焊接(EBW)4 种。

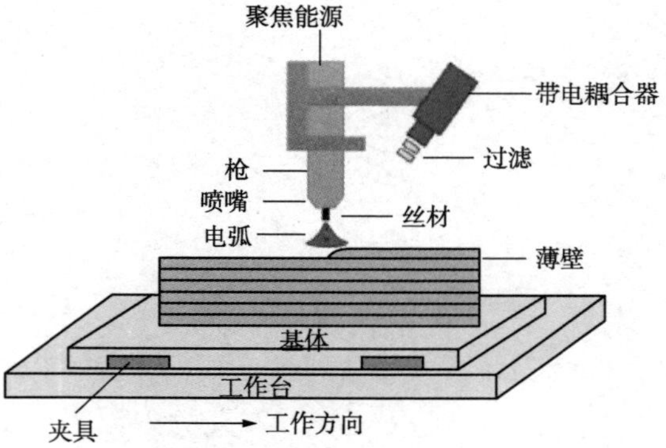

图 7-1　DED 技术

基于 PBF 的 AM 增材技术是将铝粉在工作台基板上铺展，采用聚焦能量源选择性的熔化铝粉，如图 7-2 所示。当一层粉末成形后调节平辊再铺一层新粉，为了防止铝粉氧化，常通入惰性气体进行保护。在这些 AM 技术中，SLM 技术在高强铝合金增材制造中应用最广，但粉末床的尺寸限制了其发展。PBF 包括电子束熔融(EBM)、选择性激光熔融(SLM)和直接金属激光烧结(DMLS)3 种。

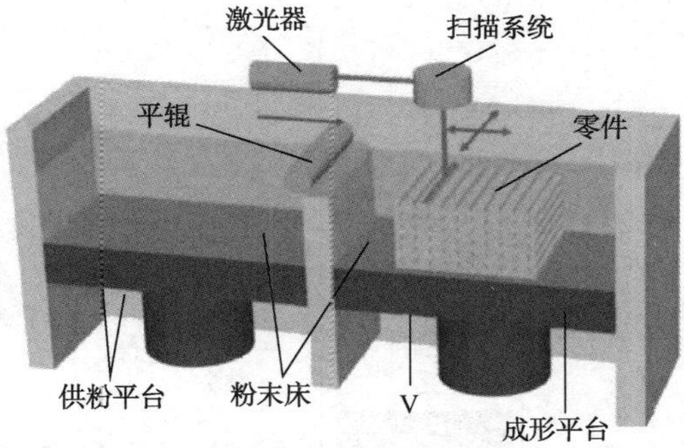

图 7-2　PBF 技术

与 PBF 技术相比，DED 技术最大的优势在于使用多轴沉积(如附加的基板旋转轴)和多种材料输送，可以制造出无支撑结构的复杂零部件，并且由于其可以储存不同类型的材料，可以制备功能梯度材料。在 DED 技术中应用最广的是 LENS 和 WAAM 技术，与其他 AM 技术相比其不受零部件生产尺寸的限制。在克兰菲尔德大学的一项研究中，采用 WAAM 技术制造出长度达 10m 的铝合金零件。

7.1　电弧增材制造(WAAM)

7.1.1　WAAM 技术

电弧增材制造(Wire Arc Additive Manufacture，WAAM)属于 DED 技术的一种常用增材方法，其在传统电弧焊接的基础上发展而来，以高能电弧为热源、以金属丝材为原料进行成形，通过采用电弧热将金属丝材逐层熔化堆积的一种金属增材制造工艺。图 7-3 和图 7-4 所示分别为 WAAM 及设备原理。

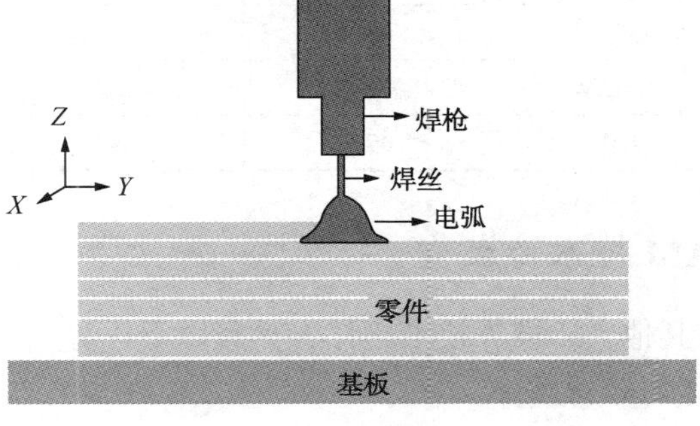

图 7-3　WAAM 原理

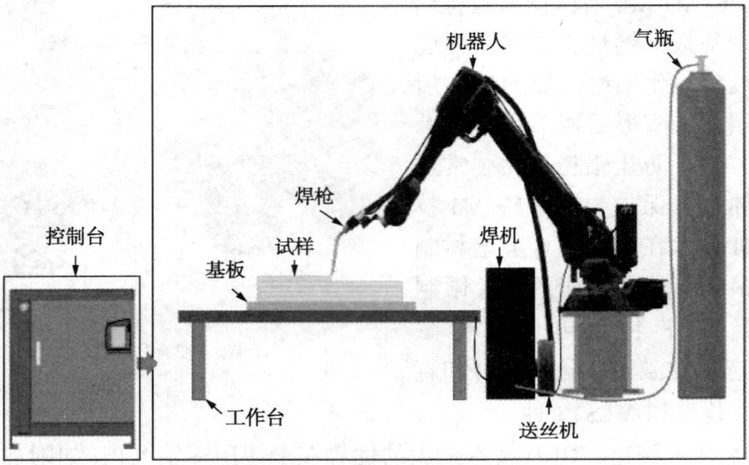

图 7-4　WAAM 设备原理

WAAM 主要工艺参数包括送丝速度、焊接速度、焊接电流、焊接频率等，通过调控优化工艺参数，制造出低气孔率、避免结晶裂纹、减少表面氧化层等优点的工件产品。表 7-1 所示为部分通过 WAAM 制备的铝合金材料、工艺及力学性能。

表 7-1　通过 WAAM 制备的铝合金材料、工艺及力学性能

材料	工艺	力学性能		
		抗拉强度/MPa	屈服强度/MPa	伸长率/%
2024	GTAW	470	374	8.2
2219	CMT	283	—	—
4220	CMT	324	277	5.7
7055	GTAW	230.7	148.3	3.3
ZL205A	CMT	500	450	10
2196	GTAW	439	372	6.9
Al-Mg-Mn	GMAW	319	169	38.4
Al5-Mg3-Zn-Cu	CMT	470	340	8

7.1.2　WAAM 技术特点

采用 WAAM 与其他 AM 堆焊技术相比，具有以下优势。

(1) 设备成本相对较低。

与激光、电子束等增材制造方法相比，WAAM 堆焊设备不受设备成形腔和真空室的限制，拥有较低的设备成本。

(2) 以丝材作为原料利用率高

一般以丝材作为堆焊层的原料，丝材制造技术成熟，价格便宜。适合成型大尺寸结构件且成形后不需要进行复杂的加工，具有较高的材料利用率。

(3) 更高的生产效率

通常激光法和电子束法的堆积速度只有0.12~0.6s/h，但是电弧法可达到3~7.8s/h，使用WAAM技术可极大地缩短加工时间。同时，WAAM技术拥有良好的制造灵活性，工艺设计较为简单，参数易于控制，通过调节堆焊过程中的工艺参数实现对热输入的调节，增加热输入加快焊丝的熔化速度及焊接速度，可用于原位修复较大尺寸的零部件。

(4) 原材料成本低、性能稳定

WAAM技术目前采用焊接工业标准牌号的焊丝作为原材料，成本较低。但是激光法所需金属粉末的价格要比焊丝高10~20倍。同时，丝材性能更加稳定，可以避免因粉末粒度不均对成型造成的影响，加之丝材的比表面积小，可极大程度地减小堆积金属的夹杂等缺陷。

(5) 适用材料范围广

WAAM技术广泛适用于钢、钛合金、铝合金、镍合金等金属材料，甚至包括高熔点的材料，如金属钨，也适用于异种材料成型。WAAM可用于制作功能结构材料，为某一部件的不同部位定制不同的机械性能。

(6) 节约原材料

丝材熔化后全部进入熔池，材料利用率接近100%。

(7) 工艺过程洁净，环境友好，操作者不必暴露于有害的粉末环境中。

(8) 和激光法相比，WAAM技术最大的不足是加工工件表面粗糙度低，只适用于制作中等复杂程度的部件。

7.1.3　WAAM技术分类

根据热源、载体、成形方式不同，WAAM技术具体可分为以下5种。

(1) 熔化极惰性气体保护焊(MIG)增材制造技术

使用目标材料制作丝材，利用电弧将丝材熔化实现直接沉积成形，焊枪由热源系统与送丝系统组成，成形效率高，但存在熔滴飞溅严重、电弧稳定性对送丝系统的依赖度高的问题。

(2) 钨极惰性气体保护焊(TIG)增材制造技术

TIG技术使用钨电极，可以一定程度上解决MIG增材成形过程容易飞溅的问题，并且成形尺寸大，但是由于热源系统与送丝系统相互独立，送丝方向与焊枪移动方向匹配难度较大。

(3) 冷金属过渡(CMT)增材制造技术

冷金属过渡技术不仅可以应用于电弧增材制造，也可以应用于材料的焊接。其是在短路过渡基础上开发的一种增材技术，普通的短路过渡过程是焊丝一直往前送，并熔化成熔滴，熔滴与熔池接触产生短路，短路桥爆断，然后重新引弧，在短路的同时会伴有较大的电流和飞溅。而 CMT 的送丝方式与此不同，增材过程中丝材不仅有向前送丝的运动，在熔滴短路的同时，增加了丝材回抽的动作。CMT 增材过程中送丝/回抽运动及熔滴过渡形式示意如图 7-5 所示。

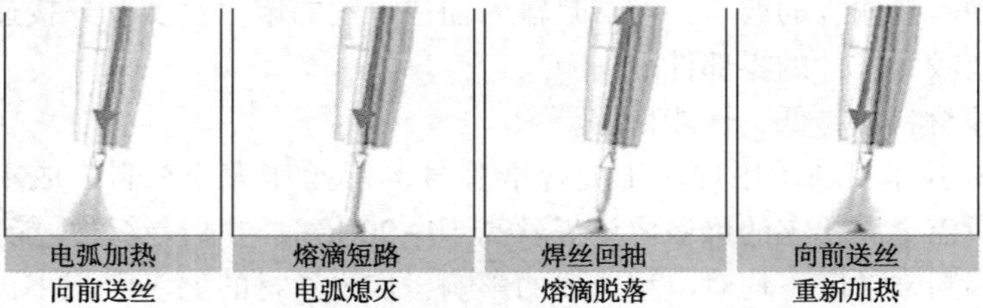

图 7-5 CMT 增材过程中送丝/回抽运动及熔滴过渡形式示意

采用“热-冷-热”的方式，在熔滴过渡时降低焊接电流，热冷交替的方式避免了熔池中热量的大量积累，解决了 MIG 增材产生的飞溅和气孔问题。

CMT 工艺具有操作简单、堆制过程中无飞溅、熔滴可控、电弧平稳、成型外形质量较高、内部组织均匀、晶粒细小、缺陷少等优点，而且因为其热输入小，送丝速度(峰值电流)可以保持在一个较高的数值，从而提高熔敷效率。但是其熔滴过渡形式不适用于层与层之间的冶金搭接，使得 CMT 增材技术不太适用于制造厚壁零件。

(4) 等离子弧焊接(PAW)增材制造技术

PAW 增材制造技术以挺度更高、热量更加集中的等离子电弧作为热源，有利于控制及降低成形热输入，提高成形尺寸精度，但不足之处在于制造效率相对较低。

(5)复合电弧增材制造技术(TIG-MIG)

TIG-MIG 采用两种不同的热源来控制热输入，是一种较为高效的金属增材制造技术，但是目前国内外相关的研究较少。

7.2 激光选区熔化(SLM)

粉末床熔融(PBF)是 AM 另一种常用的增材技术，该技术是将铝粉在工作台基板上铺展，采用聚焦能量源选择性地熔化铝粉，当一层粉末成形后调节平辊再铺一层新粉，为了防止铝粉氧化，通入惰性气体进行保护。激光选区熔化(SLM)是属于 PBF 的一种增材方法，采用外加激光烧结铝粉，在一个密闭的保护气氛下，采用激光将铺放好的金属粉末按规定路径逐层烧结，从而成形金属试样的工艺。在制造过程中，铺粉装置按设定的层厚将金属粉末均匀地铺设在基板上，激光在振镜控制下对需要熔化的区域进行扫描熔化；然后，基板下降一个层厚，重复下层的加工。如此往复，金属零件一层层地被加工出来，图 7-6 所示为 SLM 设备原理，图 7-7 所示为 SLM 技术示意。

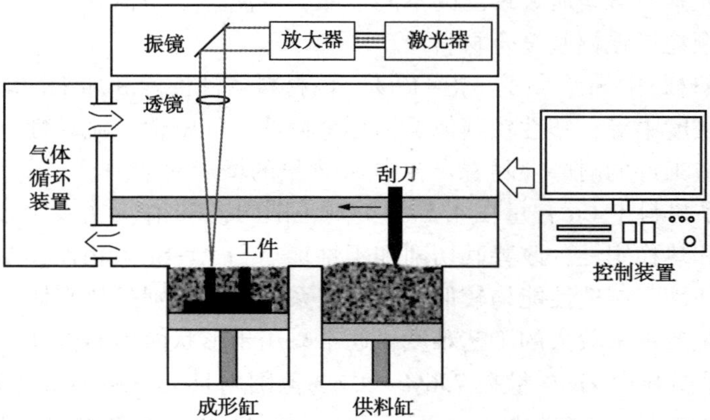

图 7-6　SLM 设备原理

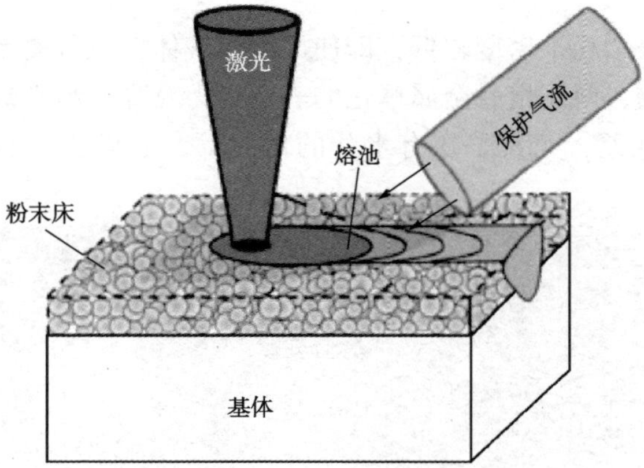

图 7-7　SLM 技术示意

SLM 的主要工艺参数包括扫描速度、扫描间距、扫描层厚、激光能量、颗粒直径等，众多工艺参数使得 SLM 具有一定的工艺复杂性，扫描速度、扫描间距、扫描层厚和激光能量决定材料的能量密度，颗粒直径则主要影响材料成形过程的稳定性。由于 SLM 是逐层加工的方法，前一层水平面的表面质量直接影响下一层的铺粉均匀性，对于表面粗糙度的把控也是极为重要，研究表明 SLM 水平面表面粗糙度主要与激光功率、扫描速度和搭接率有关。当其他参数相同，搭接率为 30%时，表面粗糙度值最小，随着搭接率增加，表面粗糙度值下降。在搭接率小于 50%时，功率密度增加，表面粗糙度值减小；搭接率大于 150%时，功率密度增加，表面粗糙度值增大。另外，SLM 增材制造材料也与工艺紧密相关，使用材料粉末不仅需要考虑其加工性能，还要考虑使用性能。目前，根据材料中不同的主要合金元素及合金所表现出的不同性能，主流上分为铝硅系、铝铜系、铝锌系铝合金和颗粒增强铝基复合材料。

Al-Si 系材料中 Si 含量为 5%~13%，该材料耐蚀性能和加工性能较好，机械性能一般，硬度中等，塑性较其他系铝合金偏低，气密性、流动性好，热裂倾向小，并且制造工件的耐磨性随着合金中 Si 含量的增加而增加。

Al-Cu 系材料中 Cu 含量在 4.5%~11%范围内，Cu 作为主要合金元素，可提高合金强度和热稳定性，改善其切削加工性能。与 Al-Si 系相比，Al-Cu 系合金气密性、耐蚀性和制造性能均较低，线膨胀系数大，特别是热裂倾向较大，这些特性给零件生产带来较大的工艺难度，通常只用于形状简单的构件。

Al-Zn 系材料中 Zn 含量在 7.6%~9.8%范围内且 Zn+Mg+Cu 含量在 9.7%~12.1%以上，具有高合金化特征。其合金屈服强度可达到 500MPa 以上，具有良好的力学性能、热加工性能及可焊性，因此常用于制造机翼蒙皮、飞机框架、舱壁等高强度构件。

但是由于铝合金粉末密度较低，即使用惰性气体但也有概率在原子化过程中在表面形成氧化物，限制熔融金属球化的表面张力及降低粉末球形度，两者导致铝合金粉末流动性差，尤其是在有水分的情况下，会降低成形件的精准度，如图 7-8所示。

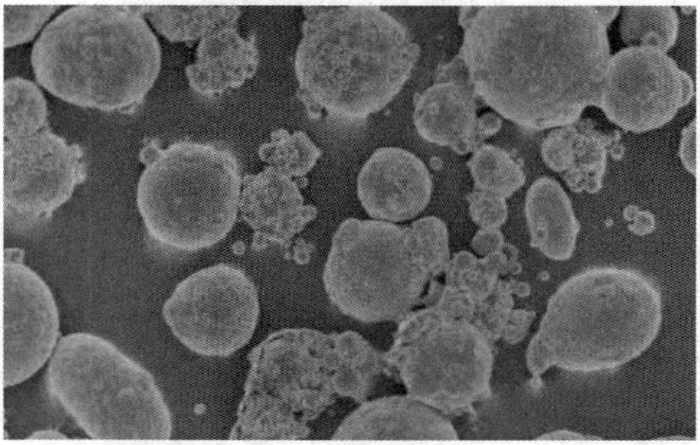

图 7-8　$AlSi_{10}Mg$ 粉末在低倍率下的 SEM 图像

对比WAAM增材技术，SLM成形试样的晶粒更加细小、组织更加均匀，因而其力学性能一般也优于同种材料的WAAM试样。但是其成形效率较低，相比之下，WAAM的沉积速率是SLM的30倍左右。除此之外，SLM工艺的成形尺寸也受到成形腔尺寸的限制。因此SLM更适合中小尺寸高精度复杂结构件的成形。

7.3 激光熔化沉积(LMD)

与WAAM类似，激光熔化沉积(LMD)也是常用的一种基于直接能量沉积(DED)技术的增材方法，LMD是以激光束为热源，将金属粉末/丝材直接沉积在基板上，并通过移动基板来实现零件的三维成形。

一般情况下，激光熔化技术可分为两种：送丝式和送粉式。图7-9所示为LMD的原理示意。

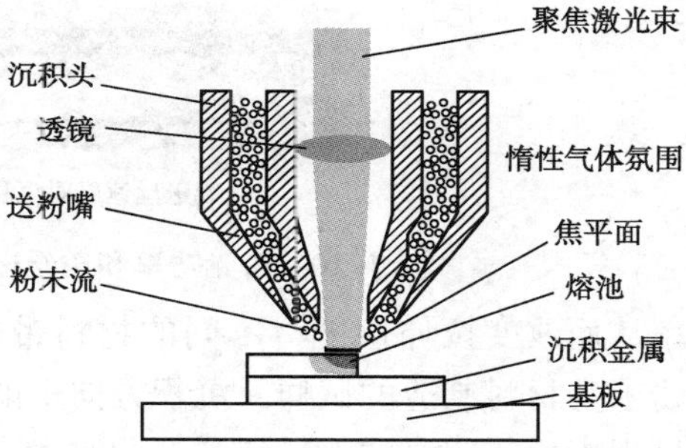

图7-9 LMD原理示意

随着LMD技术的发展，基于丝材的激光熔化沉积技术逐渐从LMD中分离，常被称为激光熔丝增材制造或者是基于丝材的激光金属增材制造技术。LMD技术具有成型零部件晶粒细小、组织致密、成分均匀、性能良好的优势，除成型外，该技术还可用于熔覆和修复。

LMD技术的工艺参数主要包括激光功率、扫描速度、送料速度、光斑直径、扫描间距、保护气流量等。这些工艺参数共同决定了成形过程中的热输入大小和过程稳定性。而改变扫描间距和扫描路径可以调节成品表面质量，减少后期加工时间。有研究者以4043铝合金丝材为沉积材料，研究了激光功率、送丝速度及激光扫描速度对沉积单元成形形貌及成形尺寸的影响。研究发现：沉积金属单元宽度及铺展均匀程度与激光功率成正相关，另外送丝速度和激光扫描速度主要影响丝材的沉积量。图7-10所示为激光功率和送丝速度对沉积单元成形及尺寸的影响。

为了减少工艺过程复杂热力学的影响并提高试样的力学性能，一些辅助工艺也被加入LMD的成形过程中。并且铝合金激光吸收率低、导热率高，其LMD制造显微组织性能受温度场影响大，有研究表明，环形束LMD铝合金熔池温度场总体形态呈开口向扫描方向的“半月牙”状，随着激光功率的增大，温度场形态愈发尖锐，其高温率、温度梯度和平均温度也相应增大。温度场平均温度的提升可增加激光吸收率，粗化显微组织，减小显微硬度，温度场显著影响成形件孔隙

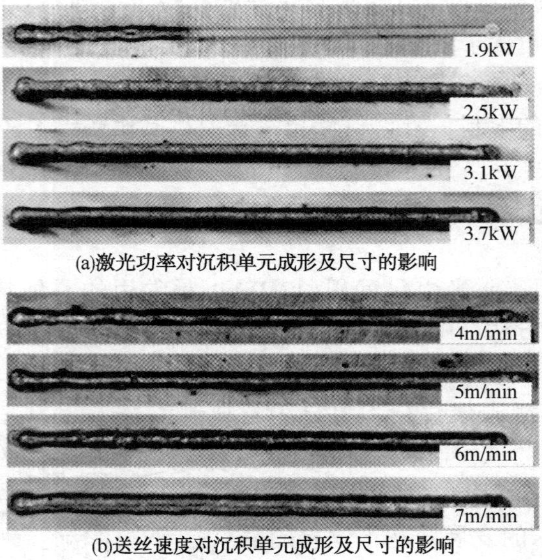

图 7-10　激光功率和送丝速度对沉积单元成形及尺寸的影响

率从而改变拉伸性能。不同的材料带来的性能也不尽相同，比如，使用 $Al_{10}Mg$ 粉末为材料制造的试样，沉积方向上的显微组织呈周期性条带状纹路，搭接区域呈现出比较明显的弧形特征，同时含有大量的细密树枝晶。

采用 LMD 技术成形大型铝合金结构件可以弥补这一缺口，但 LMD 成形铝合金过程中激光吸收率低、成形质量欠佳、孔隙倾向大、性能不稳定、存在微观孔隙及裂纹、微观组织不均匀等缺陷，严重制约其进一步发展。相比于 SLM，LMD 成形精度较低，一般需要二次加工。且由于缺少粉末床的支撑，LMD 在成形悬臂结构时不如 SLM 便利；相比于 WAAM，LMD 具有成品表面质量和成形精度较高、适用于复杂结构件、材料致密度高、成分均匀。

第8章　铝合金材料的应用

8.1　铸造铝合金的应用

铸造铝合金是在纯铝的基础上加入其他金属或非金属元素，不仅能保持纯铝的基本性能，而且由于合金化及恰当的热处理作用，使铝合金具有良好的综合性能。因此铸造铝合金在工业生产上占有重要的地位，目前已被大量用于军事、工业、交通运输和农业等领域，同时在建筑结构材料、家庭生活用具和体育用品等方面也有广泛的应用。

如前所述，铸造铝合金主要包括 Al-Si 铸造合金、Al-Cu 铸造合金、Al-Mg 铸造合金及 Al-Zn 铸造合金。常见铸造 Al-Si 合金的应用情况如表 8-1 所示。

表 8-1　常见铸造 Al-Si 合金的应用

合金种类	合金牌号	合金代号	应用
Al-Si合金	ZAlSi7Mg	ZL101	用于制造承受中等负荷的复杂零件：飞机零件、仪器、仪表壳体、发动机零件、汽车及船舶零件、气缸体、泵体、刹车鼓和电气零件等
	ZAlSi2	ZL102	用于制造承受低负荷形状复杂的薄壁铸件，如各种仪表壳体、汽车机匣、牙科设备、活塞等
	ZAlSi9Mg	ZL104	用于制造承受高负荷的大尺寸的砂型和金属型铸件，如传动机匣、气缸体、气缸盖阀门、带轮、盖板工具箱等飞机、船舶和汽车零件
	ZAlSi5Cu1Mg	ZL105	用于制造承受大负荷的飞机、发动机砂型和金属型铸造零件，如传动机匣、气缸体、液压泵壳体和仪器零件，也可作轴承支座和其他机器零件
	ZAlSi8Cu1Mg	ZL106	用于制造形状复杂、承受静载荷的零件和要求气密性高和在较高温度下工作的零件，如泵体和水冷气缸头等
	ZAlSi7Cu4	ZL107	用于制造柴油发动机的曲轴箱、油盖和活门把手、气缸头及打字机框架等零件的生产
	ZAlSi2Cu2Mg1	ZL108	主要用作制备内燃机活塞及起重滑轮等零部件
	ZAlSi2Cu1Mg1Ni1	ZL109	主要用于制备带轮轴套和汽车活塞及柴油机活塞，也可作起重滑轮等

续表

合金种类	合金牌号	合金代号	应用
Al-Si合金	ZAlSi5Cu6Mg	ZL110	用于制造内燃机活塞、油嘴、油泵等零件
	ZAlSi9Cu2Mg	ZL111	主要用于制造形状复杂、承受高载荷的零件，如用于飞机和导弹的铸件等
	ZAlSi5Zn1Mg	ZL115	主要用作制造波导管高压阀门、液压管路、飞机挂架和高速转子叶片等
	ZAlSi8MgBe	ZL116	主要用作制造波导管、高压阀门、液压管路、飞机挂架和高速转子叶片等
Al-Cu合金	ZAlCu5Mn	ZL201	主要用于制造在175~300℃、T1状态下工作的飞机零件和高强度的其他附件，如支臂、副油箱、弹射内梁和特设挂梁等
	ZAlCu5MnA	ZL201A	主要用作制造室温承受高载荷零件和在173~300℃下工作的发动机零件
	ZAlCu10	ZL202	主要用作制造汽车活塞、仪表零件、轴瓦、轴承盖和气缸头等
	ZAlCu4	ZL203	主要用作制造曲轴箱、后轴壳体及飞机和卡车的某些零件
	ZAlCu5MnCdA	ZL204A	主要用作制造承受大载荷的零件，如挂梁、支臂等飞机和导弹上的零件
	ZAlCu5MnCdVA	ZL205A	主要用作制造承受高载荷零件，如各种挂梁、轮毂、框架、肋、支臂、叶轮、架线滑轮、导弹舵面及某些气密性零件
	ZAlR5Cu3Si2	ZL207	主要用作制造在350~400℃下长期工作的耐热零件，如飞机空气分配器的壳体、弯管和活门
Al-Mg合金	ZAlMg10	ZL301	主要用作制造承受高负荷，工作温度在150℃以下，并在大气和海水中工作的耐腐蚀性高的零件，如框架、支座、杆件和配件等
	ZAlMg5Si	ZL303	主要用作制造在腐蚀作用下的中等负荷零件或在寒冷大气中及工作温度不超过200℃的零件，如海轮零件和机器壳体
	ZAlMg8Zn1	ZL305	主要用作制造承受高负荷，工作温度在100℃以下，并在大气或海水中工作的要求腐蚀性高的零件，如海洋船舶中的附件
Al-Zn合金	ZAlZn11Si7	ZL401	主要用作制造各种压力铸造零件，工作温度不超过200℃、结构形状复杂的汽车和飞机零件等
	ZAlZn6Mg	ZL402	主要用作制造机床工具、船舶铸件、无线电装置、氧气调节器、农业设备、旋转轮和空气压缩机活塞等

8.2 变形铝合金的应用

8.2.1 在航空航天的应用

铝合金因具有低的密度、高的比强度、低的价格、好的耐腐蚀性、较优的热加工性能等优异的综合性能，是飞机和航天器轻量化的首选材料，广泛应用于航空航天领域，铝材在民用飞机结构上的用量为70%~80%，在军用飞机结构上的用量为40%~60%，主要应用于飞机主承力框、梁、壁板、蒙皮等部位。在最新型的B777客机上，铝合金也占机体结构质量的70%以上。另外，大多数巡航导弹的壳体是用优质的铝合金铸锻件制造的。铝合金是我国国防科技工业发展、现代化经济体系建设、深入实施制造强国战略的重要物质基础，因此有着“百年航空，百年铝材”的美誉。

表8-2和表8-3分别列出了国外某些军用与民用飞机的用材结构比例。

表8-2 国外某些军用飞机用材的结构比例

机种	铝材比例(质量分数)/%	机种	铝材比例(质量分数)/%
F104	70.7	EF2000	43
F-4E	54.0	F-15	37.3
F-14E	36.0	L42	35
F-15E	35.8	S37	45
F-16A	78.3	苏27	64
F-18A	50.9	飓风	46.5
F-22	15	AV-8B	47.7

表8-3 国外某些民用飞机用材的结构比例

机种	铝材比例(质量分数)/%	机种	铝材比例(质量分数)/%
A300	76	B767	80
A320	26.5	B767-200	78
A340	70	B757	78
A380	72	B777	70
B747	81	MD-82	74.5

经过近百年的发展，在飞机设计需求牵引和铝合金自身技术发展的双重推动下，航空铝合金已成为代次特征鲜明、状态规格齐全的航空航天用核心关键配套材料，是航空主干材料的重要组成部分。国内外航空铝合金至今已发展至第五代铝合金，表 8-4 所示为各代次铝合金的关键技术及代表性合金等。航空铝合金主要包括高强/超高强高韧型 Al-Zn-Mg-Cu 系(7XXX 系)、中高强耐损伤型 Al-Cu 系(2XXX 系)、中强可焊型 Al-Mg-Si 系(6XXX 系)，以及高比强高比模轻质型 Al-Li 合金和少量其他体系铝合金，主要包括预拉伸厚板、薄板、锻件、挤压材、铸件等。其中，7XXX 系和 2XXX 系高强韧铝合金在所有航空铝合金中用量最大、品种和规格最多，是最具代表性的航空铝合金。

表 8-4　航空铝合金代次及典型牌号

代次	设计需求	关键技术	典型牌号
第一代	静强度	峰时效	2024-T3、7075-T6、2A12-T4、7A09-T6
第二代	耐腐蚀性能	过时效	7075-T73、7075-T76、7A09-T73、7A09-76
第三代	良好的综合性能	合金纯化	7050、7475、2124、2224、2324、7010、7040、2D70、2D12、2B06
第四代	损伤容限和可靠性	精密热处理技术及主合金成分优化设计	7150-T77、7055-T77、7085、7081、2524-T3、2026-T3511、7A55、7B50、2E12、7A85
第五代	超高强度	合金精细结构调控	7136、7068、7095、7A36、7A99、7A95

我国目前对航空铝合金的需求近 3×10^4t/a，国内航空制造企业选用国产航空铝合金材料的比例为 40%～50%。国内航空制造企业对航空铝合金的需求预计在 2025 年将达到 5×10^4～1×10^5t/a；到 2035 年将达到 1.5×10^5～2×10^5t/a。

材料基础技术的进步是航空铝合金发展的基础和内在动力，需求牵引是航空铝合金发展的外在动力，在内在动力和外在动力双重推动下，航空铝合金得以充分发展。综合航空装备发展需求，结合航空铝合金现有技术发展水平，航空铝合金未来的发展重点在研发新一代高性能航空铝合金和大规格航空铝合金及构件整体成型两个方面。

8.2.2　在交通工具中的应用

1. 汽车用铝及铝合金挤压型材

汽车用铝及铝合金挤压型材牌号、供应状态及表面处理类别如表 8-5 所示。其具体使用特性、定义、典型零部件及典型牌号如表 8-6 所示。

表 8-5 汽车用铝及铝合金挤压型材牌号、供应状态及表面处理类别

牌号	供应状态[a]	表面处理类别[b]
1100	O、H112	阳极氧化； 阳极氧化+电泳涂漆； 粉末喷涂； 液体喷涂
1200	H112	
2008、2010、2036	T6	
2017、2117	T4、T6	
2024	T6、T8、T8510、T8511	
3002、3003、3005	H112	
4B01、4B91	T6	
5005	F、H112、H111、O	
5252、5454、5457、5657	H112	
6005、6005A、6061、6463	T4、T5、T6	
6106、6009、6010、6011、6016、6151、6053、6A61、6S02	T6	
6060、6063	T4、T5、T6、T64[c,d]、T66[c]	
6008、6014	T4、T6	
6082	O、T4、T5、T6	
6A01	T5、T6	
7003、7005、7129、7A46	T5、T6	
7021	T6	
7B05	T4、T5、T6	

注：[a]除 T64、T66 状态外，其他供应状态应符合 GB/T 16475《变形铝及铝合金状态代号》的规定；

[b]各类表面处理的膜层代号应符合 GB/T 6892—2006《一般工业用铝及铝合金挤压型材》的规定；

[c]固溶热处理后人工时效，通过工艺控制使力学性能达到本标准要求的特殊状态；

[d]一般有弯曲要求。

表 8-6 汽车用铝及铝合金挤压型材使用特性、定义、典型零部件及典型牌号

使用特性	定义	典型零部件	典型牌号
用于普通结构件	用于组成车辆主体结构，起到保证车辆整体强度刚度和整车功能的零部件	车身骨架、车厢板、车架横/纵梁、地板、发动机托架、控制臂等	2008、2010、2036、6005、6005A、6009、6010、6011、6016、6151、6060、6061、6063、6463、6082、6A01、6S02、6A61、7005、7021、7129、7B05

续表

使用特性	定义	典型零部件	典型牌号
用于碰撞安全件	用于车辆碰撞过程中，通过自身的吸能变形，避免乘员及其他零部件受到进一步损伤的零部件	前后防撞梁、车门防撞梁、吸能盒等	6005、6005A、6008、6106、6014、6060、6061、6063、6082、6A01、7003、7A46
其他用途	用于上述用途外的其他零部件，如装饰件、附件、特殊功能件等	风窗框、门窗框、车门内饰板、行李架、行李梯、防擦条、座椅滑轨、座椅骨架、顶窗、滑门导轨、车门附件、ABS 阀体、冷凝管、热交换器零件等	1100、1200、2017、2117、2024、3002、3003、3005、4B01、4B91、5005、5252、5454、5457、5657、6005、6009、6010、6011、6016、6151、6053、6061、6063、6463、6082、7003

2. 汽车用铝及铝合金板、带材

汽车用铝及铝合金板、带材的产品牌号及典型用途如表 8-7 所示。

表 8-7　汽车用铝及铝合金板、带材的产品牌号及典型用途

牌号	供应状态	用途	牌号	供应状态	用途
1050	O	车身结构件（如隔热罩）	3104	O	车身结构件（如货车车厢）
1050A	O	车身结构件（如隔热罩）	3005	O、H22、H32	车身结构件（如燃油箱隔热罩汽车 B 柱）
1070	O	车身结构件（如大灯灯罩）	5049	O、H111	车身结构件（如连接件）
1100	O	车身结构件（如隔热罩）	5052	O、H32	车身结构件（如踏板、隔热导航边框及背板）
2024	O、T4	车身结构件（如阀门）		O、H26、H32、H34	蒙皮
3A12	H14、H24	车身结构件（如连接件）	5754	O	车身结构件（如刹车助力泵）、车身覆盖件（如车门内板）
3003	O	车身结构件（如连接件）	5182	O	车身结构件（如发动机罩）车身覆盖件（如车门内板）
	H16	蒙皮			
3004	O、H26	车身结构件（如货车车厢）	5083	O、H111、H32	车身结构件（如保险杠）
	H291	蒙皮			

续表

牌号	供应状态	用途	牌号	供应状态	用途
6A16	T4P	车身覆盖件(如前引擎罩盖内外板)	6022	T4P	车身覆盖件(如前引擎罩盖内外板)
6111	T4P	车身覆盖件(如前引擎罩盖内外板)	6061	O、T4	车身结构件(如电池箱盖板)
6013	T4P	车身覆盖件(如前引擎罩盖内外板)	6063	O、T4	车身结构件(如结构支撑)
6014	T4P	车身覆盖件(如前引擎罩盖内外板)	6181	T4P	车身覆盖件(如前引擎罩盖内外板)
6016	T4P	车身覆盖件(如前引擎罩盖内外板)	6082	O、T4	车身结构件(如盖板)

8.2.3 在油气田的应用

铝合金广泛应用在油气资源勘探领域中，其是用作解决超深井、大位移井及高含硫等复杂井的安全及高效钻井问题的主要结构材料之一，传统钢制钻杆、铝合金钻杆及钛合金钻杆材质的基本物理特性参数如表 8-8 所示。油气田常用的铝合金钻杆如图 8-1 所示。

表 8-8 钻杆材质物理/力学特性参数(20℃)

材质	密度/(g/cm^3)	弹性模量/GPa	剪切模量/GPa	泊松比	线膨胀系数/(10^{-6}/℃)	比热容/[J/(kg·℃)]	屈服强度范围/MPa	比强度/(N·m/kg)
钢	7.85	210	79	0.27	11.4	500	517~931	65860~118600
钛合金	4.54	110	42	0.28	8.4	460	517~724	121366~159471
铝合金	2.78	71	27	0.3	22.6	840	325~550	116906~197842

图 8-1 常用铝合金钻杆

1. 热处理工艺

铝合金钻杆应进行固溶热处理并随后进行人工或自然时效。铝合金钻杆在经过最终热处理工序后不应进行冷加工，除非该铝合金钻杆要进行正常矫直或螺纹加工。

2. 材料要求

经热处理后的铝合金钻杆材料分为4组，各组材料性能应符合表8-9的要求。对于铝合金钻杆材料化学成分，要求残余铅含量应控制在0.005%以内。

第Ⅰ组：具有基本强度的铝合金钻杆管体；

第Ⅱ组：具有高强度的铝合金钻杆管体；

第Ⅲ组：耐高温的铝合金钻杆管体；

第Ⅳ组：强化耐腐蚀的铝合金钻杆管体。

表8-9 铝合金钻杆管体材料要求

特性	单位	材料组别			
		Ⅰ	Ⅱ	Ⅲ	Ⅳ
		Al-Cu-Mg	Al-Zn-Mg	Al-Cu-Mg-Si-Fe	Al-Zn-Mg
最小屈服强度（0.2%残余变形法）	MPa	325	480	340	350
最小抗拉强度	MPa	460	530	410	400
最小伸长率	%	12	7	8	9
最高操作温度	℃	160	120	220	160
在3.5%氯化钠溶液中的最大腐蚀速率	$g/(m^2 \cdot h)$	—	—	—	0.08

注：允许采用其他铝合金系，只要购方同意且该合金满足以上4组材料中任意一组的要求。

力学性能试验应根据ISO 6892。

最高操作温度下热暴露500h导致其屈服强度不低于室温材料强度的30%。

表中给出的合金力学性能的试验温度为(21±3)℃。

3. 管体尺寸

(1) 结构

铝合金钻杆的结构，对带内加厚端的管体应符合图8-2(a)；对带外加厚端的管体应符合图8-2(b)；对带加厚保护器的管体应符合图8-2(c)和图8-2(d)。其中，L_{pe}是指不带钻杆接头的管子长度(管子两端之间的距离)，用mm(in)表示。L_{dp}是指钻杆外螺纹接头长度，用mm(in)表示。

（2）长度

铝合金钻杆及管体的长度范围应符合表 8-10 和图 8-2 中所列要求。

表 8-10 铝合金钻杆及管体长度 m

管体交货时的状态	系列		
	1	2	3
铝合金钻杆，L_{dp}，公差±0.25	6.20	9.10	11.80
铝合金钻杆管体，L_{pe}，公差±0.25	5.80	8.70	11.40

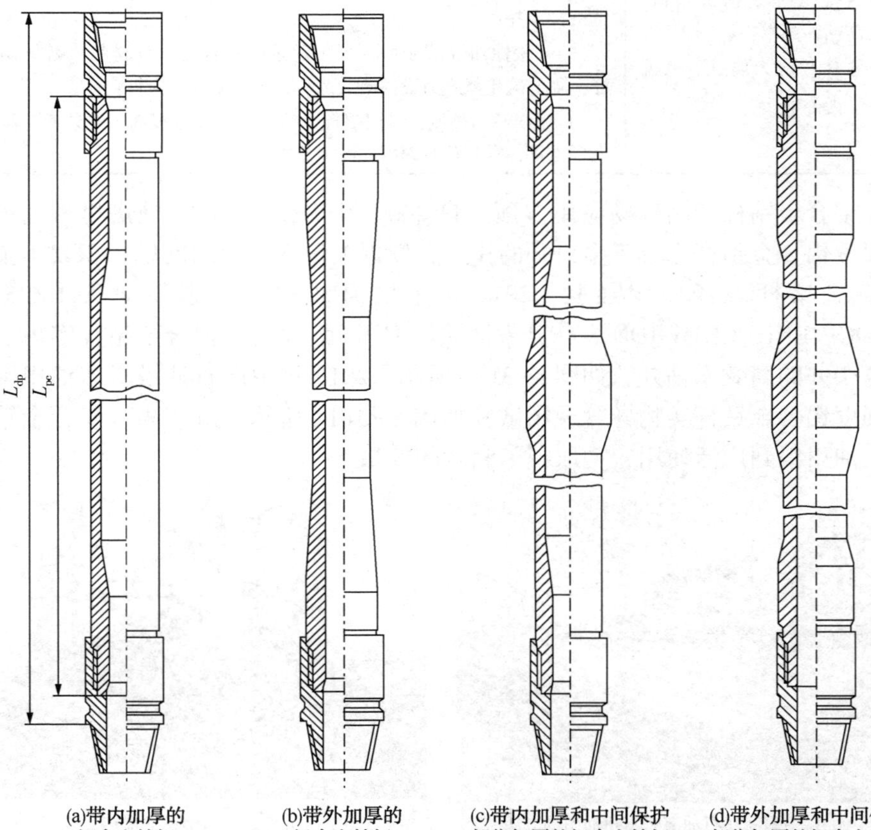

(a)带内加厚的铝合金钻杆　(b)带外加厚的铝合金钻杆　(c)带内加厚和中间保护部位加厚的铝合金钻杆　(d)带外加厚和中间保护部位加厚的铝合金钻杆

图 8-2 铝合金钻杆管体形貌

石油天然气工业钻井和生产操作中使用的带或不带钢制接头的铝合金钻杆的详细的交货技术条件、制造工艺、材料要求、形状和尺寸、检验和试验程序等技术要求，执行现行国家标准 GB/T 20659—2017《石油天然气工业 铝合金钻杆》的规定。

铝合金钻杆的优点及其应用如表 8-11 所示。

表 8-11　铝合金钻杆的优点及其应用

优　点	应　用
(1)密度小、比强度高、极限下入深度大、钻柱重量显著降低； (2)弹性模量小、水力性能好、有效降低理论钻机负荷，显著提高钻井效率； (3)耐 H_2S 应力腐蚀、低温韧性好、无磁性	(1)深层油气藏领域：应用铝合金钻杆技术，可解决钢制钻杆安全余量不足、下入难度大、钻井周期长等问题，可采用铝合金钻杆+底部动力钻具，实现高效率钻进； (2)低压、低渗油气藏及页岩气领域：采用铝合金钻杆进行工厂化丛式井作业，利用铝合金钻杆重量优势，解决低压、低渗油气藏及页岩气开发普遍存在的钻机托压等问题，实现低成本快速钻井，小钻机打深井； (3)高酸性油气藏领域：采用优选的铝合金钻杆材料代替钢制钻杆，降低硫化氢应力腐蚀断裂风险，提高钻井安全性； (4)海洋石油领域：采用铝合金钻杆，可显著提高钻井效率，降低平台重量，提高钻井深度，降低成本

在铝合金钻杆产品现场应用方面，自 2009 年以来，中国石油塔里木油田使用高强度铝合金钻杆完成了多口井的作业，发现大量现场使用问题，积累了宝贵的铝合金钻杆现场使用经验。2012 年中国海油在南海惠州油田 HZ25—4(CNOOC、ENI、CHEVRON 合作开发区块)使用高强度进口铝合金钻杆实现了高难度复杂井的高效率钻井，如图 8-3(a)所示。2013 年中国石油塔里木油田国产化高强度铝合金钻杆实物样管现场试验如图 8-3(b)所示。近年来，铝合金钻杆在各大油田得到广泛使用，均取得了满意的效果。

(a)在中国海洋石油南海惠州油田的应用　　(b)在塔里木油田的应用

图 8-3　铝合金在油田中的应用

铝合金钻杆技术在国内起步较晚，但发展迅速。结合铝合金钻杆技术在我国油气资源勘探开发现状，未来其可重点应用领域有以下 4 个方面。

(1) 高酸性油气藏领域

高酸性油气藏的勘探开发过程中，钢制钻杆特别是高钢级钻杆硫化氢应力腐蚀断裂造成的失效事故频发、井控风险高。采用优选的铝合金钻杆材料，降低硫化氢应力腐蚀断裂风险，提高钻井安全性。

（2）低压、低渗油气藏及页岩气领域

在我国低压、低渗油气藏及页岩气勘探开发过程中，目前普遍采用水平井井身结构，存在水平段磨阻大、钻机托压等问题。可通过借鉴美国页岩气开发经验，采用铝合金钻杆进行工厂化丛式井作业，利用铝合金钻杆重量轻的优势，解决低压、低渗油气藏及页岩气开发普遍存在的钻机托压等问题，实现低成本快速钻井及小钻机打深井。

（3）深层油气藏领域

随着我国石油工业勘探开发的深入，中浅层油气资源的日益枯竭，深井、超深井数量显著增加。应用铝合金钻杆技术，可解决钢制钻杆安全余量不足、下入难度大、钻井周期长等问题，此方面可借鉴俄罗斯使用经验，采用铝合金钻杆+底部动力钻具，实现高效率钻进。

（4）海洋石油领域

海洋石油钻井中大位移井数量众多，平台对于钻柱重量的要求苛刻，借鉴俄罗斯及美国的开发经验，采用铝合金钻杆，可显著提高钻井效率，降低平台重量，提高钻井深度，降低成本。此外，对于可燃冰开采等最新领域，利用铝合金钻杆的重量轻、低温韧性好（最低可达-196℃不发生脆断）等优势实现是非常值得探究的应用方向。

8.2.4 其他应用

此外，铝合金用作膨胀节在油气储运中也得到了重要的应用，例如：油气储运离不开管道输送，而管道输送受到外界影响特别是温差变化时，管道的热胀冷缩会引起管道发生位移，给输送的安全性和稳定性带来隐患，而铝合金膨胀节作为管道输送过程中热位移补偿器可以减少并释放管道所产生的应力，确保管道在应力状态下能稳定和安全地工作。

参 考 文 献

[1] LI L Y, TANG J W, LIU Z Q, et al. Micro-alloying effects of Ni on the microstructure and mechanicalproperties of an Al-Zn-Mg-Cu-Sc-Zr alloy [J]. J. Allos Compd., 2023, 947: 169667.

[2] GENG Y X, ZHANG D, ZHANG J S, et al. Early-stage clustering and precipitation behavior in the age-hardened Al-Mg-Zn(-Cu) alloys [J]. Mater. Sci. Eng. A, 2022, 856: 144015.

[3] KAMP N, SINCLAIR I, STRARINK M J. Toughness-strength relation in the overaged 7449 Al-based alloy [J]. Metallurgical and Transactions A, 2002, 33A: 1125-1235.

[4] 潘复生，张丁非．铝合金及应用 [M]. 北京：化学工业出版社，2006.

[5] 张新明，邓运来，张勇．高强铝合金的发展及其材料的制备加工技术 [J]. 金属学报，2015，51(3)：257-271.

[6] DURSUN T, SOUTIS C. Recent developments in advanced aircraft aluminium alloys [J]. Mater. Des., 2014, 56: 862-871.

[7] ZHANG M H, LIU S D, JIANG J Y, et al. Effect of Cu content on quenching sensitivity relative to exfoliationcorrosion susceptibility of Al-Zn-Mg-(Cu) alloys [J]. Mater. Charact., 2022, 194: 112476.

[8] WANG Y L, JIANG H C, LI Z M, et al. Two-stage double peaks ageing and its effect on stress corrosioncracking susceptibility of Al-Zn-Mg alloy [J]. J. Mater. Sci. Tech., 2018, 34: 1250-1257.

[9] AZARNIYA A, TAHERI A K, TAHERI K K. Recent advances in ageing of 7XXX series aluminum alloys: A physical metallurgy perspective [J]. J. Alloys Compd., 2019, 781: 945-983.

[10] LEI C, YANG H, LI H, et al. Dependences of microstructures and properties on initial tempers of creep aged 7050 aluminum alloy[J]. J. Mater. Process. Technol., 2017, 239: 125-132.

[11] HE L Z, LI X H, ZHU P, et al. Effect of high magnetic field on the evolutions of constituent phases in 7085 aluminum alloy during homogenization [J]. Mater. Charact., 2012, 71: 19-23.

[12] CHEN S Y, CHEN K H, PENG G S, et al. Effect of heat treatment on hot deformation behavior and microstructure evolution of 7085 aluminum alloy[J]. J. Alloys. Compd., 2012, 537: 338-345.

[13] LI C B, WANG S L, ZHANG D Z, et al. Effect of Zener-Hollomon parameter on quench sensitivity of 7085 aluminum alloy [J]. J. Allos Compd., 2016, 688A: 456-462.

[14] WILLIAMS J C, STARKE J R E A. Progress in structural materials for aerospace systems [J]. Acta Mater., 2003, 51(19): 5775-5799.

[15] LIU S D, ZHONG Q M, ZHANG Y, et al. Investigation of quench sensitivity of high strength Al-Zn-Mg-Cu alloys by time-temperature-properties diagrams [J]. Mater. Des., 2010, 31(6): 3116-3120.

[16] LIM S T, YUN S J, NAM S W. Improved quench sensitivity in aluminum alloy 7175 for thick forging applicatons [J]. Mater. Sci. Eng. A, 2004, 371(1-2): 82-90.

[17] ZHENG Y L, LI C B, LIU S D, et al. Effect of homogenization time on quench sensitivity of 7085 aluminum alloy [J]. Trans. Nonferrous Metals Soc. China, 2014, 24(7): 2275-2281.

[18] 柏璠，高文理，何正林，等．时效工艺对 7A85 铝合金力学和晶间腐蚀性能的影响 [J]. 中国有色金属学报，2016，26(5)：957-963.

[19] XIAO Y P, PAN Q L, LI W B, et al. Influence of retrogression and reaging treatment on corrosion behavior of an Al-Zn-Mg-Cu alloy [J]. Mater. Des., 2011, 32: 2149-2156.

[20] NIE B H, LIU P Y, ZHOU T T. Effect of compositions on the quenching sensitivity of 7050 and 7085 alloys [J]. Mater. Sci. Eng. A, 2016, 667: 106-114.

[21] XU W F, LUO Y X, FU M W. Microstructure evolution in the conventional single side and bobbin tool friction stir welding of thick rolled 7085-T7452 aluminum alloy [J]. Mater. Charact., 2018, 138: 48-55.

[22] XU W F, LUO Y X, ZHANG W, et al. Comparative study on local and global mechenical properties of bobbin tool and conventional friction stir welded 7085-T7452 aluminum thick plate [J]. J. Mater. Sci. Technol., 2018, 34(1): 173-184.

[23] ORYIZ D, BROWN J, ABDELSHEHID M, et al. The effects of prolonged thermal exposure on the mechanical properties and fracture toughness of C458 aluminum - lithium alloy [J]. Eng. Fail. Anal., 2006, 13(1): 170-180.

[24] 冯朝辉，李爱国，王玉华．7050-T7452 锻件模拟高温服役环境下组织性能的演化 [J]. 中国有色金属学报，2013，23(10)：2738-2746.

[25] ZHENG J X, XU X S, LUO R C, et al. Degradation of precipitation hardening in 7075 alloy subject to thermal exposure: a Cs-corrected STEM study [J]. J. Allos Compd., 2018, 741: 656-660.

[26] SAUVAGE X, BOBRUK E V, MURASHKIN M Y, et al. Optimization of electrical conductivity and strength combination by structure design at the nanoscale in Al-Mg-Si alloys [J]. Acta Mater., 2015, 98: 355-366.

[27] LEE E W, OPPENHEIM T, ROBISON K, et al. The effect of thermal exposure on the electrical conductivity and static mechanical behavior of several agehardenable aluminum alloys [J]. Eng. Fail. Anal., 2017, 14(8): 1538-1549.

[28] JABRA J, ROMIOS M, LAI J, et al. The effect of thermal exposure on the mechanical properties of 2099-T6 die forgings, 2099-T83 extrusions, 7075-T7651 plate, 7085-T7452 die forgings, 7085-T7651 plate, and 2397-T87 plate aluminum alloys [J]. J. Mater. Eng. Perform., 2006, 15: 601-607.

[29] ÖSTERREICHER J A, KIROV G, GERSTL S S A, et al. Stabilization of 7XXX alumunium alloys [J]. J. Alloys Compd., 2018, 740: 167-173.

[30] PRIYA P, JOHNSON D R, KRANE M J M. Precipitation during cooling of 7XXX auminum alloys[J]. Comp. Mater. Sci., 2017, 139: 273-284.

[31] 熊柏青，李锡武，张永安，等. Al-Zn-Mg-Cu 合金的淬火敏感性［J］. 中国有色金属学报，2011，21(10)：2631-2638.

[32] CEPEDA-JIMÉNEZ C M，GARCÍA-INFANTA J M，RUANO O A，et al. Mechanical properties at room temperature of an Al-Zn-Mg-Cu alloy processed by equal channel angular pressing［J］. J. Alloys Compd.，2011，509(35)：8649-8656.

[33] 吴一雷，李永伟，强俊，等. 超高强度铝合金的发展与应用［J］. 航空材料学报，1994，14(1)：49-55.

[34] LI M H，YANG Y Q，FENG Z Q，et al. Precipitation sequence of η phase along low-angle grain boundaries in Al-Zn-Mg-Cu alloy during artificial aging［J］. Trans. Nonferrous Metals Soc. China，2014，24(7)：2061-2066.

[35] CHEN S Y，CHEN K H，PENG G S. Effect of hot deformation conditions on grain structure and properties of 7085 aluminum alloy［J］. Trans. Nonferrous Metals Soc. China，2013，23(2)：329-334.

[36] ROMETSCH P A，ZHANG Y，KNIGHT S. Heat treatment of 7XXX series aluminium alloys—Some recent developments［J］. Trans. Nonferrous Metals Soc. China，2014，24(2)：2003-2017.

[37] CHAYONG S，ATKINSON H V，KAPRANOS P. Multistep induction heating regimes for thixoforming 7075 aluminium alloy［J］. Mater. Sci. Technol.，2004，20(4)：490-496.

[38] ROBSON J D. Optimizing the homogenization of zirconium containing commercial aluminium alloys using a novel process mode［J］. Mater. Sci. Eng. A，2002，338(1-2)：219-229.

[39] MONDOLFO L F. Aluminium alloys：Structure and properties［M］. London：Butterworths，1976：1-971.

[40] DESCHAMPS A，BRÉCHET Y. Influence of quench and heating rates on the ageing response of an Al-Zn-Mg-(Zr) alloy［J］. Mater. Sci. Eng. A，1998，251(1/2)：200-207.

[41] ANDREATTA F，TERRYN H，DE WIT J H W. Effect of solution heat treatment on galvanic coupling between intermetallics and matrix in AA7075-T6［J］. Corrosion Sci.，2003，45(8)：1733-1746.

[42] 屠涛，田军，李积珍，等. 热暴露温度对 7A85 铝合金晶界演化规律的影响［J］. 铸造技术，2022，43(1)：10-13.

[43] OZER G，KARAASLAN A. Properties of AA7075 aluminum alloy in aging and retrogression and reaging process［J］. Trans. Nonferrous Metals Soc. China，2017，27(11)：2357-2362.

[44] WU H，WEN S P，HUANG H，et al. Effects of homogenization on precipitation of Al_3(Er，Zr) particles and recrystallization behavior in a new type Al-Zn-Mg-Er-Zr alloy［J］. Mater. Sci. Eng. A，2017，689：313-322.

[45] WEN K，XIONG B Q，ZHANG Y A，et al. Microstructure evolution of a high zinc containing Al-Zn-Mg-Cu alloy during homogenization［J］. Rare Metal Mater. Eng.，2017，46(4)：

928-934.

[46] XU D, LI Z H, WANG G J, et al. Phase transformation and microstructure evolution of an ultra-high strength Al-Zn-Mg-Cu alloy during homogenization [J]. Mater. Charact., 2017, 131: 285-297.

[47] DOHERTY R D, HUGHES D A, HUMPHREYS F J, et al. Current issues in recrystallization: a review [J]. Mater. Sci. Eng. A, 1997, 238(2): 219-274.

[48] YANG Q Y, DENG Z H, ZHANG Z Q, et al. Effects of strain rate on flow stress behavior and dynamic recrystallization mechanism of Al-Zn-Mg-Cu aluminium alloy during hot deformation [J]. Mater. Sci. Eng. A, 2016, 662: 204-213.

[49] 夏朝峰，王良龙，陈思悦，等 . Al-Zn-Mg-Cu 合金时效析出相的研究 [J]. 材料热处理学报，2011，32(增刊 1)：79-82.

[50] SHA G, CEREZO A. Kinetic Monte Carlo simulation of clustering in an Al-Zn-Mg-Cu alloy (7050) [J]. Acta Mater., 2005, 53: 907-917.

[51] HU T, MA K, TOPPING T D, et al. Precipitation phenomena in an ultrafine-grained Al alloy [J]. Acta Mater., 2004, 61: 2163-2187.

[52] FANG H C, CHAO H, CHEN K H. Effect of recrystallization on intergranular fracture and corrosion of Al-Zn-Mg-Cu-Zr alloy [J]. J. Alloys Compd., 2015, 622: 166-173.

[53] MARTIN J W. Precipitation Hardening [M]. Oxford: Butterworth-Heinemann, 1998: 99-171.

[54] THEVENET D, MLIHA-TOUATI M, ZEGHLOUL A. The effect of precipitation on the Portevin-Le Chatelier effect in an Al-Zn-Mg-Cu alloy [J]. Mater. Sci. Eng. A, 1999, 266: 175-182.

[55] ZHANG X, LUO Z A, XIE G M, et al. Effect of annealing process on the interfacial microstructure evolution and mechanical properties of 7050 aluminum alloy clad plates [J]. Mater. Lett., 2022, 324: 132608.

[56] 熊创贤，邓运来，万里，等 . 7050 铝合金在固溶过程中微结构与织构的演变 [J]. 中国有色金属学报，2010，20(3)：427-434.

[57] WEN K, XIONG B Q, ZHANG Y A, et al. Over-aging influenced matrix precipitate characteristics improved fatigue crack propagation in ahigh Zn-containing Al-Zn-Mg-Cu alloy [J]. Mater. Sci. Eng. A, 2016, 716: 42-54.

[58] LI C, PAN Q L, SHI Y J, et al. Influence of aging temperature on corrosion behavior of Al-Zn-Mg-Sc-Zr alloy [J]. Mater. Des., 2014, 55: 551-559.

[59] LIN Y C, ZHANG J L, CHEN M S. Evolution of precipitates during two-stage stree-aging of an Al-Zn-Mg-Cu alloy [J]. J. Alloys Compd., 2016, 684: 177-187.

[60] XU D K, BIRBILIS N, ROMETSCH P A. Improved solution treatment for an as-rolled Al-Zn-Mg-Cu alloy: Part I. Characterisation of constituent particles and overheating [J]. Mater. Sci. Eng. A, 2012, 534: 234-243.

[61] 崔忠圻，覃耀春．金属学与热处理［M］．北京：机械工业出版社，2007.
[62] LIU J J，LI H Y，WU D W. Application of novel physical picture based on artificial neural networks to predict microstructure evolution of Al-Zn-Mg-Cu alloy during solid solution process [J]. Trans. Nonferrous Metals Soc. China，2015，25(3)：944-953.
[63] 李念奎，凌杲，聂波，等．铝合金材料及其热处理技术［M］．北京：冶金工业出版社，2012.
[64] AZARNIYA A，TAHERI A K，TAHERI K K. Recent advances in ageing of 7xxx seriesaluminum alloys：a physical metallurgy perspective [J]. J. Alloys Compd.，2019，781：945-983.
[65] ZHANG Z Q，YU J H，HE D Y. Effects of contact solid solution treatment on peak aging of Al-Zn-Mg-Cu alloys [J]. J. Mater. Research Tech.，2020，9(3)：6940-6943.
[66] 许晓静，朱金鑫，郭云飞，等．固溶—冷变形—时效工艺下超高强 Al-Zn-Mg-Cu 系铝合金的组织及性能［J］．稀有金属材料与工程，2017，46(10)：2981-2986.
[67] 李海，王芝秀，郑子樵．7050 铝合金高温预析出处理［J］．稀有金属材料与工程，2008，37(4)：674-677.
[68] GODARD D，ARCHAMBAULT P，AEBY-GAUTIER E，et al. Precipitation sequences during quenching of the AA 7010 alloy [J]. Acta Mater.，2002，50(9)：2319-2329.
[69] STROBEL K，LAY M D H，EASTON M A，et al. Effets of quench rate and natural ageing on the age hardening behavior of aluminium alloy AA6060 [J]. Mater. Charact.，2016，111：43-52.
[70] TANG J G，CHEN H，ZHANG X M，et al. Influence of quench-induced precipitation on aging behavior of Al-Zn-Mg-Cu alloy [J]. Trans. Nonferrous Metals Soc. China，2012，22(6)：1255-1263.
[71] 解立川，彭超群，王日初，等．快速凝固过共晶铝硅合金粉末的形貌与显微组织［J］．中国有色金属学报，2014，24(1)：130-136.
[72] LIU S D，LI Q，LIN H Q，et al. Effect of quench-induced precipitation on mocrostructure and mechanical properties of 7085 aluminium alloy [J]. Mater. Des.，2017，132：119-128.
[73] DESCHAMPS A，BRÉCHET Y. Nature and distribution of quench-induced precipitation in an Al-Zn-Mg-Cu alloy [J]. Scri. Mater.，1998，39(11)：1517-1522.
[74] ZHENG Y L，LI C B，LIU S D，et al. Effect of homogenization time on quench sensitivity of 7085 aluminum alloy [J]. Trans. Nonferrous Metals Soc. China，2014，24(7)：2275-2281.
[75] 张新明，刘文军，刘胜胆．7050 铝合金的 TTP 曲线［J］．中国有色金属学报，2009，19(5)：1621-1631.
[76] WATERLOO G，HANSEN V，GJØNNES J，et al. Effect of predeformation and preaging at room temperature in Al-Zn-Mg-(Cu，Zr) alloys [J]. Mater. Sci. Eng. A，2001，303：226-233.
[77] ALEXPOULOS N D，VELONAKI Z，STERGIOU C I，et al. Effect of ageing on precipitation kinetics，tensile and work hardening behavior of Al-Cu-Mg (2044) alloy [J]. Mater. Sci. Eng. A，2017，700：457-467.

[78] ZANG J X, DAI P, YANGY Q, et al. Study on the relationship between high temperature mechanical properties and precipitates evolution of 7085 Al alloy after long time thermal exposures [J]. Metals, 2021, 11: 1483.

[79] BERG L K, GJØNNES J, HANSEN V, et al. GP-Zones in Al-Zn-Mg alloys and their role in artificial aging [J]. Acta Mater., 2001, 49(17): 3443-3451.

[80] STELLER K, WARREN P J, HANSEN V, et al. Investigation of precipitation in an Al-Zn-Mg after two-step ageing treatment at 100℃ and 100℃ [J]. Mater. Sci. Eng. A, 1999, 270(1): 55-63.

[81] WANG T, YIN Z M, SHEN K, et al. Single-aging characteristics of 7055 aluminium alloy [J]. Trans. Nonferrous Metals Soc. China, 2007, 17(3): 548-552.

[82] SHA G, CEREZO A. Early-stage precipitation in Al-Zn-Mg-Cu alloy (7050) [J]. Acta Mater., 2004, 52(15): 4503-4516.

[83] MA K K, WEN H M, HU T, et al. Mechanical behavior and strengthening mechanisms in ultrafine grain precipitation-strengthened aluminum alloy [J]. Acta Mater., 2014, 62: 141-155.

[84] LIU Y, JIANG D M, LI B Q, et al. Heating aging behavior of Al-8.35Zn-2.5Mg-2.25Cu alloy [J]. Mater. Des., 2014, 60: 116-124.

[85] LIU J Z, CHEN J H, YUAN D W, et al. Fine precipitation scenarios of AlZnMg(Cu) alloys revealed by advanced atomic-resolution electron microscopy study part Ⅰ: structure determination of the precipitates in AlZnMg(Cu) alloys [J]. Mater. Charact., 2015, 99: 277-286.

[86] KVERNELAND A, HANSEN V, VINCENT R, et al. Structure analysis of embedded nano-sized particles by precession electron diffraction. η′-precipitate in an Al-Zn-Mg alloy as example [J]. Ultramicroscopy, 2006, 106(6): 492-502.

[87] WEN K, FAN Y Q, WANG G J, et al. Aging behavior and precipitate characterization of ahigh Zn-containing Al-Zn-Mg-Cu alloy with various tempers [J]. Mater. Des., 2016, 101: 16-23.

[88] 杨文涛，何鹏飞，刘玥，等．热处理工艺对铝硅合金显微组织和性能影响研究现状 [J]. 材料导报，2022，36(11)：150-158.

[89] CHEN S Y, CHEN K H, DONG P X, et al. Effect of heat treatment on stress corrosion cracking, fracture toughness and strength of 7085 aluminium alloy [J]. Trans. Nonferrous Metals Soc. China, 2014, 24(7): 2320-2325.

[90] 彭小芒，尹志民，陈军，等．热暴露对 7475-T7351 铝合金组织与性能的影响 [J]. 中国有色金属学报，2008，18(10)：1781-1787.

[91] CHEN S Y, CHEN K H, PENG G S, et al. Effect of heat treatment on strength, exfoliation corrosion and electrochemical behavior of 7085 aluminum alloy [J]. Mater. Des., 2012, 35: 93-98.

[92] DITTA A, WEI L J, XU Y J, et al. Microstructural characteristics and properties of spray

formed Zn-rich Al-Zn-Mg-Cu alloy under various aging conditions [J]. Mater. Charact., 2020, 161: 110133.

[93] YANG W C, JI S X, ZHANG Q, et al. Investigation of mechanical and corrosion properties of an Al-Zn-Mg-Cu alloy under various ageing conditions and interface analysis of η′ precipitates [J]. Mater. Sci. Eng. A, 2015, 85: 752-761.

[94] LIN Y C, ZHANG J L, CHEN M S. Evolution of precipitates during two-stage stress-aging of an Al-Zn-Mg-Cu alloy [J]. J. Alloys Compd., 2016, 684: 177-187.

[95] MARLAUD T, DESCHAMPS A, BLEY F, et al. Evolution of precipitate microstructures during the retrogression and re-ageing heat treatment of an Al-Zn-Mg-Cu alloy [J]. Acta Mater., 2010, 58: 4814-4826.

[96] IVANOFF T A, CARTER J T, HECTOR JR L S, et al. Retrogression and reaging applied to warm forming of high-strength aluminum alloy AA7075-T6 sheet [J]. Metallurgical and Transactions A, 2019, 50A: 2019-1545.

[97] 赵启忠，宋丰轩，何建贤，等．退火工艺对 5083 铝合金热轧板组织性能的影响 [J]．轻合金加工技术，2016，44(4)：29-32.

[98] LI D F, ZHANG D Z, LIU S D, et al. Dynamic recrystallization behavior of 7085 aluminum alloy during hot deformation [J]. Trans. Nonferrous Metals Soc. China, 2016, 26: 1491-1497.

[99] LENG J F, REN B H, ZHOU Q B, et al. Effect of Sc and Zr on recrystallization behavior of 7075 aluminum alloy [J]. Trans. Nonferrous Metals Soc. China, 2021, 31: 2545-2557.

[100] WANG Y C, CAO L F, WU X D, et al. Effect of retrogression treatments on mocrostructure, hardness and corrosion behaviors of aluminum alloy 7085 [J]. J. Alloys Compd., 2020, 814: 152264.

[101] ZHAO J G, LIU Z Y, SONG B, et al. Effects of natural aging on the formation and strengthening effect of G. P. zones in a retrogression and re-aged Al-Zn-Mg-Cu alloy [J]. J. Alloys Compd., 2020, 829: 154469.

[102] DAI P, LUO X, YANG Y Q, et al. Nano-scale precipitate evolution and mechanical properties of 7085 aluminum alloy during thermal exposure [J]. Mater. Sci. Eng. A, 2018, 729: 411-422.

[103] GUO Z L, SHA W. Quantification of precipitation hardening and evolution of precipitates [J]. Mater. Transactions, 2002, 43(6): 1273-1282.

[104] CHEN J Z, ZHEN L, YANG S J, et al. Investigation of precipitation behavior and related hardening in AA 7055 aluminum alloy [J]. Mater. Sci. Eng. A, 2009, 500: 34-42.

[105] ROUT P K, GHOSH M M, GHOSH K S. Microstructural, mechanical and electrochemical behaviour of a 7017 Al-Zn-Mg-Cu alloy of different tempers [J]. Mater. Charact., 2015, 104: 49-60.

[106] SHERCLIFF H R, ASHBY M F. A process model for age hardening of aluminum alloys—Ⅰ. The model [J]. Acta Metall. Mater., 1990, 38: 1789-1802.

[107] CHRISTOPHER B M, DAVID C D, DAVID N S. Coarsening resistance at 400℃ of precipitation-strengthened Al-Zr-Sc-Er alloys [J]. Acta Mater., 2011, 59: 7029-7042.

[108] SCHLESIER C, NEMBACH E. Strengthening of aluminum-lithium alloys by long-range ordered δ′ precipitates [J]. Acta Metall. Mater., 1995, 43: 3983-3990.

[109] LIN Y, LU C, WEI C Y, et al. Effect of aging treatment on microstructures, tensile properties and intergranular corrosion behavior of Al-Cu-Li alloy [J]. Mater. Charact., 2018, 141: 163-168.

[110] SHA G, WANG Y B, LIAO X Z, et al. Influence of equal-channel angular pressing on precipitation in an Al-Zn-Mg-Cu alloy [J]. Acta Mater., 2009, 57: 3123-3132.

[111] CHEN Y X, YANG Y Q, FENG Z Q, et al. The depth-dependent gradient deformation bands in a sliding friction treated Al-Zn-Mg-Cu alloy [J]. Mater. Charact., 2017, 132: 269-279.

[112] KELLY A. Strengthening methods in crystals[M]. Amsterdam: Elsevier, 1971.

[113] ARTZT E. Size effects in materials due to microstructural and dimensional constrains: a comparative review [J]. Acta Mater., 1998, 16(46): 5611-5626.

[114] 崔忠圻，覃耀春．金属学与热处理 [M]．北京：机械工业出版社，2008.

[115] GUO Z L, SHA W. Quantification of precipitation hardening and evolution of precipitates [J]. Mater. Transactions, 2002, 43(6): 1273-1282.

[116] DESCHAMPS A, BRECHET Y B. Influence of predeformation and ageing of an Al-Zn-Mg-Cu alloy—Ⅱ. Modeling of precipitation kinetics and yield stress [J]. Acta Mater., 1999, 47(1): 293-305.

[117] 王祝堂，田荣璋．铝合金及其加工手册[M]．2 版．长沙：中南大学出版社，2000.

[118] LI J P, SHEN J, YAN X D. Microstructure evolution of 7050 aluminum alloy during hot deformation [J]. Trans. Nonferrous Metals Soc. China, 2010, 20(2): 189-194.

[119] YANG X B, LIU J Z, CHEN J H, et al. Relationship between the strengthening effect and the morphology of precipitates in Al-7.4Zn-1.7Mg-2.0Cu alloy [J]. Acta Metall. Sin. (English. Lett.), 2014, 27(6): 1070-1077.

[120] MARIOARA C D, LEFEBVRE W, ANDERSEN S J, et al. Atomic structure of hardening precipitates in an Al-Mg-Zn-Cu alloy determined by HAADF-STEM and first-principles calculations: relation to η-$MgZn_2$[J]. J. Mater. Sci., 2013, 48: 3638-3651.

[121] YOUNG G A, SCULLY J R. The effects of test temperature, temper, and alloyed copper on the hydrogen-controlled crack growth rate of an Al-Zn-Mg-(Cu) alloy [J]. Metallurgical and Materials Transactions A, 2002, 33(4): 101-115.

[122] POLMEAR I J. Light alloys: From traditional alloys to nanocrystals [M]. Oxford: Butterworth-Heinemann, 2006: 329-421.

[123] WAGNER J A, SHENOY R N. The effect of copper chromium, and zirconium on the microstructure and mechanical properties of Al-Zn-Mg-Cu alloys [J]. Metallurgical Transactions A, 1991, 22A: 2809-2818.

[124] HADJADJ L, AMIRA R. The effect of Cu addition on the precipitation and redissolution in Al-Zn-Mg alloy by the differential diatometry [J]. J. Alloys Compd., 2015, 622: 166-173.

[125] FANG H C, CHEN K H, CHEN X, et al. Effect of Cr, Yb and Zr additions on localized corrosion of Al-Zn-Mg-Cu alloy [J]. Corrosion Sci., 2009, 52(12): 2872-2877.

[126] FANG H C, CHAO H, CHEN K H. Effect of Zr, Er and Cr additions on microstructures and properties of Al-Zn-Mg-Cu alloys [J]. Mater. Sci. Eng. A, 2014, 610: 10-16.

[127] CHEN K Y, TANG J, JIANG F L, et al. The role of various Zr additions in static softening behavior of Al-Zn-Mg-Cu alloys during interval holding of double-stage hot deformation [J]. J. Alloys Compd., 2019, 792: 1112-1121.

[128] 菅晓君，张明山，王俊升．热处理工艺对 6061 铝合金硬度和导电率的影响 [J]. 材料热处理，2019，40(1)：83-90.

[129] 顾江龙．CMT 工艺增材制造 Al-Cu-(Mg)合金的组织与性能的研究 [D]. 沈阳：东北大学，2016.

[130] SCHöBEL M, PONGRATZ P, DEGISCHER H P, Coherency loss of Al_3(Sc, Zr) precipitates by deformation of an Al-Zn-Mg alloy [J]. Acta Mater., 2012, 60: 4247-4254.

[131] QIU D, TAYLOR J A, ZHANG M X. Understanding the Co-Poisoning effect of Zr and Ti on the grain refinement of cast aluminum alloys [J]. Metall. Mater. Trans. A, 2010, 41: 3412-3421.

[132] MONDOLFO L F. Aluminum alloys: Structure and properties [M]. London: Butterworths, 1976: 955-975.

[133] ROBSON J D. Optimizing the homogenization of zirconium containing commercial aluminium alloys using a novel process model [J]. Mater. Sci. Eng. A, 2002, 338: 219-229.

[134] ROBSON J D, PRANGNELL P B. Dispersoid precipitation and process modelling in zirconium containing commercial aluminium alloys [J]. Acta Mater., 2001, 49(1): 599-613.

[135] ROBSON J D, PRANGNELL P B. Modelling Al_3Zr dispersoid precipitation in multicomponent aluminium alloys [J]. Mater. Sci. Eng. A, 2003, 352: 240-250.

[136] LI X M, STARINK M J. Identification and analysis of intermetallic phases in overaged Zr-containing and Cr-containing Al-Zn-Mg-Cu alloys [J]. J. Alloys Compd., 2011, 509: 471-476.

[137] JIA Y D, CAO F Y, NING Z L, et al. Influence of second phases on mechanical properties of spray-deposited Al-Zn-Mg-Cu alloy [J]. Mater. Des., 2012, 40: 536-540.

[138] LIU Y, TENG F, CAO F H, et al. Defective GP-zones and their evolution in an Al-Cu-Mg alloy during high-temperature aging [J]. J. Alloys Compd., 2019, 774: 988-996.

[139] KAWABATA T, LZUMI O. On the relationship between ductility and fracture toughness in an Al-6.0%Zn-2.5%Mg alloy [J]. Acta Metall., 1981, 29(1): 229-239.

[140] 蹇海根，姜锋，徐忠艳，等．航空用高强韧 Al-Zn-Mg-Cu 系铝合金的研究进展 [J]. 材料热处理，2006，35(12)：61-66.

[141] GUO S, NING Z L, CAO F Y, et al. Microstructural evolution of spray-formed Al-11. 5Zn-2. 0Mg-1. 6Cu alloy during hot-extrusion and heat-treatment [J]. Trans. Nonferrous Met. Soc. China, 2009, 19: 343-348.

[142] KATZ Z, RYUM N. Precipitation kinetics in Al-alloys [J]. Scr. Metallurgical, 1981, 15 (3): 265-268.

[143] GIRIFALCO L A, HERMAN H. A model for growth of Guinier-Preston zones—the vacancy pump [J]. Acta Metallurgical, 1965, 13(6): 583-590.

[144] DESCHAMPS A, DE GEUSER F, HORITA Z, et al. Precipitation kinetics in a severely plastically deformed 7075 aluminium alloy [J]. Acta Mater., 2014, 66: 105-117.

[145] LENDVAI J. Precipitaton and strengthening in aluminium alloys [J]. Mater. Sci. Forum, 1996, 217: 43-56.

[146] MALONEY S K, HONO K, POLMEAR I J. The chemistry of precipitates in an aged Al-2. 1 Zn-1. 7Mg at. % alloy [J]. Scr. Mater., 1999, 41(10): 1031-1038.

[147] RINGER S P, HONO K. Microstructure evolution and age hardening in aluminium alloys: atom probe field-ion microscopy and transmission electron microscopy studied [J]. Mater. Charact., 2000, 44(1): 101-131.

[148] HOU X H, BAI P C. Evaluation of strain fields caused by the η′ phase in an Al-Zn-Mg-Cu alloy [J]. Mater. Sci. Eng. A, 2017, 683: 90-93.

[149] BENDO A, MATSUDA K, LEE S, et al. Atomic scale HAADF-STEM atudy of η′ and $η_1$ phases in peak-aged Al-Zn-Mg alloys [J]. J. Mater. Sci., 2018, 53: 4598-4611.

[150] YANG W C, JI S X, WANG M P, et al. Precipitation behaviour of Al-Zn-Mg-Cu alloy and diffraction analysis from η′ precipitates in four variants [J]. J. Alloys Compd., 2014, 610: 623-629.

[151] 代盼. 7085 铝合金中纳米级析出相的演变行为及其对力学性能的影响 [D]. 西安：西北工业大学，2020.

[152] LIU J Z, CHEN J H, YANG X B, et al. Revisiting the precipitation sequence in Al-Zn-Mg-based alloys byhigh-resolution transmission electron microscopy [J]. Scr. Mater., 2010, 63 (11): 1061-1064.

[153] LI X Z, HANSEN V, GJØNNES J. HREM study and structure medeling of the η′ phase, the hardening precipitates in commercial Al-Zn-Mg alloys [J]. Acta Mater., 1999, 47(9): 2651-2659.

[154] KVERNELAND A, HANSEN V, VINCENT R. Structure analysis of embedded nano-sized particles by precession electron diffraction η′-precipitate in an Al-Zn-Mg alloy as example [J]. Ultramicroscopy, 2006, 106(6): 492-502.

[155] BUHA J, LUMLEY R N, CROSKY A G. Secondary ageing in an aluminium alloy 7050 [J]. Mater. Sci. Eng. A, 2008, 492: 1-10.

[156] 李茂华. Al-Zn-Mg-Cu 合金微观组织及析出行为研究 [D]. 西安：西北工业大

学，2015.

[157] MARIOARA C D, LEFEBVRE W, ANDERSON S J, et al. Atomic structure of hardening precipitates in an Al–Mg–Zn–Cu alloy determined by HAADF–STEM and first–principles calculations: relation to η–$MgZn_2$[J]. J. Mater. Sci., 2013, 48: 3638–3651.

[158] WERENSKIDLD J C, DESCHAMPS A, BRÉCHET Y. Characterization and modeling of precipitation kinetics in an Al–Zn–Mg alloy [J]. Mater. Sci. Eng. A, 2000, 293: 267–274.

[159] STILLER K, WARREN P J, HANSEN V, et al. Investigation of precipitation in an Al–Zn–Mg alloy after two–step ageing treatment at 100℃ and 150℃ [J]. Mater. Sci. Eng. A, 1999, 270: 55–63.

[160] ZANG J X, ZHANG K, DAI S L. Precipitation behavior and properties of a new high strength Al–Zn–Mg–Cu alloy [J]. Trans. Nonferrous Met. Soc. China, 2012, 22: 2638–2644.

[161] DEGISCHER H P, LACOM W, ZAHRA A. Decomposition processes in an Al–5%Zn–1%Mg alloy Ⅱ: Elctronmicroscopic investigation [J]. Zeitschrift fur Metallkunde, 1980, 71: 231–238.

[162] FERRAGUT R, SOMOZA A, TOLLEY A. Microstructural evolution of 7012 alloy during the early stages of artificial ageing [J]. Acta Mater., 1999, 47(17): 4355–4364.

[163] DU Z W, SUN Z M, SHAO B L. Quantitative evaluation of precipitates in an Al–Zn–Mg–Cu alloy after isothermal aging [J]. Mater. Charact., 2006, 56(2): 121–128.

[164] CHEN Y X, YANG Y Q, FENG Z Q, et al. Microstructure, microtexture and precipitation in the ultrafine–grained surface layer of an Al–Zn–Mg–Cu alloy processed by sliding friction treatment [J]. Mater. Charact., 2017, 123: 189–197.

[165] DAI P, LUO X, YANG Y Q, et al. Thermal stability analysis of a lightweight Al–Zn–Mg–Cu alloy by TEM and tensile tests [J]. Mater. Charact., 2019, 153: 271–283.

[166] 华明建，李志春，王鸿渐．微观组织对7075铝合金的屈服强度和抗应力腐蚀性能的影响[J]．金属学报，1988，24(1)：41–46.

[167] ADLER P N, DEIASI R, GESCHWIN G. Influence of microstructure on mechanical properties and stress–corrosion susceptibility of 7075 aluminium alloy [J]. Metallurgical Transactions, 1972, 3: 3191–3200.

[168] VIANA F, PINTO A M P, SANTOS H M C. Retrogression and re–ageing of 7075 aluminium alloy: microstructural characterization [J]. J. Mater. Processing Techno., 1999, 92: 54–59.

[169] 樊喜钢．Al–Zn–Mg–Cu–Zr合金组织性能和断裂行为的研究[D]．哈尔滨：哈尔滨工业大学，2007.

[170] UNWIN P N T, NICHOLSON R B. Nucleation and initial stages of growth of grain boundary precipitates in Al–Zn–Mg and Al–Mg alloys [J]. Acta Metallurgica, 1969, 17(11): 1379–1393.

[171] PARK J K, ARDELL A J. Precipitation at grain–boundaries in the commercial alloy Al 7075 [J]. Acta Metallurgica, 1986, 34(12): 2399–2409.

[172] BUTLER E P, SWANN P R. In situ observations of nucleation and initial growth of garian boundary precipitates in an Al - Zn - Mg alloy [J]. Acta Metallurgica, 1976, 24(4): 343-352.

[173] TSAI T C, CHUANG T H. Role of grain size on the stress corrosion cracking of 7475 aluminium alloys [J]. Mater. Sci. Eng. A, 1997, 225(1): 135-144.

[174] LI J H, LI F G, MA X K, et al. Effect of grain boundary characteristic on intergranular corrosion and mechanical properties of severely sheared Al - Zn - Mg - Cu alloy [J]. Mater. Sci. Eng. A, 2018, 732: 53-62.

[175] YANG W C, JI S X, ZHANG Q, et al. Investigation of mechanical and corrosion properties of an Al-Zn-Mg-Cu alloy under various ageing conditions and interface analysis of η′ precipitate [J]. Mater. Des., 2015, 85: 752-761.

[176] LI J F, PENG Z W, LI C X, et al. Mechanical properties, corrosion behaviors and microstructures of 7075 aluminium alloy with various aging treatments [J]. Trans. Nonferrous Met. Soc. China, 2008, 18(4): 755-762.

[177] SONG R G, TSENG M K, ZHANG B J, et al. Grain boundary segregation and hydrogen-induced fracture in 7050 aluminium alloy [J]. Acta Mater., 1996, 44(8): 3241-3248.

[178] 大西忠一，唐明达．改善高强铝合金耐 SCC 性的新热处理法 [J]. 有色金属加工，1993(6): 42-47.

[179] AYER R, KOO J Y, STEEDS J W, et al. Microanalytical study of the heterogeneous phases in commercial Al-Zn-Mg-Cu alloys[J]. Metallurgical Transactions A, 1985, 16A: 1925-1936.

[180] ARZT E. Size effecta in materials due to microstructural and dimensional constraints: a comparative review [J]. Acta Mater., 1998, 46(16): 5611-5626.

[181] 赵英涛．美国大型客机结构用铝合金的发展与展望 [J]. 材料工程，1993，52(2): 45-48.

[182] 卢致宇．高强耐热铝合金的热稳定性与疲劳性能研究 [D]. 西安：西安工业大学，2011.

[183] TZENG Y C, WU C T, YANG C H, et al. Effects of trace Be and Sc addition on the thermal stability of Al-7Si-0.6Mg alloys [J]. Mater. Sci. Eng. A, 2014, 614: 54-61.

[184] SHEN K, CHEN J L, YIN Z M. TEM study on microstructures and properties of 7050 aluminum alloy during thermal exposure [J]. Trans. Nonferrous Met. Soc. China, 2009, 19: 1405-1409.

[185] 臧金鑫，汝继刚，伊琳娜，等．热暴露对 7A12-T7352 锻件组织和性能的影响 [J]. 中国有色金属学报，2014，24(8): 1992-1997.

[186] BALDUCCI E, CESCHINI L, MESSIERI S, et al. Thermal stability of the lightweight 2099 Al - Cu - Li alloy: Tensile tests and microstructural investigations after overaging [J]. Mater. Des., 2017, 119: 54-64.

[187] 夏卿坤，刘志义，王恒，等．2A12 铝合金 T6 和 T83 时效态的疲劳性能 [J]. 材料热处

理学报，2014，35(4)：67-71.

[188] CHEN S Y，CHEN K H，PENG G S，et al. Effect of quenching rate on microstructure and stress corrosion cracking of 7085 aluminum alloy [J]. Trans. Nonferrous Met. Soc. China，2012，22：47-52.

[189] 李海，韦玉龙，王芝秀．固溶处理温度对峰值时效 7050 铝合金晶间腐蚀敏感性的影响[J]．中国有色金属学报．2019，29(10)：2225-2235.

[190] DUMONT M，LEFEBVRE W，DOISNEAU-COTTIGNIES B，et al. Characterization of the composition and volume fraction of η′ and η precipitates in an Al-Zn-Mg alloy by a combination of atom probe，small-angle X-ray scattering and transmission electronmicroscopy [J]. Acta Mater.，2005，53：2881-2892.

[191] ENGDAHL T，HANSEN V，WARRNE P J，et al. Investigation of fine scale precipitates in Al-Zn-Mg alloys after various heat treatments [J]. Mater. Sci. Eng. A，2002，327：59-64.

[192] SHA G，CEREZO A. Field ion microscopy and 3-D atom probe analysis of Al_3Zr particles in 7050 Al alloy [J]. Ultramicroscopy，2005，102：151-159.

[193] 余代尧，黄兴民，赵君文，等．固溶温度对 7A85 铝合金显微组织和断裂机理的影响[J]．材料热处理学报，2022，43(12)：36-44.

[194] BERG L K，GJØNNES J，HANSEN V，et al. GP-zones in Al-Zn-Mg-Cu alloys and their role in artificial aging [J]. Acta Mater.，2001，49：3443-3451.

[195] CAO F H，ZHENG J X，JIANG Y，et al. Experimental and DFT characterization of η′ nano-phase and its interfaces in Al-Zn-Mg-Cu alloys [J]. Acta Mater.，2019，164：207-219.

[196] DESCHAMPS A，BRECHET Y. Influence of predeformation and ageing of an Al-Zn-MgCu alloy-Ⅱ. Modeling of precipitation kinetics and yield stress [J]. Acta Mater.，1998，47：293-305.

[197] GRONSKY R，FURRER P. Grain boundary precipitation in aluminum alloys：effect of boundary structure [J]. Metall. Mater. Trans. A，1981，12A：121-127.

[198] VALIEV R Z，MURASHKIN M YU，SABIROV I. A nanostructural design to produce high strength Al alloys with enhanced electrical conductivity [J]. Scr. Mater.，2014，76：13-16.

[199] FURUKAWA M，HORITA Z，NEMOTO M，et al. Review：processing of metals by equal-channel angular pressing [J]. J. Mater. Sci.，2001，36：2835-2843.

[200] ROSITTER P L. The Electrical Resistivity of Metals and Alloys [M]. Cambridge：Cambridge University Press，2003.

[201] ZHAO Y H，LIAO X Z，CHENG S，et al. Simultaneously increasing the ductility and strength of nanostructured alloys [J]. Adv. Mater.，2006，18：2280-2283.

[202] RAJARAM G，KUMARAN S，SRINIVASA RAO T. Effect of graphite and transition elements (Cu，Ni) on high temperature tensile behaviour of Al-Si alloys [J]. Mater. Chem. Pgys.，2011，128：62-69.

[203] VIGNESHWARAN S，SIVAPRASAD K，NARAYANASAMY R，et al. Microstructure and

mechanical properties of Al-3Mg-0.25Sc alloy sheets produced by cryorolling [J]. Mater. Sci. Eng. A, 2019, 740/741: 49-62.

[204] JIA Y D, CAO F Y, NING Z L, et al. Influence of second phases on mechanical properties of spray-deposited Al-Zn-Mg-Cu alloy [J]. Mater. Des., 2012, 40: 536-540.

[205] DAI P, LUO X, YANG Y Q, et al. High temperature tensile properties, fracture behaviors and nanoscaleprecipitate variation of an Al-Zn-Mg-Cu alloy [J]. Progress in Natural Science: Materials International, 2020, 30(1): 63-73.

[206] STRAUMAL B B, KOGTENKOVA O A, MUKTEPAVELA F, et al. Direct observation of strain-induced non-equilibrium grain boundaries [J]. Mater. Lett., 2015, 159: 432-435.

[207] DE P S, MISHRA R S, SMITH C B. Effect of microstructure on fatigue life and fracture morphology in an aluminum alloy [J]. Scr. Mater., 2009, 60: 500-503.

[208] WEI L L, PAN Q L, WANG Y L, et al. Characterization of fracture and fatigue behavior of 7050 aluminum alloy ultra-thick plate [J]. J. Mater. Eng. Perform., 2013, 22: 2665-2671.

[209] ELHADARI H A, PATEL H A, CHEN D L, et al. Tensile and fatigue properties of a cast aluminum alloy with Ti, Zr and V additions[J]. Mater. Sci. Eng. A, 2011, 528: 8128-8138.

[210] CHEN L, YAN A, LIU H S, et al. Strength and fatigue fracture behavior of Al-Zn-Mg-Cu-Zr(-Sn) alloys [J]. Trans. Nonferrous Met. Soc. China, 2013, 23: 2817-2825.

[211] ROTELLA G. Effect of surface integrity induced by machining on high cycle fatigue life of 7075-T6 aluminum alloy [J]. J. Manuf. Process., 2019, 41: 83-91.

[212] ZHAO Y P, FANG J, YU T X. Notch sensitivity of circular rings subjected to impact loading [J]. Int. J. Ves. & Piping, 1996, 67: 257-261.

[213] TSAY L W, LEE W C, LUU W C, et al. Effect of hydrogen environment on the notched tensile properties of T-250 maraging steel annealed by laser treatment [J]. Corros. Sci., 2002, 44: 1311-1327.

[214] TIAN D D, LIU X S, HE G Q, et al. Low cycle fatigue behavior of casting A319 alloy under two different aging conditions [J]. Mater. Sci. Eng. A, 2016, 654: 60-68.

[215] ESWARA PRASAD N, VOGT D, BIDLINGMAIER T, et al. High temperature, low cycle fatigue behaviour of an aluminium alloy (Al-12Si-CuMgNi) [J]. Mater. Sci. Eng. A, 2000, 276: 283-287.

[216] SRIVATSAN T S, KOLAR D, MAGNUSEN P. The cyclic fatigue and final fracture behavior of aluminum alloy 2524 [J]. Mater. Des., 2002, 23: 129-139.

[217] 郭一蒙，彭勇，江俊龙．4043 铝合金激光熔丝增材制造工艺研究 [J]. 热加工工艺，2019，48(5)：245-247.

[218] XUE Y, KADIRI H E, HORSTEMYER M F, et al. Micromechanisms of multistage fatigue crack growth in a high-strength aluminum alloy [J]. Acta Mater., 2007, 55: 1975-1984.

[219] JIAN H G, JIANG F, WEN K, et al. Fatigue fracture of high-strength Al-Zn-Mg-Cu alloy [J]. Trans. Nonferrous Met. Soc. China, 2009, 19: 1031-1036.

[220] DAI P, LUO X, YANG Y Q, et al. The fracture behavior of 7085-T74 Al alloy ultra-thick plate during high cycle fatigue [J]. Metallurgical and Materials Transactions A: Physical Metallurgy and Materials Science, 2020, 51(6): 3248-3255.

[221] BAI S, LIU Z Y, GU Y X, et al. Microstructures and fatigue fracture behavior of an Al-Cu-Mg-Ag alloy with a low Cu/Mg ratio [J]. Mater. Sci. Eng. A, 2011, 530: 473-480.

[222] SHAO C D, CUI H C, LU F G, et al. Quantitative relationship between weld defect characteristic and fatigue crack initiation life for high-cycle fatigue property [J]. Int. J. Fatigue, 2019, 123: 238-247.

[223] GUO B B, ZHANG W Z, LI S G, et al. High temperature low cycle fatigue and creep-fatigue behavior of a casting Al-9Si-Cu-Mg alloy used for cylinder heads[J]. Mater. Sci. Eng. A, 2017, 700: 397-405.

[224] REN J, WANG R C, PENG C Q, et al. Effect of repetitious retrogression and re-agingtreatment on the microstructure, strength and corrosion behavior of powder hot-extruded 7055 A1 alloy [J]. Mater. Charact., 2020, 162: 110190.

[225] SINGH S R, KHANNA P. Wire arc additive manufacturing (WAAM): A new process to shapeengineering materials [J]. Materials Today: Proceedings, 2021, 44: 118-128.

[226] CHEMINGUI M, KHITOUNI M, JOZWIAK K, et al. Characterization of the mechanical properties changes in an Al-Zn-Mg alloy after a two-step ageing treatment at 70℃ and 135℃ [J]. Mater. Des., 2010, 31: 3134-3139.

[227] WU Z C, SANDLÖBES S, WU L, et al. Mechanical behavior of Zn-Al-Cu-Mg alloys: Deformation mechanisms of as-cast microstructures [J]. Mater. Sci. Eng. A, 2016, 651: 675-687.

[228] SRINIVASAN D, SEVVEL P, SOLOMON I J, et al. A review on Cold Metal Transfer (CMT) technology of welding [J]. Materials Today: Proceedings, 2022, 64: 108-115.

[229] CORNACCHIA G, CECCHEL S, PANVINI A. A comparative study of mechanicalproperties of metal inert gas (MIG)-cold metal transfer (CMT) and fiber laser-MIG hybrid welds for 6005A T6 extruded sheet [J]. Int. J. Adv. Manuf. Technol., 2017, 94(5/6/7/8): 2017-2030.

[230] WANG D, WU C, SUO Y, et al. Effect of pulse frequency on arc behavior and droplet transfer of 2198 Al-Li alloy by ultrahigh-frequency pulseAC CMT welding [J]. J. Mater, Res. Technol., 2019, 8(5): 3950-3958.

[231] SONG Y, DING X, ZHAO X, et al. The effect of stress-aging on dimensional stability behavior of Al-Cu-Mg alloy [J]. J. Alloys Compd., 2017, 718: 298-303.

[232] SILVAYEH Z, VALLANT R, SOMMITSCH C, et al. Influence of filler alloy composition and process parameters on the intermetallic layer thickness in single-sided cold metal transfer welding of aluminum-steel blanks [J]. Metall. Mater. Trans. A, 2017, 48(11): 5376-5386.

[233] 熊柏青，闫宏伟，张永安，等．我国航空铝合金产业发展战略研究［J］．中国工程科学，2023，25(1)：88-95.

[234] ZHANG P, LIU J L, GAO Y R, et al. Effect of heat treatment process on the micro machinability of 7075 aluminum alloy [J]. Vacuum, 2023, 207: 111574.

[235] LIU F, ZHENG J X, CHEN X, et al. Study on corrosion resistance of artificially aged 7075 aluminium alloy by using Cs-corrected STEM [J]. Trans. Nonferrous Met. Soc. China, 2022, 32: 2828-2837.

[236] ARANA M, UKAR E, RODRIGUE I, et al. Influence of deposition strategy and heat treatment on mechanicalproperties and microstructure of 2319 aluminium WAAM components [J]. Mater. Des., 2022, 221: 110974.

[237] 冯春，杨尚谕．铝合金钻杆的特点及发展应用［J］．石油管材与仪器，2017，3(4)：1-7.

[238] FENG C, SHOU W B, LIU H Q, et al. Microstructure and mechanical properties of high strength Al-Zn-Mg-Cu alloys used for oil drill pipes [J]. Trans. Nonferrous Met. Soc. China, 2015, 25(11): 3515-3522.

[239] ZHAO J G, LIU Z Y, BAI S, et al. Effect of various aging treatment on thermalstability of a novel Al-Zn-Mg-Cu alloy for oil drilling [J]. Mater. Sci. Eng. A, 2021, 803: 140490.